普通高等学校规划教材

工程制图

主　编　程　静　于海霞
副主编　金国华　何英昊

国防工业出版社

·北京·

内 容 简 介

本书是依照教育部"画法几何及工程制图教学基本要求",参照国内外的一些同类教材,特别是总结了编者近几年来教学改革的实践经验编写的。

全书共 10 章,包括制图的基本知识,点、线、面的投影,立体的投影及其表面交线,组合体,轴测图,机件的常用表达方法,标准件与常用件,零件图,装配图,AutoCAD 绘图。

另有《工程制图习题集》与本书配套出版,可作为高等工科院校各专业制图课程的教材,也可作为其他专业和有关工程技术人员的参考书。

图书在版编目(CIP)数据

工程制图/程静,于海霞主编,—北京:国防工业出版社,2012.8(2017.4 重印)
ISBN 978 - 7 - 118 - 08323 - 1

Ⅰ.①工… Ⅱ.①程… ②于… Ⅲ.①工程制图—教材 Ⅳ.①TB23

中国版本图书馆 CIP 数据核字(2012)第 200925 号

※

国防工业出版社出版发行

(北京市海淀区紫竹院南路 23 号 邮政编码 100048)
北京京华虎彩印刷有限公司印刷
新华书店经售

＊

开本 787×1092 1/16 印张 16¼ 字数 400 千字
2017 年 4 月第 1 版第 2 次印刷 印数 4001—5000 册 定价 36.00 元

(本书如有印装错误,我社负责调换)

国防书店:(010)88540777 发行邮购:(010)88540776
发行传真:(010)88540755 发行业务:(010)88540717

前　言

本书是依照教育部"画法几何及工程制图教学基本要求"，参照国内外的一些同类教材，遵照教育部提出的教育要面向21世纪、加强素质教育的基本精神，特别是总结了编者近几年来教学改革的实践经验编写的。

本书的主要特点如下：

理论与实际应用相结合、加强空间概念的培养，提高读者对形体的空间想象与分析能力。在内容选取上，突出核心重点。将内容重点放在投影制图上，而机械制图部分主要进行读图训练。在文字阐述上，力求做到通俗易懂，便于自学。对于基本概念、基本原理及方法的必要部分都采用投影图与立体图对照讲解。

本教材AutoCAD绘图部分，精心编写计算机二维绘图的实用内容，以加强绘图基本技能与软件基本操作能力为重点，便于读者掌握。

与本教材配套使用的《工程制图习题集》，其题目难易适中，由浅入深，便于教师根据不同情况选用。

参加本教材编写工作的有：大连交通大学程静（第1章、第4章）、大连理工大学城市学院于海霞（第7章、第8章）、金国华（第10章）、何英昊（第2章、第5章）、黄超（第3章、第9章）、姜绍君（第6章、附录），程静、于海霞任主编，金国华、何英昊任副主编。

本书参考了一些相关教材与著作，在此向有关作者致谢！

在本书的出版过程中，得到了国防工业出版社的大力支持，在此，表示衷心感谢！

由于我们水平有限，书中难免有不妥之处，欢迎读者和同行提出宝贵意见。

编　者

2012年6月

目　录

第1章 制图的基本知识

1.1 国家标准《机械制图》的基本规定

工程图样是工程技术人员表达设计思想、进行技术交流的工具,也是指导生产的重要技术资料。因此,对于图样的内容、格式和表达方法等必须作出统一的规定。我国于1959年首次发布了国家标准《机械制图》,统一规定了生产和设计部门共同遵守的制图基本法规,并多次发布和修订了与工程图样相关的若干标准。本章主要介绍图纸幅面及格式、比例、字体、图线和尺寸注法等标准。

1.1.1 图纸幅面及格式(GB/T 14689—2008)

1. 图纸幅面

绘制图样时,应优先采用表1-1中规定的基本幅面。必要时,也允许采用加长幅面,其尺寸是由相应基本幅面的短边成整数倍增加后得出的,如图1-1所示,图中粗实线所示为基本图幅。

表1-1 图纸幅面及图框尺寸

幅面代号	A0	A1	A2	A3	A4
$B \times L$	841×1189	594×841	420×594	297×420	210×297
a	25				
c	10			5	
e	20		10		

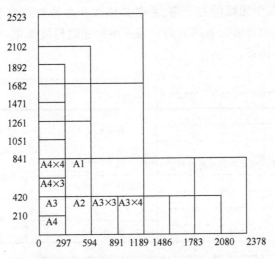

图1-1 图纸基本幅面及加长幅面尺寸

1

2. 图框格式

如表 1-2 所列,图样上必须用粗实线绘制图框,其格式分为留装订边和不留装订边两种。图框的尺寸按表 1-1 确定,装订时一般采用 A3 幅面横装或 A4 幅面竖装。

表 1-2　常用图纸类型

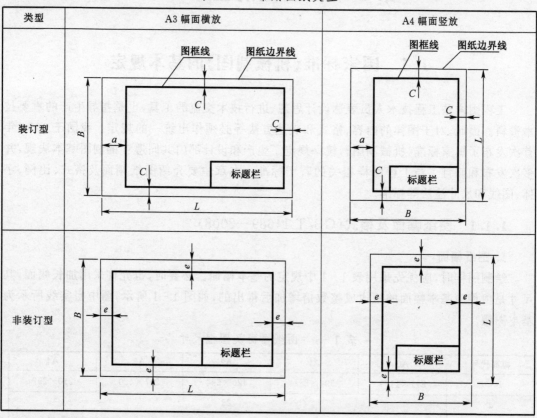

类型	A3 幅面横放	A4 幅面竖放
装订型		
非装订型		

3. 标题栏

每张图样上都必须画出标题栏,标题栏用来表达零部件及其管理等信息,其格式和尺寸如图 1-2 所示,一般位于图纸的右下角,并使其底边和右边分别与下图框线和右图框线重合,标题栏中的文字方向通常为看图方向。练习用的标题栏可简化,制图作业的标题栏建议采用如图 1-3 所示的格式。

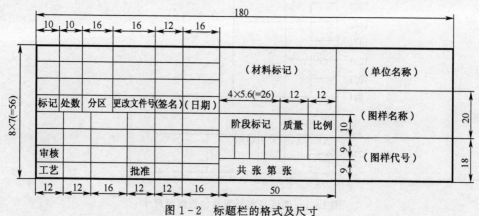

图 1-2　标题栏的格式及尺寸

设计		（日期）			（材料）		（校名）	
校核				比例			（图样名称）	
审核								
班级		学号		共 张第 张			（图样代号）	

图1-3 练习用的标题栏格式及尺寸

4. 明细栏

明细栏用来表达组成装配体的各种零部件的数量、材料等信息,其格式和尺寸如图1-4所示,一般配置在标题栏的上方,并使其底边与标题栏的顶边重合。

序号	代　号	名　称	数量	材　料	单件	总计	备注
					质量		
设计		（日期）		（材　料）		（学校名称）	
校核				比例		（图样名称）	
审核							
班级		学号		共 张第 张		（图样代号）	

图1-4 明细栏格式及尺寸

1.1.2 比例（GB/T 14690—1993）

比例是指图样中图形与其实物相应要素的线性尺寸之比。绘制图样时,可根据物体的大小及结构的复杂程度,采用原值比例、放大比例或缩小比例。国家标准规定了各种比例的比例系数,如表1-3所列。

表1-3 绘图比例

比例总类	优先使用比例			可使用比例				
原值比例	1:1							
放大比例	5:1	2:1		4:1		2.5:1		
	$5\times10^n:1$	$2\times10^n:1$	$1\times10^n:1$	$4\times10^n:1$		$2.5\times10^n:1$		
缩小比例	1:2	1:5	1:1	1:1.5		1:2.5	1:3	1:4 1:6
	$1:2\times10^n$	$1:5\times10^n$	$1:1\times10^n$	$1:1.5\times10^n$		$1:2.5\times10^n$		$1:3\times10^n$
				$1:4\times10^n$		$1:6\times10^n$		

注:n 为正整数

国家标准对比例还作了以下规定:

(1)在表达清晰、能合理利用图纸幅面的前提下,应尽可能选用原值比例,以便从图样上得到实物大小的真实感。

(2)标注尺寸时,应按实物的实际尺寸进行标注,与所采用的比例无关,如图1-5所示。

3

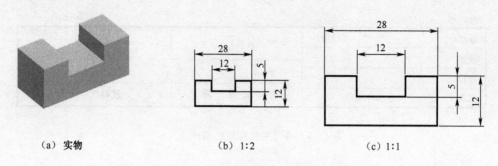

(a) 实物　　　　　　　　(b) 1:2　　　　　　　(c) 1:1

图 1-5　按实物的实际尺寸进行标注

（3）绘制同一机件的各个视图时，应尽可能采用相同的比例，并在标题栏比例栏中填写。当某个视图需要采用不同比例时，可在该视图名称的下方或右侧标注比例。

1.1.3　字体（GB/T 14691—1993）

图样上除了图形外，还需要用文字、符号、数字对机件的大小、技术要求等加以说明。因此，字体是图样的一个重要组成部分，国家标准对图样中的字体的书写规范做了规定。

书写字体的基本要求：字体工整，笔画清楚、间隔均匀、排列整齐，具体规定如下。

1. 字高

字体高度代表字体的号数。字体高度 h 的公称尺寸（单位：mm）系列：1.8、2.5、3.5、5、7、10、14、20。如需要书写更大的字时，其字体高度应按 $\sqrt{2}$ 的比率递增。

2. 汉字

汉字应写长仿宋体，并采用国家正式公布的简化字。汉字的高度不应小于 3.5mm，其宽度一般为字高的 $1/\sqrt{2}$。图 1-6 为汉字的书写示例。

10 号字

字体工整笔画清楚间隔均匀排列整齐

7 号字

横平竖直注意起落结构均匀填满方格

5 号字

技术制图机械电子汽车船舶土木建筑矿山井坑港口纺织服装

3.5 号字

螺纹齿轮端子接线飞行指导驾驶舱位挖填施工引水通风闸阀坝棉麻化纤

图 1-6　长仿宋体汉字示例

3. 字母与数字

字母和数字分 A 型和 B 型两类，可写成斜体或直体，一般采用斜体。斜体字字头向右倾斜，与水平基准线成 75°。字母和数字的示例如图 1-7 所示。

1.1.4　图线（GB/T 4457.4—2002，GB/T 17450—1998）

1. 图线的型式及其应用

在绘制图样时，应采用规定的标准图线。表 1-4 为机械图样中常用图线的名称、形式

4

图 1-7　数字及字母的 A 型斜体字示例

及其主要用途，其应用如图 1-8 所示。

表 1-4　图线的基本线型与应用

图线名称	图线型式	主要用途
粗实线		可见轮廓线、可见的过渡线
细实线		尺寸线、尺寸界线、剖面线、重合断面的轮廓线、引出线
波浪线		断裂处的边界线、视图和剖视的分界线
双折线		断裂处的边界线
细虚线	$12d$　$3d$	不可见的轮廓线、不可见的过渡线
细点画线	$24d$　$6.5d$	轴线、对称中心线、轨迹线、齿轮的分度圆及分度线
粗点画线		有特殊要求的线或表面的表示线
细双点画线		相邻辅助零件的轮廓线、极限位置的轮廓线、假想投影轮廓线

注：本书后续各章中细虚线、细点画线、细双点画线均省略"细"字，分别简称为虚线、点画线、双点画线

2. 图线的宽度

机械图样中采用两种图线宽度，称为粗线和细线，它们的宽度比例为 2:1。所有线型的图线宽度应按图样的类型和尺寸大小在下列数系中选择（单位：mm）：0.13，0.18，0.25，0.35，0.5，0.7，1，1.4，2。粗线宽度应根据图形大小和复杂程度在 0.5mm～2mm 之间选取，通常优先采用 0.5mm 或 0.7mm。

5

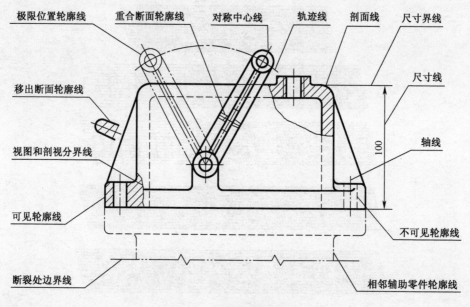

图 1-8 图线应用举例

3. 图线画法

在绘图过程中,除了正确掌握图线的标准和用法以外,还应遵守以下要求:

(1) 两条平行线之间的最小间隙不得小于 0.7mm。

(2) 同一图样中同类图线的宽度应保持一致。

(3) 虚线、点画线及双点画线的线段长度和间隔应各自大致相等。

(4) 当虚线、点画线在粗实线的延长线上时,连接处应空开,粗实线画到分界点。

(5) 点画线和双点画线的首末两端应是线段,且应超出图形轮廓线 2mm~5mm。

(6) 在较小图形上绘制点画线或双点画线有困难时,可用细实线代替。

(7) 当各种线条重合时,应按粗实线、虚线、点画线的优先顺序画出。

图线的画法示例,如图 1-9 所示。

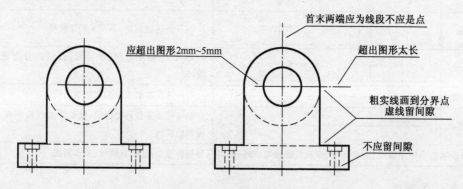

图 1-9 图线画法示例

1.1.5 尺寸注法(GB/T 4458.4—2003,GB/T 16675.2—1996)

图形只能表达机件的形状,而机件的大小是通过图样中的尺寸来确定的,因此,标注尺

6

寸是一项极为重要的工作,必须严格遵守国家标准中的有关规则。

1. 标注尺寸的基本规则

(1) 机件的真实大小应以图样上所注的尺寸数值为依据,与图形的大小及绘图的准确度无关。

(2) 图样中的尺寸,以 mm 为单位时,不需标注单位的代号或名称,如采用其他单位,则必须注明相应单位的代号或名称,如 45°、20cm。

(3) 图样中的尺寸,应为该图样所示机件的最后完工的尺寸,否则应另加说明。

(4) 机件的每一个尺寸,一般只标注一次,并应标注在反映该结构最清晰的图形上。

2. 尺寸的组成

如图 1-10 所示,一个完整的尺寸一般由尺寸界线、带有终端符号的尺寸线和尺寸数字组成。

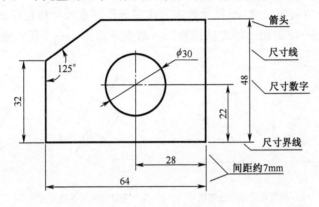

图 1-10 尺寸的组成

1)尺寸界线

(1) 尺寸界线用细实线绘制,并应由图形的轮廓线、轴线或对称中心线处引出,也可以利用轮廓线、轴线或对称中心线作尺寸界线。

(2) 尺寸界线一般与尺寸线垂直,并超出尺寸线 2mm~3mm。当尺寸界线贴近轮廓线时,允许尺寸界线与尺寸线倾斜。

2)尺寸线

(1) 尺寸线用细实线单独绘制,不能用其他图线代替,也不得与其他图线重合或画在其延长线上。其终端可以有下列两种形式:

① 箭头:箭头适用于各类图样,其画法如图 1-11(a)所示。

② 斜线:常用于土建类图样,斜线用细实线绘制,其画法如图 1-11(b)所示。尺寸线的终端采用斜线形式时,尺寸线与尺寸界线必须相互垂直。

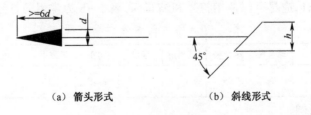

(a) 箭头形式   (b) 斜线形式

图 1-11 终端的画法

7

同一张图样中只能采用一种尺寸终端形式,但当采用箭头标注尺寸时没有足够的位置画箭头的情况下,允许用圆点或斜线代替箭头。

(2) 标注线性尺寸时,尺寸线必须与所注的线段平行。当有几条互相平行的尺寸线时,其间隔要均匀,间距约 7mm。并将大尺寸注在小尺寸外面,以免尺寸线与尺寸界线相交。

(3) 圆的直径和圆弧的半径的尺寸线终端应画成箭头,尺寸线或其延长线应通过圆心。

3)尺寸数字

(1) 尺寸数字一般注写在尺寸线的上方,也允许注写在尺寸线的中断处。

(2) 尺寸数字一般采用 3.5 号字,线性尺寸数字的注写方法有两种。

① 尺寸数字按图 1-12 (a)所示的方向注写,并应尽可能避免在 30°范围内标注尺寸。当无法避免时,可按图 1-12(b)所示的形式引出标注。

② 对于非水平方向的尺寸,其尺寸数字可水平地注写在尺寸线的中断处,如图 1-13 所示。但在一张图样中,应采用一种方法注写。一般应采用图 1-12 所示的方法注写。

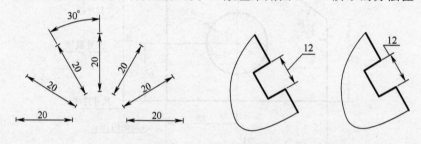

(a) 填写尺寸数字的规则　　　(b) 无法避免时的注写方法

图 1-12　线性尺寸数字注法一

(3) 标注角度尺寸时,尺寸数字一律水平书写,一般注写在尺寸线的中断处,如图 1-12(a)所示,必要时也可引出标注。

(4) 尺寸数字不可被任何图线通过,否则将尺寸数字处的图线断开,如图 1-14 所示。

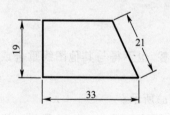
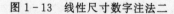

图 1-13　线性尺寸数字注法二

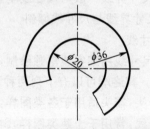

图 1-14　尺寸数字不能被图线通过

(5) 标注尺寸时,应尽可能使用符号和缩写词,表 1-5 为常用的符号和缩写词。

表 1-5　常用的符号和缩写词

名称	直径	半径	球直径	球半径	45°倒角	厚度	均布	正方形	深度	埋头孔	沉孔或锪平
符号或缩写词	ϕ	R	$S\phi$	SR	C	t	EQS	□	⩛	⩠	⎵

3. 尺寸标注示例

表 1-6 列出了国家标准规定的一些尺寸标注。

表 1-6　尺寸标注示例

内容	图　　例	说　　明
直径	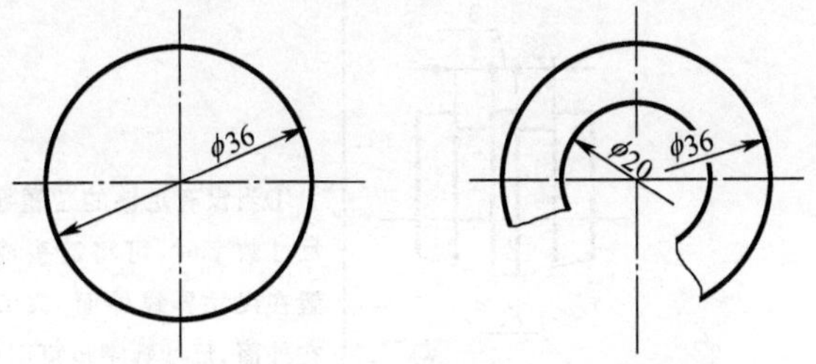 φ36 φ20 φ36	①圆或大于半圆的圆弧,注直径尺寸,尺寸线通过圆心,以圆周为尺寸界线; ②直径尺寸在尺寸数字前加"φ"
半径	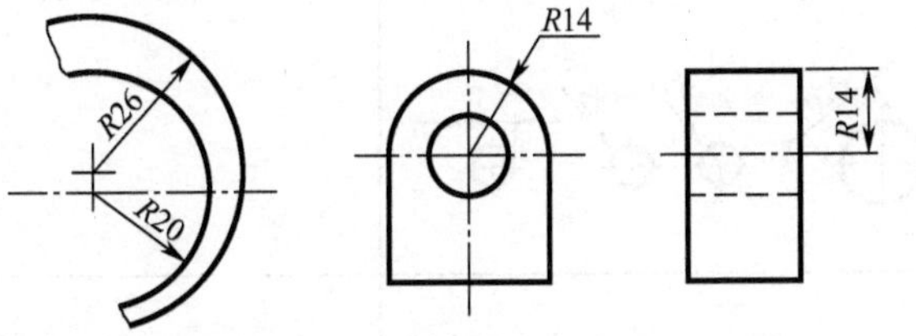 R26 R20 R14 R14 正确　　错误	①小于或等于半圆的圆弧,注半径尺寸,且必须注在投影为圆弧的图形上,尺寸线自圆心,引向圆弧; ②半径尺寸在尺寸数字前加"R"
大圆弧	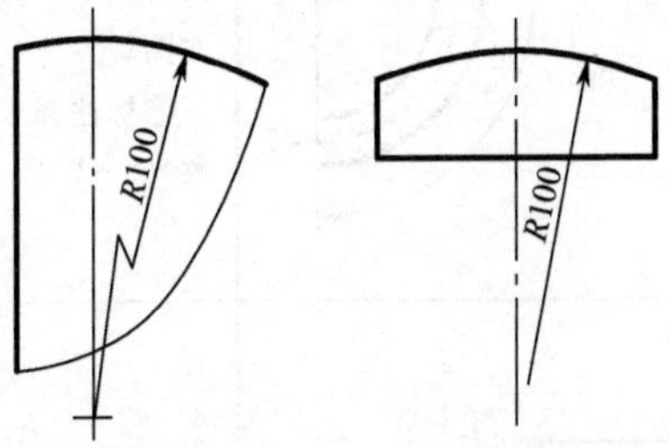 R100 R100	①在图纸范围内无法标出圆心位置时,可按左图标注; ②不需要标出圆心位置时,可按右图标注
球面	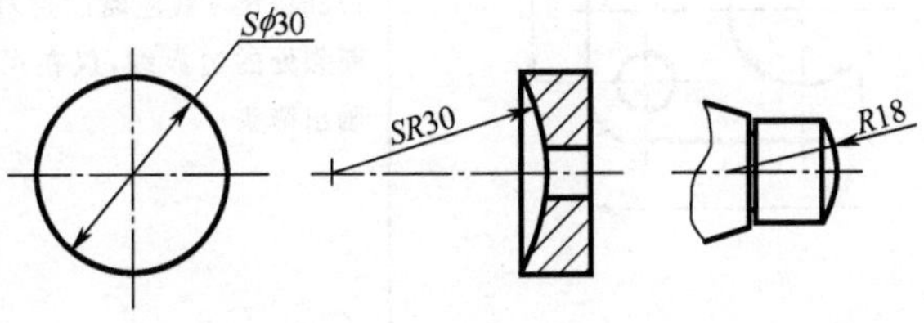 Sφ30 SR30 R18	①标注球面的直径和半径时,应在"φ"或"R"前加注"S"; ②对于螺钉、铆钉的头部、轴及手柄的端部,在不致引起误解的情况下可省略"S"
角度	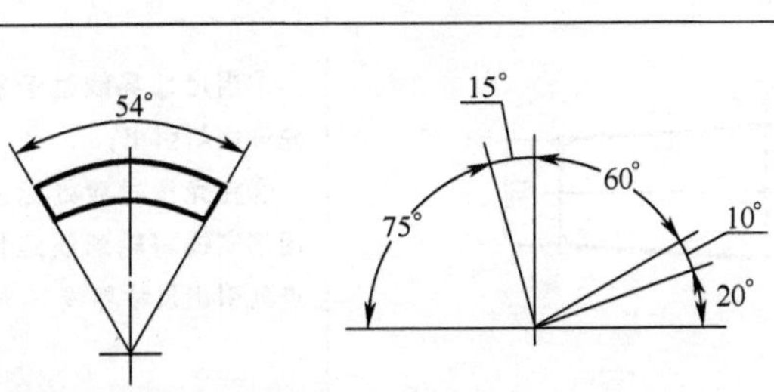 54° 15° 60° 75° 10° 20°	①标注角度的尺寸界线应沿径向引出,尺寸线应画圆弧,其圆心是角的顶点; ②角度的尺寸数字一律水平书写,一般写在尺寸线的中断处,必要时允许写在外面或引出标注

9

内容	图　例	说　明
狭小部位的尺寸	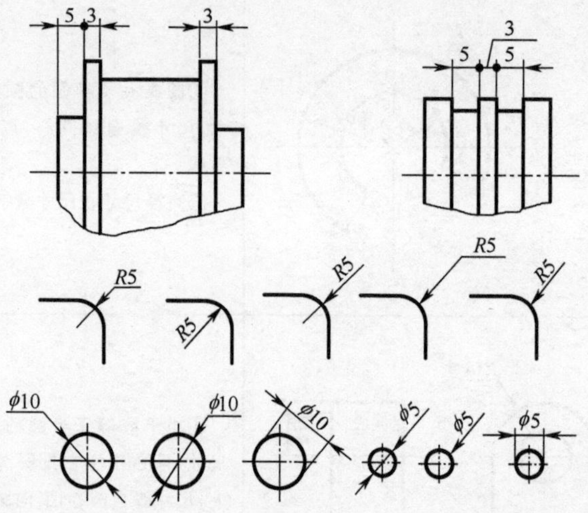	①当没有足够的位置画箭头或注写尺寸数字时，可将箭头或尺寸数字布置在尺寸界线外面，或者两者都布置在外面，尺寸数字也可引出标注； ②对连续标注的小尺寸，中间的箭头可用圆点或斜线代替
弦长和弧长	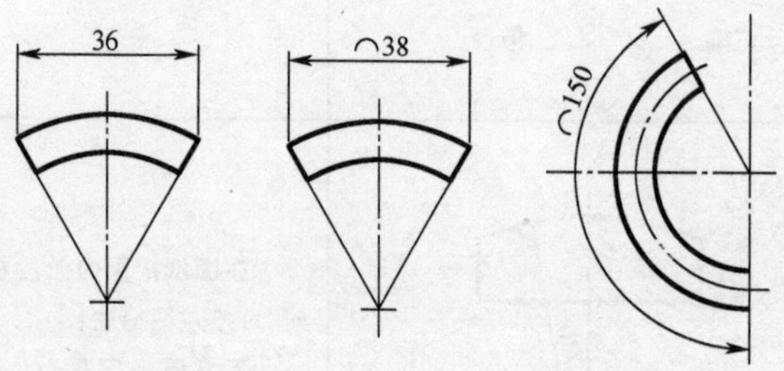	①标注弧长和弦长时，尺寸界线应平行于该弧的垂直平分线；当弧度较大时，尺寸界线可沿径向引出，如右图； ②标注弧长时，应在尺寸数字前加符号"⌒"
对称图形	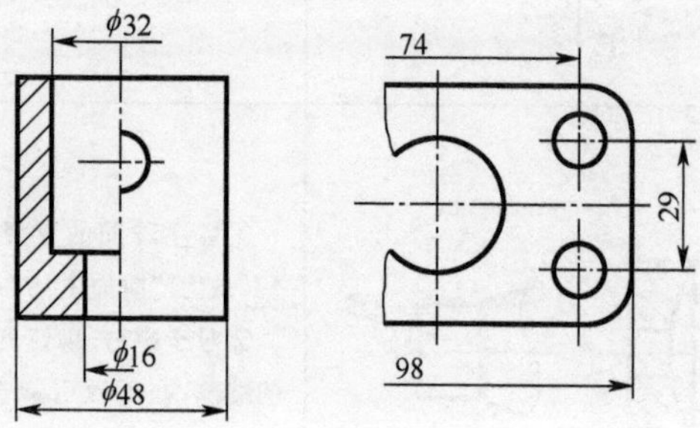	当对称图形只画出 1/2 或略大于 1/2 时，尺寸线应略超过对称中心线或断裂处的边界线，仅在尺寸线的一端画出箭头
光滑过渡处	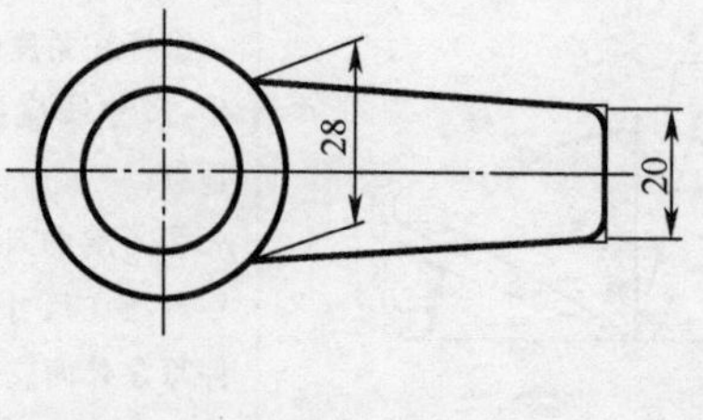	①当尺寸界线过于靠近轮廓线时，允许倾斜引出； ②在光滑过渡处标注尺寸时，必须用细实线将轮廓线延长，从它们的交点处引出尺寸界线

10

内容	图 例	说 明
正方形结构	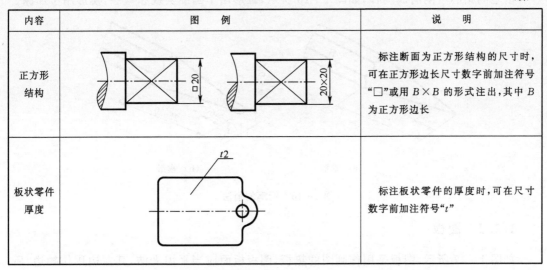	标注断面为正方形结构的尺寸时，可在正方形边长尺寸数字前加注符号"□"或用 $B \times B$ 的形式注出，其中 B 为正方形边长
板状零件厚度	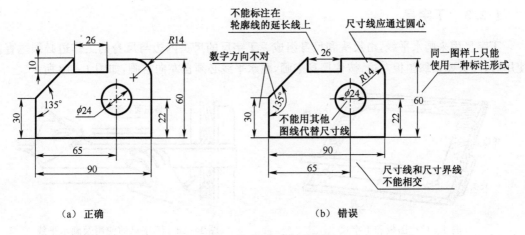	标注板状零件的厚度时，可在尺寸数字前加注符号"t"

图 1-15 用正误对比的方法，列举了初学标注尺寸时的一些常见错误。

（a）正确   （b）错误

图 1-15　尺寸标注的正误对比

1.2　绘图工具及其使用方法

掌握绘图工具的正确使用方法，是手工绘图时保证绘图质量和提高绘图速度的一个重要前提，对初学者尤为重要。本节将介绍几种常用的绘图工具及其使用方法。

1.2.1　铅笔

绘制图样时，要使用"绘图铅笔"，绘图铅笔铅心的软硬分别以 B 和 H 表示，铅心越硬，画出的线条越淡。因此，绘图时根据不同的使用要求，应准备以下几种硬度不同的铅笔：

B 或 HB——画粗实线用，加深圆弧时用的铅芯应比画粗实线的铅芯软一号；

HB 或 H——画细线、箭头和写字用；

H 或 2H——画底稿用。

铅笔的铅芯可削磨成两种,如图1-16所示,锥形用于画细实线和写字,楔形用于加深。

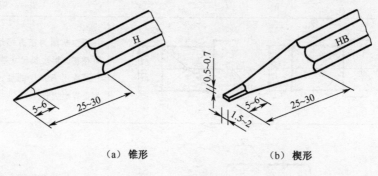

（a）锥形　　　　　　　　（b）楔形

图1-16　铅笔的削法

1.2.2　图板

如图1-17所示,图板是用作画图的垫板,图板板面应当平坦光洁,其左边用作导边,所以必须平直。

1.2.3　丁字尺

丁字尺用来画水平线,由尺头和尺身组成。丁字尺的尺头内边与尺身的工作边必须垂直。使用时,尺头要紧靠图板左边,按住尺身来画,画水平线必须自左向右画,如图1-18所示。

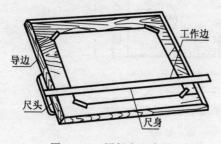

图1-17　图板和丁字尺

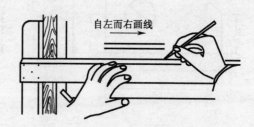

图1-18　丁字尺的使用及画水平线

1.2.4　三角板

三角板可配合丁字尺画垂直线(图1-19)及与水平线成15°整数倍的倾斜线(图1-20)。

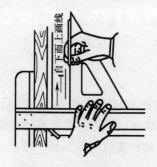

图1-19　画垂直线

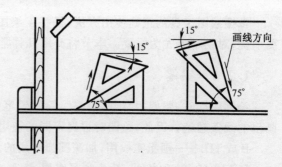

图1-20　画与水平线成15°整数倍的倾斜线

1.2.5　圆规

圆规用来画圆和圆弧。圆规针尖两端的形状不同,普通针尖用于绘制底稿,带支承面的小针尖用于圆和圆弧的加深,以避免针尖插入图板太深。使用前应调整针尖,使其略长于铅芯,如图 1-21(a) 所示。

画圆时,应使圆规向前进方向稍微倾斜,用力要均匀。画大圆时应使针尖和铅芯尽可能与纸面垂直,所以随着圆弧的半径不同应适当调整铅芯插腿和钢针,如图 1-21(b) 所示。

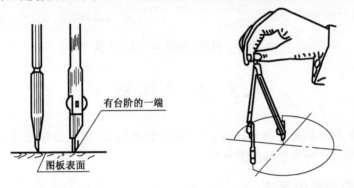

（a）针尖应略长于铅芯　　　（b）画大圆时应使针尖和铅芯尽可能与纸面垂直

图 1-21　圆规的针尖和画圆

1.2.6　分规

分规用来量取和等分线段。为了准确地度量尺寸,分规两脚的针尖并拢后,应平齐,如图 1-22 所示。

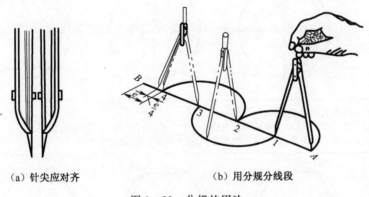

（a）针尖应对齐　　　　　　（b）用分规分线段

图 1-22　分规的用法

1.2.7　曲线板

如图 1-23 所示,曲线板用来画非圆曲线,画曲线时,应先徒手把曲线上各点轻轻地连接起来,然后选择曲线板上曲率相当的部分,分段画成。每画一段,至少应有四个点与曲线板上某一段重合,并与已画成的相邻曲线重合一部分,连接时,留下 1 个~2 个点不画,与下一次要连接的曲线段重合,以保持曲线圆滑。

13

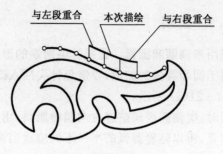

（a）徒手连接曲线上各点 （b）曲线的描绘方法

图 1-23 曲线板及曲线的描绘方法

1.3 几何作图

机械零件的轮廓形状是复杂多样的,为了确保绘图质量,提高绘图速度,必须熟练掌握一些常见几何图形的作图方法和作图技巧。

1.3.1 正多边形的画法

正多边形的作图方法常常利用其外接圆,并将圆周等分进行。表 1-7 列出了正五边形、正六边形及任意正多边形(以七边形为例)的作图方法及步骤。

表 1-7 多边形的作图方法及步骤

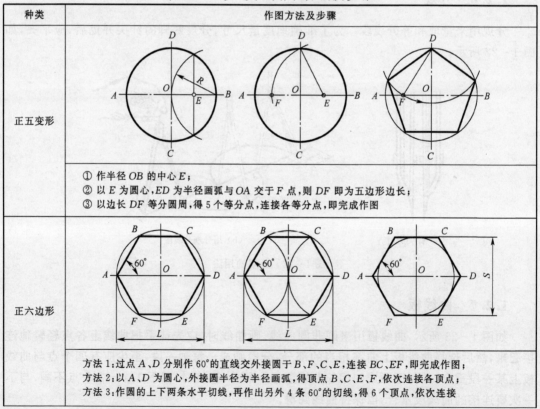

种类	作图方法及步骤
正五变形	① 作半径 OB 的中心 E; ② 以 E 为圆心,ED 为半径画弧与 OA 交于 F 点,则 DF 即为五边形边长; ③ 以边长 DF 等分圆周,得 5 个等分点,连接各等分点,即完成作图
正六边形	方法 1:过点 A、D 分别作 $60°$ 的直线交外接圆于 B、F、C、E,连接 BC、EF,即完成作图; 方法 2:以 A、D 为圆心,外接圆半径为半径画弧,得顶点 B、C、E、F,依次连接各顶点; 方法 3:作圆的上下两条水平切线,再作出另外 4 条 $60°$ 的切线,得 6 个顶点,依次连接

种类	作图方法及步骤
正多边形	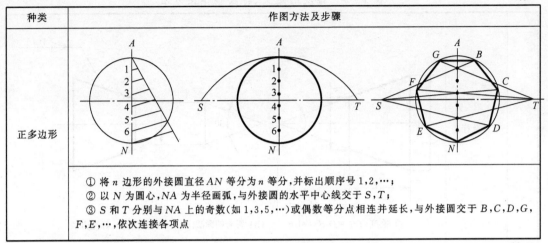
	① 将 n 边形的外接圆直径 AN 等分为 n 等分，并标出顺序号 $1,2,\cdots$； ② 以 N 为圆心，NA 为半径画弧，与外接圆的水平中心线交于 S,T； ③ S 和 T 分别与 NA 上的奇数（如 $1,3,5,\cdots$）或偶数等分点相连并延长，与外接圆交于 B,C,D,G，$F,E,\cdots$，依次连接各项点

1.3.2 斜度和锥度

1. 斜度

斜度是指一直线或平面对另一直线或平面的倾斜程度。其大小用两者间夹角的正切值来表示，在图上通常将其值注写成 $1:n$ 的形式，标注斜度时，符号方向应与斜度的方向一致。表 1-8 列出了斜度的定义、标注和作图方法。

表 1-8　斜度的定义、标注及作图方法

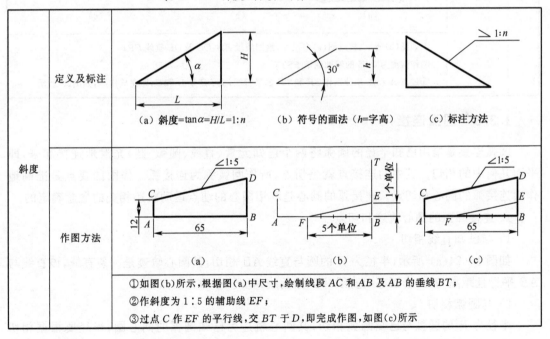

2. 锥度

锥度是指正圆锥底圆直径与圆锥高度之比。如果是圆台，则为底圆直径与顶圆直径之差与圆台高度之比。在图上通常将其值注写成 $1:n$ 的形式，标注锥度时，符号方向应与锥度的方向一致。表 1-9 列出了锥度的定义、标注和作图方法。

15

表 1-9 锥度的定义、标注和作图方法

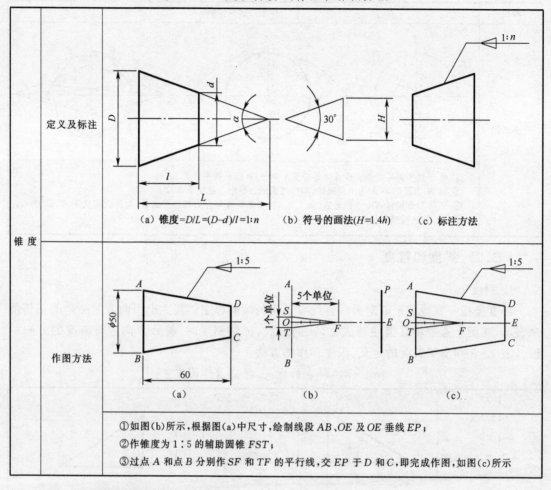

锥度	定义及标注	（a）锥度=D/L=(D−d)/l=1:n　（b）符号的画法(H=1.4h)　（c）标注方法
	作图方法	①如图（b）所示，根据图（a）中尺寸，绘制线段 AB、OE 及 OE 垂线 EP； ②作锥度为 1:5 的辅助圆锥 FST； ③过点 A 和点 B 分别作 SF 和 TF 的平行线，交 EP 于 D 和 C，即完成作图，如图（c）所示

1.3.3　圆弧连接

圆弧连接是指用已知半径的圆弧将两个已知元素（直线、圆弧、圆）光滑地连接起来，即平面几何中的相切。其中的连接点就是切点，所作圆弧称为连接弧。作图的要点是准确地作出连接弧的圆心和切点。连接弧的圆心是利用圆心的动点运动轨迹相交的概念确定的。

1. 连接圆弧的圆心轨迹和切点

1）与已知直线相切

如图 1-24(a) 所示，半径为 R 的圆与直线 AB 相切，其圆心轨迹是一条直线，该直线与 AB 平行且距离为 R；自圆心向直线 AB 作垂线，垂足 K 即为切点。

2）与圆弧相切

半径为 R 的圆弧与已知圆弧相切，其圆心轨迹为已知圆弧的同心圆，半径要根据相切的情形而定，如图 1-24 (b)、(c) 所示，两圆外切时 $R_外 = R_1 + R$；两圆内切时，$R_内 = R_1 - R$。两圆弧的切点 K 在圆心连线与圆弧的交点处。

2. 圆弧连接作图示例

表 1-10 列举了用已知半径为 R 的圆弧连接两已知线段的 5 种典型情况。

16

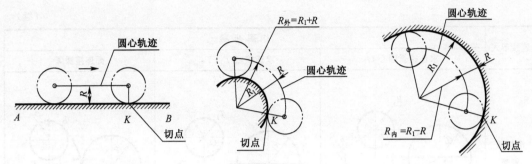

（a）圆与直线相切　　　　　（b）圆与圆弧外切　　　　　（c）圆与圆弧内切

图 1-24　连接圆弧的圆心轨迹和切点

表 1-10　典型圆弧连接作图方法

连接形式	作图步骤		
	求连接弧圆心 O	求连接点 T_1、T_2	画连接圆弧
两直线			
直线与圆弧			
外切两圆弧			
内切两圆弧			

17

连接形式	作 图 步 骤		
	求连接弧圆心 O	求连接点 T_1、T_2	画连接圆弧
混切两圆弧	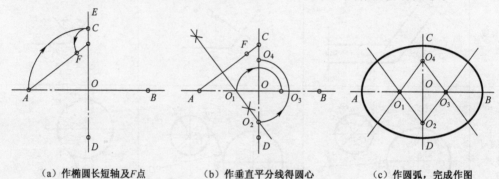		

1.3.4　椭圆

画椭圆最常用的近似画法是四心圆法，如图 1-25 所示。其作图步骤如下：

（a）作椭圆长短轴及 F 点　　（b）作垂直平分线得圆心　　（c）作圆弧，完成作图

图 1-25　椭圆的近似画法——四心圆法

（1）连长、短轴端点 A、C。以 O 为圆心，OA 为半径画弧交 OC 的延长线于 E。再以 C 为圆心，CE 为半径画弧交 AC 于 F。

（2）作 AF 的垂直平分线，与 AB、CD 分别交于 O_1 和 O_2，再取 O_1、O_2 的对称点 O_3、O_4。

（3）自 O_1 和 O_3 两点分别向 O_2 和 O_4 两点连接，此 4 条直线即为 4 段圆弧的分界线。

（4）分别以 O_1、O_2、O_3、O_4 为圆心，以 O_1A、O_2C、O_3B、O_4D 为半径画弧，完成作图。

1.4　平面图形的尺寸分析和画法

平面图形一般由一个或多个封闭线框组成，这些封闭线框是由一些线段连接而成。因此，要想正确地绘制平面图形，首先必须对平面图形进行尺寸分析和线段分析。

1.4.1　平面图形的尺寸分析

在进行尺寸分析时，首先要确定水平方向和垂直方向的尺寸基准，也就是标注尺寸的起

18

点。对于平面图形而言,常用的基准是对称图形的对称线,较大的圆的中心线或图形的轮廓线。例如,图 1-26 中轮廓线 AC 和 AB 分别为水平和垂直方向的尺寸基准。

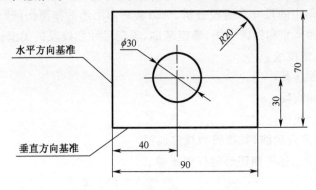

图 1-26　平面图形的尺寸分析

平面图形中的尺寸按其作用可以分为两大类。

(1) 定形尺寸:确定平面图形上几何元素的形状和大小的尺寸称为定形尺寸。例如,直线的长短、圆的直径、圆弧的半径等。如图 1-26 中的 90、70、$R20$ 确定了外面线框的形状和大小,$\phi 30$ 确定里面的线框的形状和大小,这些都是定形尺寸。

(2) 定位尺寸:确定平面图形上几何元素间相对位置的尺寸称为定位尺寸。例如,直线的位置、圆心的位置等。如图 1-26 中 40、30 确定了 $\phi 30$ 的圆的圆心位置,是定位尺寸。

1.4.2　平面图形的线段分析

如图 1-27 (a) 所示的平面图形为一手柄,其基准和定位尺寸如图中所示。平面图形中的线段根据所标注的尺寸可以分为以下 3 种。

(1) 已知线段:注有完全的定形尺寸和定位尺寸,能直接按所注尺寸画出的线段。如图中的直线段、$\phi 5$ 的圆、$R15$ 和 $R10$ 的圆弧。

(2) 中间线段:只注出一个定形尺寸和一个定位尺寸,必须依靠与相邻的一段线段的连接关系才能画出的线段。如图中的 $R50$ 的圆弧。

(3) 连接线段:只给出定形尺寸,没有定位尺寸,必须依靠与相邻的两段线段的连接关系才能画出的线段。如图中的 $R12$ 的圆弧。

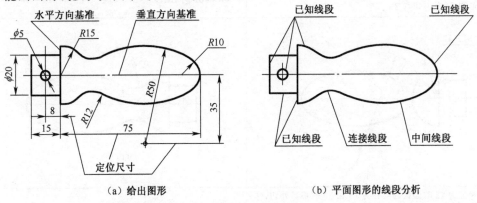

（a）给出图形　　　　　　（b）平面图形的线段分析

图 1-27　平面图形的线段分析

19

1.4.3 平面图形的作图步骤

根据上述对图形中的尺寸和线段分析,可以将平面图形的作图步骤归纳如下:

(1) 对图形中的尺寸和线段分析,确定基准,确定尺寸和线段的类型;

(2) 画基准线、定位线;

(3) 画出各已知线段;

(4) 画出各中间线段;

(5) 画出各连接线段;

(6) 整理,擦去多余的线,并按线型规定加深。

表 1-11 列出了上述平面图形的作图步骤。

表 1-11 手柄的作图步骤

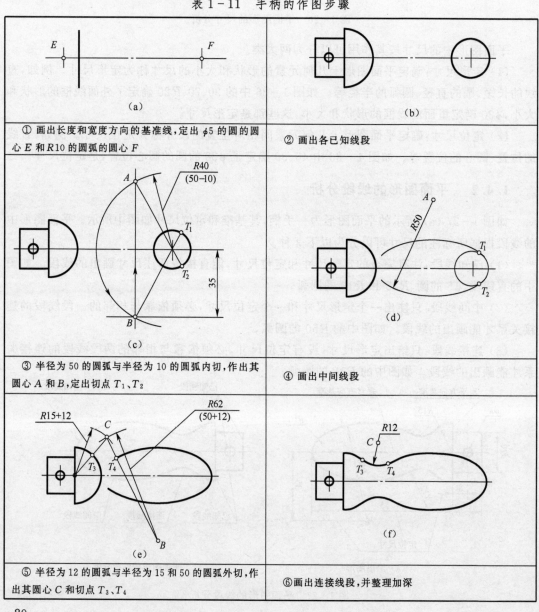

① 画出长度和宽度方向的基准线,定出 $\phi 5$ 的圆的圆心 E 和 $R10$ 的圆弧的圆心 F	② 画出各已知线段
③ 半径为 50 的圆弧与半径为 10 的圆弧内切,作出其圆心 A 和 B,定出切点 T_1、T_2	④ 画出中间线段
⑤ 半径为 12 的圆弧与半径为 15 和 50 的圆弧外切,作出其圆心 C 和切点 T_3、T_4	⑥ 画出连接线段,并整理加深

20

1.4.4　平面图形的尺寸标注

图形中标注的尺寸,必须能唯一地确定其大小,既不能遗漏又不能重复,其方法和步骤如下。

(1) 分析图形,确定尺寸基准;

(2) 进行线段分析,确定哪些线段是已知线段、中间线段和连接线段;

(3) 按已知线段、中间线段、连接线段的顺序逐个标注尺寸。

图1-28所示为几种常见平面图形尺寸的注法示例。

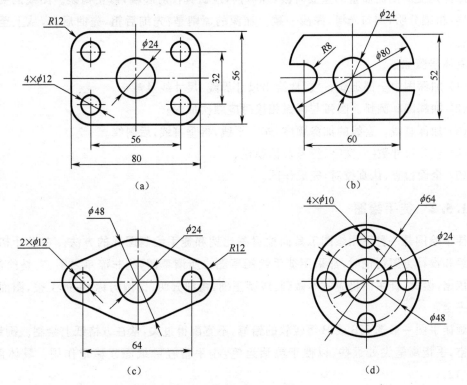

图1-28　常见平面图形尺寸的注法示例

1.5　绘 图 方 法

绘图方法一般有仪器绘图、徒手绘图和计算机绘图。与刚开始学习写字一样,正确的方法与习惯将直接影响作图的质量和速度,因此,本节将简单介绍各种绘图方法的作图步骤。

1.5.1　仪器绘图的步骤

1. 做好绘图前的准备工作

(1) 准备好所用的绘图工具和仪器,磨削好铅笔及圆规上的铅芯。

(2) 根据所画图形的大小选择合适的绘图比例和图纸幅面。

21

（3）固定好图纸。通常将图纸布置在图板的左下方，但下方应留出放丁字尺的位置，固定前，先用丁字尺校正图纸，使丁字尺尺身与图框线对准，然后再用透明胶带将图纸的四个角固定在图板上。

2. 画底稿

（1）绘出图框线和标题栏框线；

（2）按平面图形的作图步骤绘制底稿。

3. 加深

加深是提高图面质量的重要阶段，加深前，应认真校对底稿，修正错误。图线的要求：线型正确，粗细分明，均匀光滑，深浅一致。加深的原则是：先细后粗，先曲后直，从上至下，从左至右。

具体步骤如下。

（1）加深图中全部细线，一次性绘出尺寸界线、尺寸线及箭头。

（2）加深圆和圆弧。圆弧与圆弧相接时应顺次加深。

（3）加深直线。直线的加深顺序：先水平线，再垂直线，后斜线。

（4）填写尺寸数字、文字、符号及标题栏。

（5）全面检查，认真校对，完成作图。

1.5.2 徒手绘图

徒手绘图是一种不用绘图工具而按目测比例和徒手绘制图样的方法。在设计初期、现场测绘和设计方案讨论时，都采用徒手绘制草图。所谓草图，绝非潦草之图，它是绘制仪器图的依据，因此，徒手图仍应基本做到：线型正确，粗细分明，比例匀称，字体工整，图面整洁，尺寸齐全。

画徒手图一般选 HB 或 B 等较软的铅笔，不宜削得过尖，常在方格纸上绘制。画线时手要悬空，手指离笔尖处远些，以便于灵活运笔，小手指轻触纸面起稳定作用。具体画法见表1-12。

表 1-12　徒手画草图的方法

类型	画　法
直线	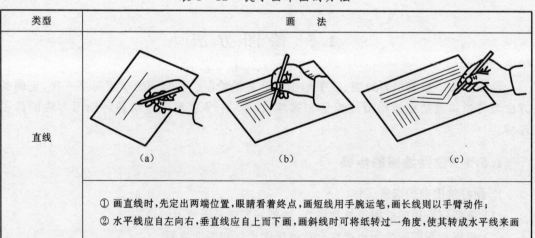 （a）　　　　　（b）　　　　　（c）
	① 画直线时，先定出两端位置，眼睛看着终点，画短线用手腕运笔，画长线则以手臂动作； ② 水平线应自左向右，垂直线应自上而下画，画斜线时可将纸转过一角度，使其转成水平线来画

22

类型	画　法
角度和角度斜线	 （a）　　　　（b）　　　　（c）　　　　（d） ①画 30°、45°和 60°的角度，可按直角边的近似比例定出端点后，再连成直线。其余角度可按它与30°、45°和 60°角的倍数关系画出； ②30°、45°和 60°的角度及其有倍数关系的斜线也可用此法绘制
圆	 （a）　　　　（b）　　　　（c） ①画较小圆时，可在中心线上按半径目测定出四点，然后连成圆； ②画较大圆时，可过圆心多画几条不同方向的直线，再按半径目测定出若干点，然后连成圆； ③画很大的圆时，可用手转动图纸的方法绘制
椭　圆	 （a） （b） ①利用矩形画椭圆：利用椭圆的长短轴，画一矩形，再徒手作椭圆与此矩形相切； ②利用外接平行四边形画椭圆：画出椭圆的外接四边形，作出钝角和锐角的内切弧

23

第 2 章　点、线、面的投影

物体的表面可以看成由点、线、面等几何元素组合而成。点是最基本的几何要素,由点构成线、线构成线框(面),本章主要介绍点、线、面的投影特性。

2.1　点 的 投 影

2.1.1　点在两投影面体系中的投影

根据点的一个投影,不能确定点的空间位置。因此,常将几何形体放置在相互垂直的两个或多个投影面之间,向这些投影面投影,形成多面正投影图。

1. 两投影面体系的建立

如图 2-1 所示,相互垂直的两个投影面,正立投影面简称正面或 V 面,水平投影面简称水平面或 H 面,两个投影面的交线称投影轴,两投影面 V、H 的交线称 OX 轴。

两投影面 V、H 组成两投影面体系,并将空间划分成如图 2-1 所示的 4 个分角。

这里着重讲述在 V 面之前、H 面之上的第一分角中的几何形体的投影。

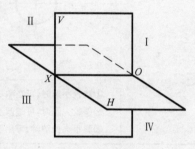

图 2-1　4 个分角的划分

2. 点的两面投影

如图 2-2(a)所示,由第一分角中的空间点 A 作垂直于 V 面、H 面的投射线 Aa′、Aa,分别与 V 面、H 面相交得点 A 的正面 (V 面)投影 a′ 和水平(H 面)投影 a。

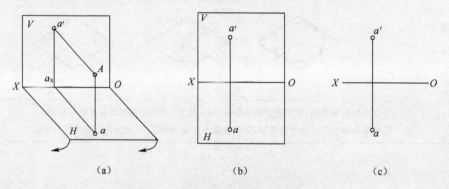

| (a) | (b) | (c) |

图 2-2　点在 V、H 两面体系中的投影

由于两投射线 Aa′、Aa 所组成的平面分别与 V 面、H 面垂直,所以这 3 个相互垂直的平面必定交于 OX 轴上的一点 a_X,且 3 条交线相互垂直,即 $OX \perp a'a_X \perp aa_X$。同时可见,

24

矩形 $Aa'a_X a$ 各对边长度相等，即 $Aa = a'a_X$，$Aa' = aa_X$。

为使点的两面投影画在一张平面图纸上，保持 V 面不动，将 H 面绕 OX 轴向下旋转 $90°$，使与 V 面共面。展开后点 A 的两面投影如图 2-2(b)所示。

因为在同一平面上，过 OX 轴上的点 a_X 只能作 OX 轴的一条垂线，所以点 a'、a_X、a 共线，即 $a'a \perp OX$。在投影图上，点的两个投影的连线（如 a'、a 的连线）称投影连线。在实际画投影图时，不必画出投影面的边框和点 a_X，如图 2-2(c)所示。

由此，可概括出点的两面投影特性：

(1) 点的水平投影和正面投影的投影连线垂直于 OX 轴，即 $a'a \perp OX$。

(2) 点的水平投影到 OX 轴的距离，反映空间点到 V 面的距离，即 $aa_X = Aa'$。点的正面投影到 OX 轴的距离，反映空间点到 H 面距离，即 $a'a_X = Aa$。

点的两面投影，可以唯一地确定该点的空间位置。可以想象：若保持图 2-2(b)中的 V 面不动，将 OX 轴以下的 H 面绕 OX 轴向前旋转 $90°$，恢复到水平位置，再分别由 a'、a 作垂直相应投影面的投射线，则两投射线的交点，即空间点 A 的位置。

3. 特殊位置点的两面投影

图 2-3 是 V 面上的点 B、H 面上的点 C 和 OX 轴上的点 D 的立体图和投影图。这些处于投影面上或投影轴上的特殊位置点的投影仍符合前述的点的两面投影特性。如 V 面上的点 B，其 V 面投影 b' 与点 B 重合，由于点 B 到 V 面的距离等于零，故其 H 面投影 b 到 OX 轴的距离等于零，b 与 OX 轴重合，且 $b'b \perp OX$。

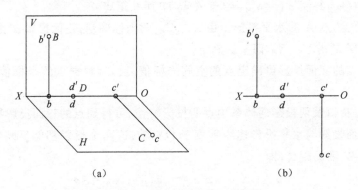

(a)   (b)

图 2-3 特殊位置点的两面投影

又如在 OX 轴上的点 D，其到 V 面、H 面的距离都等于零，故点 D 的 V 面、H 面投影 d'、d 都在 OX 轴上，且 d'、d 与点 D 重合。

2.1.2 点在三投影面体系中的投影

1. 点的三面投影

如图 2-4(a)所示，在 V、H 两投影面体系上再加上一个与 V、H 面都垂直的侧立投景面（简称侧面或 W 面），这 3 个相互垂直的 V 面、H 面、W 面组成一个三投影面体系。H 面、W 面的交线称为 OY 投影轴，简称 Y 轴；V 面、W 面的交线称为 OZ 投影轴，简称 Z 轴；3 根相互垂直的投影轴的交点 O 称为原点。

为使点的三面投影能画在一张平面图纸上，仍保持 V 面不动，H 面、W 面分别按图示箭头方向旋转,使与 V 面共面,即得点的三面投影图,如图 2-4(b)所示。其中 Y 轴随 H 面旋转时,以 Y_H 表示;随 W 面旋转时以 Y_W 表示。

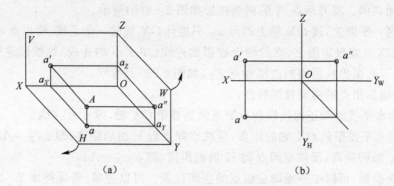

图 2-4　点在三投影面体系中的投影

将空间点 A 分别向 V 面、H 面、W 面作投影得 a'、a、a''，称作点 A 的侧面投影。

如果把三投影面体系看作是空间直角坐标体系,则 3 个投影面相当于 3 个坐标平面,3 根投影轴相当于 3 根坐标轴,O 即为坐标原点。由图 2-4(a)可知,点 A 的 3 个直角坐标 X_A、Y_A、Z_A 即为点 A 到 3 个投影面的距离。点 A 的坐标与其投影有如下关系:

X 坐标 $X_A(Oa_X)=a'a_Z=aa_Y=$ 点 A 与 W 面的距离 Aa''；

Y 坐标 $Y_A(Oa_Y)=aa_X=a''a_Z=$ 点 A 与 V 面的距离 Aa'；

Z 坐标 $Z_A(Oa_Z)=a'a_X=a''a_Y=$ 点 A 与 H 面的距离 Aa。

由投影图可见,点 A 的水平投影 a 由 X_A、Y_A 两坐标确定;正面投影 a' 由 X_A、Z_A 两坐标确定;侧面投影 a'' 由 Y_A、Z_A 两坐标确定。

因此,根据点的三面投影可确定点的空间坐标值,反之,根据点的坐标值也可以画出点的三面投影图。

根据以上分析以及两投影面体系中点的投影特性,可得到点的三面投影特性:

(1)点的正面投影与水平投影连线垂直于 OX 轴,这两个投影都能反映空间点的 X 坐标,也就是点到 W 面的距离,即

$$a'a \perp OX \qquad a'a_Z=aa_{YH}=X_A=Aa''$$

(2)点的正面投影与侧面投影的投影连线垂直于 OZ 轴,这两个投影都能反映空间点的 Z 坐标,也就是点到 H 面的距离,即

$$a'a'' \perp OZ \qquad a'a_X=a''a_{YW}=Z_A=Aa$$

(3)点的水平投影到 OX 轴的距离等于侧面投影到 OZ 轴的距离,这两个投影都能反映点的 Y 坐标,也就是点到 V 面的距离,即

$$aa_X=a''a_Z=Y_A=Aa'$$

应当注意,投影面展开后,H 面、W 面已分离,因此 a、a'' 的投影连线不再保持 $aa'' \perp OY$ 的关系,但保持 $aa_{YH}=aa_{YW}$ 的关系。

点的两面投影即可以确定点的空间位置。根据点的两面投影或点的直角坐标,便可作出点的第三面投影。实际作图时,应特别注意 H 面、W 面两投影 Y 坐标的对应关系。为作图方便,如图 2-4(b)所示,可添加过点 O 的 45°辅助线。

2. 特殊位置点的三面投影

图 2-5 所示是 V 面上的点 B、H 面上的点 C、W 面上的点 D、OX 轴上的点 E 的立体图和投影图。从图中可以看到这些处于特殊位置的点的三面投影仍符合点的三面投影特性。例如：H 面上的点 C，其 Z 坐标为零，因此 H 面投影 c 与该点重合，V 面投影 c' 在 OX 轴上，且 $c'c \perp OX$，W 面投影 c'' 在 OY 轴上。需要注意，$c'c'' \perp OZ$，在投影图中，c'' 必须画在 W 面的 OY_W 轴上，并与 c 保持相等的 Y 坐标。

又如：OX 轴上的点 E，其 Y、Z 坐标为零，因此，V 面、H 面投影 e'、e 与该点重合在 OX 轴上，W 面投影 e'' 与 O 点重合。对于 OY 轴和 OZ 轴上的点，读者可自行分析，画出其三面投影图。

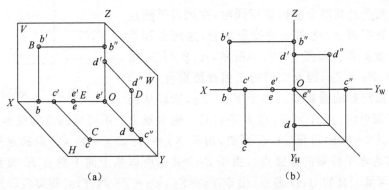

(a)　　　　　　(b)

图 2-5　特殊位置点的三面投影

3. 两点的相对位置和无轴投影图

空间点的位置可以用点的绝对坐标来确定，也可以用相对坐标来确定。

如图 2-6(a) 所示，若分析点 B 相对点 A 的位置，在 X 坐标方向的相对坐标为 $(X_B - X_A)$，即两点对 W 面的距离差，点 B 在点 A 的左方。X 坐标方向，通常称为左右方向，X 坐标增大方向为左方。Y 坐标方向的坐标差为 $(Y_B - Y_A)$，即两点相对 V 面的距离差，点 B 在点 A 的后方。Y 坐标方向，通常称为前后方向，Y 坐标增大方向为前方。Z 方向的坐标差为 $(Z_B - Z_A)$，即两点相对 H 面的距离差，点 B 在点 A 的下方。Z 坐标方向，通常称为上下方向，Z 坐标增大方向为上方。

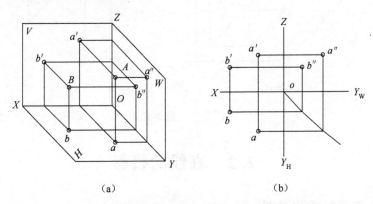

(a)　　　　　　(b)

图 2-6　两点的相对位置

显然，根据空间两点的投影沿左右、前后、上下 3 个方向所反映的坐标差，能够确定两点的相对位置;反之,若已知两点相对位置以及其中一个点的投影,也能够作出另一个点的投影。

由于投影图主要用来表达几何形体的形状,而没有必要表达几何形体与各投影面之间的距离,因此在绘制投影图时,特别是在绘制几何形体的投影图时,往往不画出投影轴,为使投影图形清晰,也可不画出各投影之间的投影连线。

如图 2-7 所示为 A、B 两点的无轴投影图。绘图时通常根据图面的大小,先画出某一点的三面投影,然后根据两点的相对位置关系,画出另一点的各个投影。

4. 重影点

当空间两点的某两个坐标值相同时,在同时反映这两个坐标的投影面上,这两点的投影重合,这两点称为该投影面的重影点。如图 2-8(a)所示,A、B 两点,由于 $X_A = X_B$,$Z_A = Z_B$,因此它们的正面投影重合,A、B 两点称为正面投影的重影点。由于 $Y_A > Y_B$,所以从前

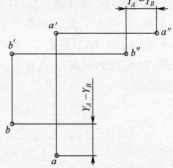

图 2-7 无轴投影图

向后垂直 V 面看时,点 A 可见,点 B 不可见。通常规定把不可见的点的投影加括号表示,如 (b')。从图 2-8(b)可见,A、C 两点,由于 $X_A = X_C$,$Y_A = Y_C$,它们的水平投影重合,A、C 两点称为水平投影的重影点。由于 $Z_C > Z_A$,所以从上向下垂直 H 面看时,点 C 可见,点 A 不可见。又如 B、D 两点,由于 $Y_B = Y_D$,$Z_B = Z_D$,它们的侧面投影重合,B、D 两点称为侧面投影的重影点。由于 $X_D > X_B$,所以从左向右垂直 W 面看时,点 D 可见,点 B 不可见。由此可见,对 V 面、H 面、W 面的重影点,它们的可见性应分别是前遮后、上遮下、左遮右。

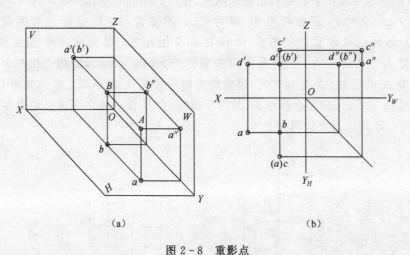

(a)   (b)

图 2-8 重影点

2.2 直线的投影

2.2.1 直线的投影特性

如图 2-9 所示,直线 AB 不垂直于 V 面,则通过直线 AB 上各点的投射线所形成的平

面与 V 面的交线,就是直线 AB 的正面投影 $a'b'$;直线 CD 垂直于 V 面,则通过 CD 上各点的投射线,都与 CD 共线,它与 V 面的交点,就是直线 CD 的正面投影 $c'(d')$,这时称 $c'(d')$ 积聚成一点,或称直线 CD 的正面投影具有积聚性。

由此可见,不垂直于投影面的直线,在该投影面上的投影仍为直线;垂直于投影面的直线,在该投影面上的投影积聚成一点。

空间直线与它的水平投影、正面投影、侧面投影的夹角,分别称为该直线对 H 面、V 面、W 面的倾角,用 α、β、γ 表示。当直线平行于某投影面时,直线对该投影面的倾角为 $0°$,直线在该投影面上的投影反映实长;当直线垂直于某投影面时,对该投影面的倾角为 $90°$;当直线倾斜于某投影面时,

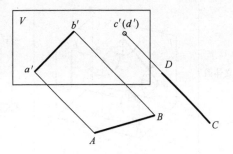

图 2-9 直线的投影

对该投影面的倾角大于 $0°$,小于 $90°$,直线在各投影面上的投影均缩短。

如图 2-10 所示,作直线投影时,可先作出直线上两点(通常取直线段两个端点)的三面投影,然后将两点在同一投影面(简称同面投影)上的投影用粗实线相连即得直线的三面投影图。

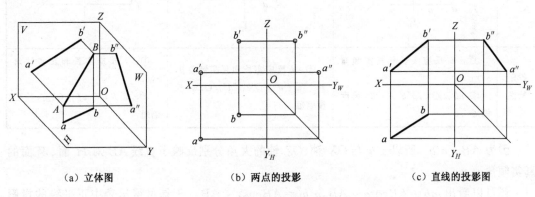

|（a）立体图|（b）两点的投影|（c）直线的投影图|

图 2-10 直线投影图画法

2.2.2 特殊位置直线

根据直线在投影面体系中的位置不同,可将直线分为投影面一般位置直线、投影面平行线和投影面垂直线 3 类。后两类直线称为特殊位置直线,3 类直线具有不同的投影特性。

1. 投影面平行线

只平行于一个投影面的直线称投影面平行线。其中平行于 V 面的直线称为正平线;平行于 H 面的直线称为水平线;平行于 W 面的直线称为侧平线。这 3 种投影面平行线的立体图、投影图和投影特性见表 2-1。

由表中正平线的立体图可知:

因为 $ABb'a'$ 是矩形,所以 $a'b'=AB$。

因为正平线 AB 上各点的 Y 坐标都相等,所以 $ab /\!/ OX$,$a''b'' /\!/ OZ$。

表 2-1　投影面平行线

名称	正平线(∥V面)对 H、W 面倾斜	水平线(∥H面)对V、W面倾斜	侧平线(∥W面)对V、H面倾斜
立体图			
投影图			
投影特性	① $a'b'$ 反应实长和真实倾角 α、γ； ② $ab \parallel OX$，$a''b'' \parallel OZ$，长度缩短	① cd 反应实长和真实倾角 β，γ；② $c'd' \parallel OX$，$c''d'' \parallel OY_W$，长度缩短	① $e''f''$ 反应实长和真实倾角 α，β； ② $e'f' \parallel OZ$，$ef \parallel OY_H$，长度缩短

因为 $AB \parallel a'b'$，所以 $a'b'$ 与 OX 轴、OZ 轴的夹角分别反映了直线 AB 对 H 面、W 面的真实倾角 α、γ。

还可以看出：$ab = AB\cos\alpha < AB$，$a''b'' = AB\cos\gamma < AB$。于是可得出表中正平线的投影特性。同理，可得出水平线和侧平线的投影特性。由此，概括出投影面平行线的投影特性：

(1) 在直线所平行的投影面上的投影，反映实长，该投影与投影轴的夹角分别反映直线对另两个投影面的真实倾角。

(2) 在直线所倾斜的另外两个投影面上的投影，平行于相应的投影轴，长度缩短。

2. 投影面垂直线

垂直于某一个投影面的直线称为该投影面垂直线。其中垂直于 V 面的称为正垂线；垂直于 H 面的称为铅垂线；垂直于 W 面的称为侧垂线。这 3 种投影面垂直线的立体图、投影图和投影特性见表 2-2。

由表中正垂线 AB 的立体图可知：直线 $AB \perp V$ 面，所以 $a'b'$ 积聚成一点。因为 $AB \parallel H$ 面，$AB \parallel W$ 面，所以 $ab = a''b'' = AB$。于是得出表 2-2 中的正垂线的投影特性。同理，可得出铅垂线和侧垂线的投影特性。由此概括出投影面垂直线的投影特性：

(1) 在直线所垂直的投影面上的投影，积聚成一点。

(2) 另外两个投影面上的投影，垂直于相应的投影轴，投影反映实长。

表 2-2　投影面垂直线

名称	正垂线(⊥V面)//H面、//W面	铅垂线(⊥H面)//V面、//W面	侧垂线(⊥W面)//V面、//H面
立体图	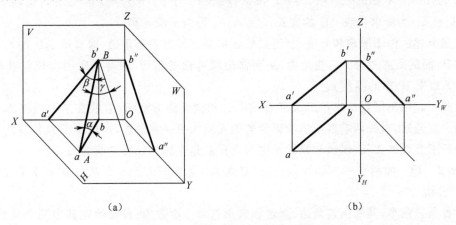		
投影图			
投影特性	① $a'b'$ 积聚为一点； ② $ab \perp OX$，$a''b'' \perp OZ$，反映实长	① cd 积聚为一点； ② $c'd' \perp OX$，$c''d'' \perp OY_W$，反映实长	①$e''f''$职聚为一点； ② $ef \perp OY_H$，$e'f' \perp OZ$，反映实长

2.2.3　一般位置直线的投影、实长与倾角

1. 投影

与 3 个投影面都倾斜的直线称为投影面的一般位置直线。

如图 2-11 所示的直线 AB，对 3 个投影面都倾斜，其两端点分别沿前后、上下、左右方向对 V 面、H 面、W 面有距离差，所以一般位置直线 AB 的 3 个投影都倾斜于投影轴。

（a）　　　　　　　　　　　　　　（b）

图 2-11　投影面的一般位置直线

31

从图 2-11(a)可看出,$ab=AB\cos\alpha<AB$,$a'b'=AB\cos\beta<AB$,$a''b''=AB\cos\gamma<AB$。同时还可看出:直线 AB 的各个投影与投影轴的夹角都不等于 AB 对投影面的倾角。

由此得出投影面一般位置直线的投影特性:3 个投影都倾斜于投影轴;各投影长度都小于直线的实长;各投影与投影轴的夹角都不能反映直线对投影面的倾角。

2. 实长与倾角

在工程上,经常要求用作图方法求投影面的一般位置直线的实长和倾角这类度量问题。

如图 2-12(a)所示,过直线上点 A 作 $AB_1 \parallel ab$ 与投射线 Bb 交于 B_1,得直角三角形 ABB_1。显然,在这个直角三角形中:$AB_1=ab$;$BB_1=Bb-Aa$,即直线 AB 两端点与 H 面的距离差;斜边即为直线 AB 的实长;AB 与 AB_1 的夹角,就是 AB 对 H 面的倾角 α。

由此可见,根据投影面一般位置直线 AB 的投影求其实长和对 H 面的倾角,可归纳为求直角三角形 ABB_1 的实形。这种求直线实长和倾角的方法,称为直角三角形法。

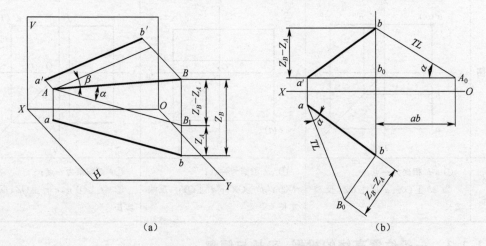

图 2-12 求直线的实长和倾角

求直线 AB 的实长和对 H 面的倾角 α,可应用下列两种方式作图:

(1) 过 b(也可过 a)作 ab 的垂线 bB_0(图 2-12(b)),在此垂线上量取 $bB_0=Z_B-Z_A$,则 aB_0 即为所求直线 AB 的实长(用 TL 表示),$\angle B_0ab$ 即为所求 α 角。

(2) 过 a' 作 X 轴的平行线,与 $b'b$ 投影连线相交于 b_0($b'b_0=Z_B-Z_A$),量取 $b_0A_0=ab$,则 $b'=A_0$ 为所求直线 AB 的实长,$\angle b'A_0b_0$ 即为所求 α 角。

按照上述的作图原理和方法,也可以取 $a'b'$ 或 $a''b''$ 为一直角边,取直线 AB 的两端点与 V 面或 W 面的距离差为另一直角边,从而作出两直角三角形,求得 AB 的实长及其对 V 面的倾角 β 或对 W 面的倾角 γ。

由此可归纳出用直角三角形法求直线实长和倾角的方法:以直线在某一投影面上的投影作为一直角边,直线两端点与该投影面的距离差为另一直角边,所形成的直角三角形的斜边即为所求直线的实长,斜边与投影长度的夹角就是直线对该投影面的倾角。

【例 2-1】 如图 2-13(a)所示,已知直线 AB 的实长 L 和 $a'b'$ 及 a,求其水平投影 ab。

1) 分析

对直角三角形,其两条直角边、斜边和夹角这 4 个参数中,只要给定其中两个参数,就能作出该直角三角形,并求知另两参数。根据题给条件,已知实长(斜边)和 $a'b'$(一直角边),

32

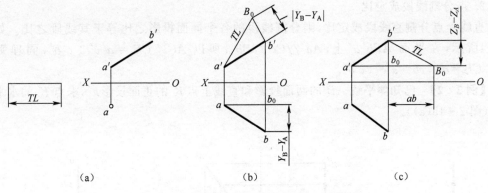

（a）   （b）   （c）

图 2-13　直角三角形法求直线 AB 的投影

可作出该直角三角形。

2）作图

方法一（图 2-13(b)）：

(1) 过 b' 作 $b'B_0 \perp a'b'$。

(2) 以 a' 为圆心，实长 L 为半径画圆弧与 $b'B_0$ 相交于 B_0，则 $b'B_0$ 为直线 AB 的两端点对 V 面的距离差 $|Y_B - Y_A|$。

(3) 过 a 作 $ab_0 /\!/ X$ 轴，过 b' 作 $b'b_0 \perp X$ 轴，ab_0 与 $b'b_0$ 相交于 b_0。在 b_0 的前后两侧，以 $(Y_B - Y_A)$ 为距离定出 b，连 a、b 即是所求的水平投影（两解，图示画出一解）。

图中给出了直线 AB 在第 I 分角的解，另一解则由于 $b'b$ 均在 X 轴上方，说明直线 AB 已穿过 V 面，点 B 处于第 II 分角中。

方法二（图 2-13(c)）：

(1) 过 a' 作 $a'b_0 /\!/ X$ 轴，过 b' 作 $b'b_0 \perp X$ 轴，两直线相交于 b_0，$b'b_0$ 为直线两端点对 H 面的距离差 $(Z_B - Z_A)$。

(2) 以 b' 为圆心，实长 L 为半径画圆弧与 $a'b_0$ 的延长线相交于 B_0，b_0B_0 为所求 H 面投影 ab 的长度。

(3) 以 a 为圆心、b_0B_0 为半径画圆弧与 $b'b_0$ 的延长线相交于 b（两解，图示画出一解）。

2.2.4　直线上的点

1. 直线上点的投影

点在直线上，则点的各个投影必定在该直线的同面投影上；反之，点的各个投影在直线的同面投影上，则该点一定在直线上。

如图 2-14 所示，过 AB 上点 C 的投射线 Cc'，必位于平面 $ABb'a'$ 上，故 Cc' 与 V 面的交点 c' 也必位于平面 $ABb'a'$ 与 V 面的交线 $a'b'$ 上。同理，直线上 C 点的水平投影 c 也必位于 AB 的水平投影 ab 上。C 点的侧面投影 c'' 必位于 AB 的侧面投影 $a''b''$ 上。

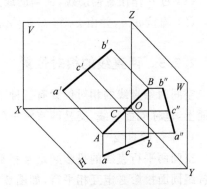

图 2-14　直线上点投影

2. 点分割线段成定比

直线上点分割直线段成定比,则分割线段的各个同面投影之比等于其线段之比。如图 2-14所示,在平面 $ABb'a'$ 上,$Aa'\;/\!/\;Cc'\;/\!/\;Bb'$,所以 $AC:CB=a'c':c'b'$,同理则有 $AC:CB=ac:cb=a''c'':c''b''$。

【例 2-2】 已知侧平线 AB 的两面投影和直线上点 K 的正面投影 k',求点 K 的水平投影 k(图 2-15(a))。

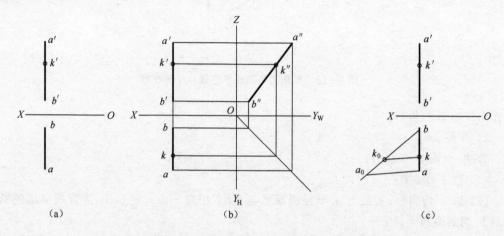

图 2-15 求直线 AB 上点 K 的投影

方法一(图 2-15(b)):

1)分析

由于 AB 是侧平线,不能直接由 k' 求出 k,但根据点在直线上的投影性质,k'' 必在 $a''b''$ 上。

2)作图

(1)根据直线 V 面、H 面投影作出其 W 投影 $a''b''$,同时由 k' 作出 k''。

(2)根据 k'' 在 ab 上作出 k。

方法二(图 2-15(c)):

1)分析

因为点 K 在直线 AB 上,因此有 $a'k':k'b'=ak:kb$。

2)作图

(1)过 b 作任意辅助线,在辅助线上量取 $bk_0=b'k'$,$k_0a_0=k'a'$。

(2)连接 a_0a,并由 k_0 作 $k_0k\;/\!/\;a_0a$ 交 ab 于 k,即为所求的水平投影 k。

2.2.5 两直线的相对位置

空间两条直线的相对位置有三种情况:平行、相交、交叉。平行、相交的两直线位于同一平面上,也称同面直线,交叉两直线不位于同一平面上,亦称异面直线。

1. 平行两直线

空间两平行直线的投影必定互相平行(图 2-16(a)),因此空间两平行直线在投影图上的各组同面投影必定互相平行,如图 2-16(b)所示。由于 $AB\;/\!/\;CD$,则必定 $ab\;/\!/\;cd$,$a'b'\;/\!/\;c'd'$,$a''b''\;/\!/\;c''d''$。反之,如果两直线在投影图上的各组同面投影都互相平行,则两直线在空间必定互相平行。

平行两直线的各同面投影的长度比相等。如图 2-16(a)所示，直线 $AB \parallel CD$，则两直线对 H 面倾角相同。$ab=AB\cos\alpha$，$cd=CD\cos\alpha$，则有 $ab:cd=AB:CD$。同理可得 $a'b':c'd'=a''b'':c''d''=AB:CD$。

对于一般位置直线，若两组同面投影互相平行，则空间两直线平行；若直线为投影面平行线，在直线所平行的投影面上两投影平行，则空间两直线一定平行。

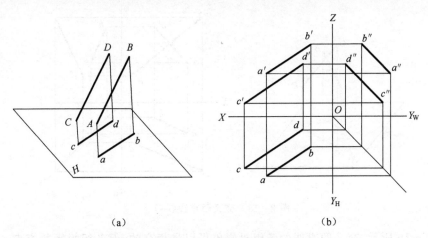

（a）   （b）

图 2-16 平行两直线

2. 相交两直线

空间相交两直线的投影必定相交，且两直线交点的投影必定为两直线投影的交点，如图 2-17(a)所示。因此，相交两直线在投影图上的各组同面投影必定相交，且两直线各组同面投影的交点即为两相交直线交点的各个投影。如图 2-17(b)所示，由于 AB 与 CD 相交，交点为 K，则 ab 与 cd、$a'b'$ 与 $c'd'$、$a''b''$ 与 $c''d''$ 必定分别相交于 k、k'、k''，且交点 K 的投影符合点的投影规律。

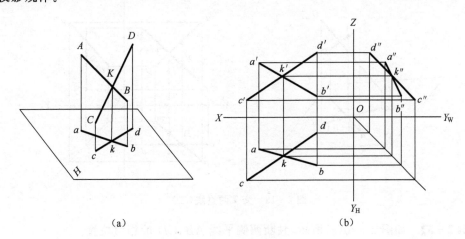

（a）   （b）

图 2-17 相交两直线

反之，两直线在投影图上的各组同面投影都相交，且各组投影的交点符合空间一点的投影规律，则两直线在空间必定相交。一般情况下，若两组同面投影都相交，且两投影交点符合点的投影规律,则空间两直线相交。但若两直线中有一直线为投影面平行线时,则两组同面投影中必须包括直线所平行的投影面投影。

3. 交叉两直线

如图 2-18 所示,交叉两直线的投影可能会有一组或两组是互相平行,但绝不会 3 组同面投影都互相平行。

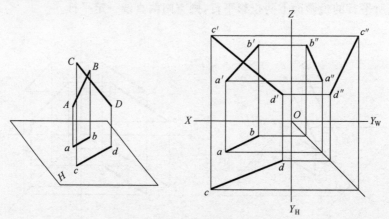

图 2-18 交叉两直线(一)

如图 2-19 所示,交叉两直线的各组投影也可以是相交的,但各组投影的交点一定不符合同一点的投影规律。从图中看出,AB、CD 两直线是交叉两直线,因为两直线投影的交点不符合同一点的投影规律,ab 和 cd 的交点实际上是 AB、CD 上对 H 面投影的重影点 I、II 的投影 1(2),由于 I 在 II 的上方,所以 1 可见,(2)不可见。同理,$a'b'$ 和 $c'd'$ 的交点是 AB、CD 上对 V 面投影的重影点 III、IV 的投影 3′(4′),由于 III 在 IV 的前方,所以 3′可见,(4′)不可见。$a''b''$ 和 $c''d''$ 的交点是 AB、CD 上对 W 面投影的重影点的投影,其可见性请自行判别。

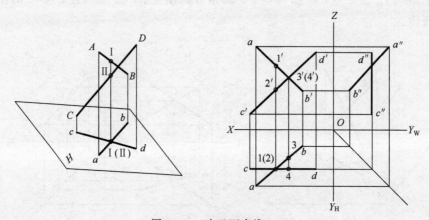

图 2-19 交叉两直线(二)

【例 2-3】 如图 2-20(a)所示,判断两侧平线 AB、CD 的相对位置。

方法一(图 2-20(b)):

根据直线 AB、CD 的 V 面、H 面投影作出其 W 面投影。若 $a''b''$ ∥ $c''d''$ 则 AB ∥ CD;反之,则 AB 和 CD 交叉。

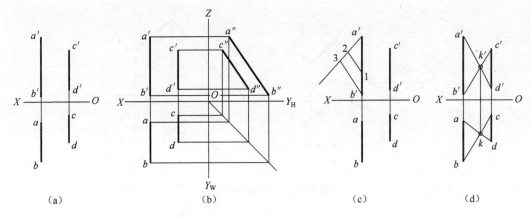

图 2-20 判断两直线的相对位置

方法二(图 2-20(c)):

1)分析

如两侧平线为平行两直线,则两直线的各同面投影长度比相等,但须注意,仅仅各同面投影长度比相等,还不能说明两直线一定平行,因为与 V 面、H 面成相同倾角的侧平线可以有两个方向,它们能得到同样比例的投影长度,所以还必须检查两直线是否同方向才能确定两侧平线是否平行。

2)作图

根据投影图可看出 AB、CD 两直线是同趋势的。在 $a'b'$ 上取点 1,使 $a'1=c'd'$,过 a' 作任一辅助线,并在该辅助线上取点 2 使 $a'2=cd$,取点 3 使 $a'3=ab$,连接 21 和 $3b'$。因为 $21/\!/3b'$,所以有 $a'b':c'd'=ab:cd$。因此两侧平线是平行两直线。

方法三(图 2-20(d)):

1)分析

如两侧平线为平行两直线,则可根据平行两直线决定一平面这一性质来判别。

2)作图

连接 $a'd'$、$b'c'$ 得交点 k',连接 ad、bc 得交点 k,因 $k'k$ 符合两相交直线 AD、BC 的交点 K 投影规律,所以两侧平线是平行两直线。

2.2.6　垂直两直线的投影

当相交两直线互相垂直,且其中一条直线为某投影面平行线,则两直线在该投影面上的投影必定互相垂直,此投影特性称为直角投影定理。

如图 2-21 所示,$AB \perp BC$,其中 $AB/\!/H$ 面,BC 倾斜于 H 面。因 $AB \perp BC$,$AB \perp Bb$,则 $AB \perp BbcC$ 平面。因 $ab/\!/AB$,所以 $ab \perp BbcC$ 平面,因此 $ab \perp bc$。反之,如果相交两直线在某一投影面上的投影互相垂直,且其中有一条直线为该投影面的平行线,则这两条直线在空间也必定互相垂直。

可以看出,当两直线是交叉垂直时,也同样符合上述投影特性。

【例 2-4】　如图 2-22(a)所示,过 C 点作直线 CD 使与直线 AB 垂直相交于 D 点。

37

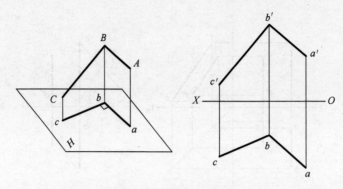

图 2-21 直角投影定理

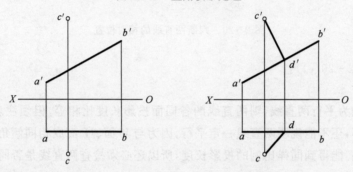

图 2-22 作直线 CD 与 AB 垂直相交

1) 分析

因为所作直线 CD 是与正平线 AB 垂直相交，D 为交点，所以根据直角投影定理，其正面投影应相互垂直。

2) 作图（图 2-22(b)）

(1) 作 $c'd' \perp a'b'$ 交 $a'b'$ 于 d'。

(2) 过 d' 作投影连线，与 ab 交于 d，连 c 和 d，即得 CD 的投影。

【例 2-5】 求 AB、CD 两直线的公垂线 EF（图 2-23(a)）。

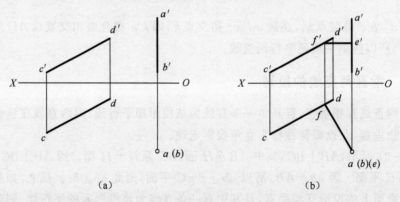

图 2-23 求 AB、CD 的公垂线

1) 分析

因为直线 AB 是铅垂线，所以两条直线的公垂线 EF 一定是一条水平线，且有 $cd \perp ef$。

38

2) 作图(图 2-23(b))

(1) 在 AB 的有积聚性的投影 ab 上定出 e,作 $ef \perp cd$ 与 cd 相交于 f,并由 f 作出 f'。

(2) 由 f' 作水平线 EF 的 V 面投影 $f'e'$ 与 $a'b'$ 相交于 e',ef 和 $e'f'$ 即为两直线的公垂线 EF 两投影。

2.3 平面的投影

平面可以用确定该平面的几何元素的投影表示,也可用迹线表示。下面分别讨论。

2.3.1 平面的表示法

1. 用几何元素表示

平面通常用确定该平面的点、直线或平面图形等几何元素的投影表示,如图 2-24 所示。

显然各组几何元素是可以互相转换的,如连接 AB 两点即可由图 2-24(a)转换成图 2-24(b),再连接 BC,又可转换成图 2-24(c),将 A、B、C 的 3 点彼此相连又可转换成图 2-24(e)等。从图中可以看出,不在同一直线上的 3 个点是决定平面位置的基本几何元素组。

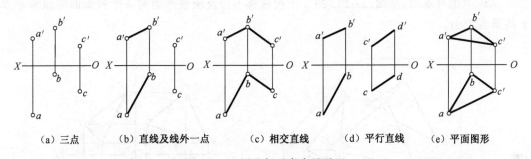

|(a) 三点|(b) 直线及线外一点|(c) 相交直线|(d) 平行直线|(e) 平面图形|

图 2-24 用几何元素表示平面

2. 用迹线表示

平面与投影面的交线,称为平面的迹线,也可以用迹线表示平面。如图 2-25 所示,用迹线表示的平面称为迹线平面。平面与 V 面、H 面、W 面的交线,分别称为平面的正面迹线(V 面迹线)、水平迹线(H 面迹线)、侧面迹线(W 面迹线)。迹线的符号用平面名称的大写字母附加投影面名称的注脚表示,如图 2-25 中的 P_V、P_H、P_W。迹线是投影面上的直线,它在该投影面上的投影与本身重合,用粗实线表示,并标注上述符号;它在另外两个投影面上的投影,分别位于相应的投影轴上,不需作任何表示和标注。工程图样中常用平面图形来表示平面,而在某些解题中应用迹线表示平面。

2.3.2 各种位置平面及其投影特性

根据平面在三投影面体系中的位置不同,可将平面分为投影面的一般位置平面、投影面垂直面和投影面平行面 3 类。后两类平面称为特殊位置平面,3 类平面具有不同的投影特性。

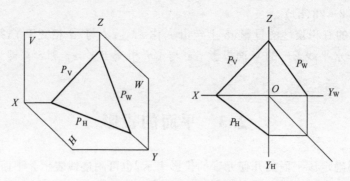

图 2-25　用迹线表示平面

1. 一般位置平面

与 3 个投影面都倾斜的平面称为投影面的一般位置平面。如图 2-26 所示,平面 $\triangle ABC$ 与 3 个投影面都倾斜,对 3 个投影面的倾角都大于 $0°$,小于 $90°$,因此 3 个投影图的面积如下:

$$\triangle abc = \triangle ABC\cos\alpha \quad < \quad \triangle ABC$$
$$\triangle a'b'c' = \triangle ABC\cos\beta \quad < \quad \triangle ABC$$
$$\triangle a''b''c'' = \triangle ABC\cos\gamma \quad < \quad \triangle ABC$$

从图中也可看出,平面 $\triangle ABC$ 的 3 个投影都不能反映该平面与 3 个投影面的倾角 α、β、γ 的真实大小。

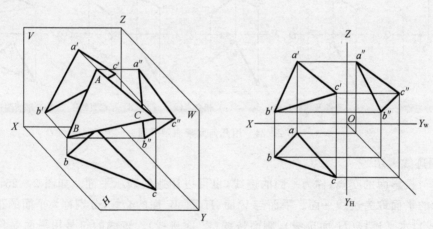

图 2-26　投影面一般位置平面

由此得出投影面一般位置平面的投影特性:它的 3 个投影仍然都是平面图形,且各投影面积小于实际面积,投影不能反映平面对投影面倾角的大小。

从图 2-25 可以看出,迹线平面 P 对 V 面、H 面、W 面都倾斜,是投影面一般位置平面。从图中还可看出,投影面一般位置平面与 3 个投影面都相交,3 条迹线都不平行投影轴,并且每两条迹线分别相交于投影轴上的同一点。

2. 投影面垂直面

只垂直于一个投影面的平面称为投影面垂直面。垂直于 V 面的称为正垂面;垂直于 H 面的称为铅垂面;垂直于 W 面的称为侧垂面。3 种投影面垂直面的立体图、投影图和投影特性见表2-3。

表 2-3　投影面垂直面

名称	正垂面(⊥V面,对H、W面倾斜)	铅垂面(⊥H面,对V、W面倾斜)	侧垂面(⊥W面,对H、V面倾斜)
立体图	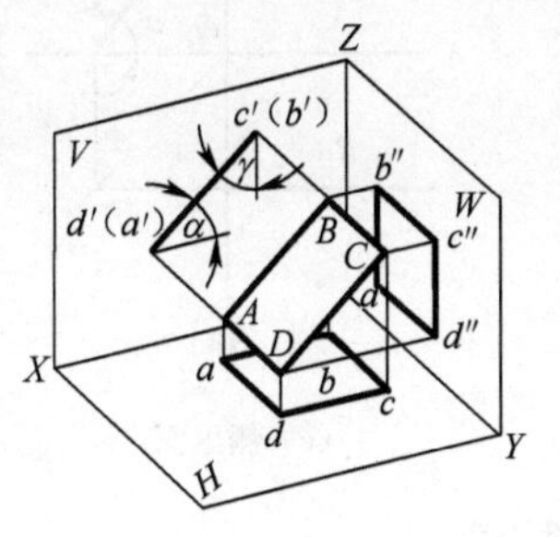	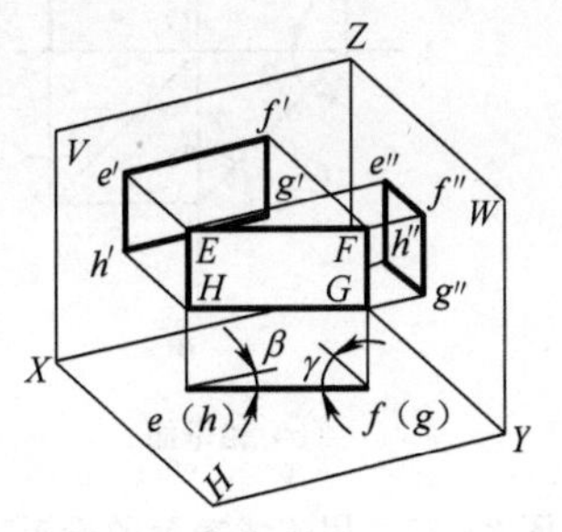	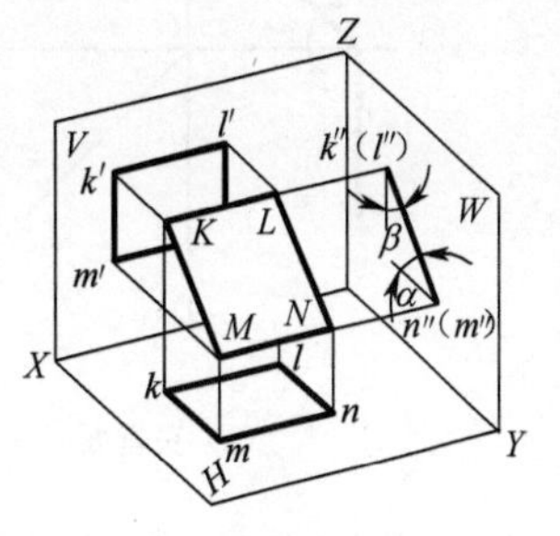
投影图	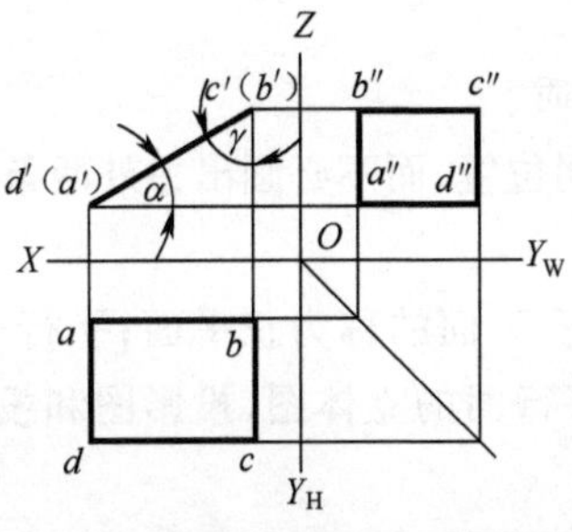	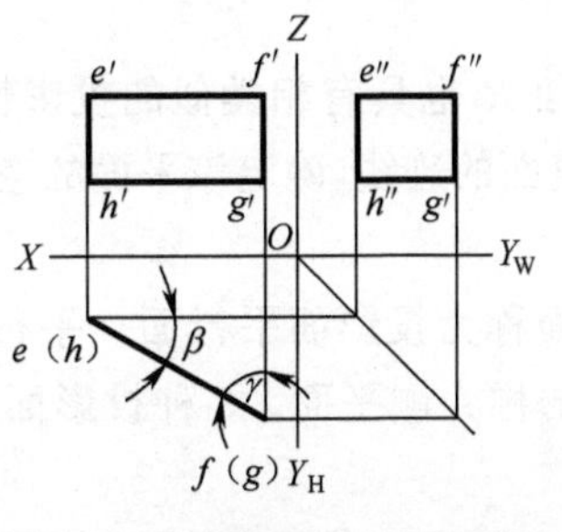	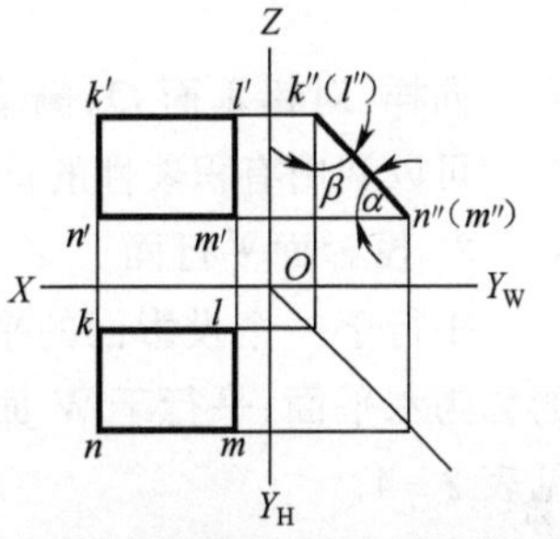
投影特性	① 正面投影积聚为一条直线,并反映真实倾角 α、γ; ② 水平投影、侧面投影为两个类似形,面积缩小	① 水平投影积聚为一条直线,并反映真实倾角 β、γ; ② 正面投影、侧面投影为两个类似形,面积缩小	① 侧面投影积聚为一条直线,并反映真实倾角 α、β; ②正面投影、水平投影为两个类似形,面积缩小

从表 2-3 中正垂面 $ABCD$ 的立体图可知:

因为平面 $ABCD \perp V$,通过 $ABCD$ 平面上各点向 V 面所作的投射线都位于 $ABCD$ 平面内,且与 V 面交于一直线,即为它的正面投影 $a'b'c'd'$。同时,因为 $ABCD$、H、W 面都垂直 V 面,它们与 V 面的交线分别是 $a'b'c'd'$、OX、OZ,所以 $a'b'c'd'$ 与投影轴 OX、OZ 的夹角,分别反映平面 $ABCD$ 与 H 面和 W 面的倾角 α、γ 的真实大小。

因为平面 $ABCD$ 倾斜于 H、W 面,所以其水平投影 $abcd$ 及侧面投影 $a''b''c''d''$ 仍为平面图形,但面积缩小。

由此得出表 2-3 中所列的正垂面的投影特性。同理,可得出铅垂面和侧垂面的投影特性。

由此概括出投影面垂直面的投影特性:

(1) 在平面所垂直的投影面上的投影,积聚成直线;它与投影轴的夹角,分别反映平面对另两投影面的真实倾角。

(2) 在另两个投影面上的投影仍为平面图形,面积缩小。

图 2-27 所示为用迹线表示的 3 种投影面垂直面的投影图。

以正垂面 P 为例,可以看到:平面 P 的正面投影具有积聚性,平面上的任何点、直线的正面投影都积聚在 P_V 上。P_V 与 OX、OZ 轴的夹角,分别是平面 P 对投影面 H、W 的倾角 α、γ。又因平面 P 和 H 面、W 面都垂直 V 面,平面 P 和 H 面的交线 P_H、与 W 面的交线 P_W 也都垂直于 V 面,所以水平迹线 $P_H \perp OX$ 轴,侧面迹线 $P_W \perp OZ$ 轴。

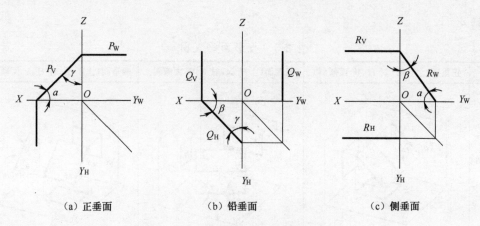

图 2-27 用迹线表示的投影面垂直面

同样,对铅垂面 Q、侧垂面 R 也具有相类似的投影性质。

可以利用有积聚性的垂直面的迹线,确定该平面的空间位置,而不必画出另外两条迹线。

3. 投影面平行面

平行于一个投影面的平面称为投影面平行面。平行于 V 面的称为正平面;平行于 H 面的称为水平面;平行于 W 面的称为侧平面。3 种投影面平行面的立体图、投影图和投影特性见表 2-4。

表 2-4 投影面平行面

名称	正平面(// V 面)	水平面(// H 面)	侧平面(// W 面)
立体图			
投影图			
投影特性	① 正面投影反映实形; ② 水平投影 // OX,侧面投影 // OZ,分别积聚为直线	① 水平投影反映实形; ② 正面投影 // OX,侧面投影 // OY_W,分别积聚为直线	① 侧面投影反映实形; ② 正面投影 // OZ,水平投影 // OY_H,分别积聚为直线

从表2-4中的正平面的立体图可知：

因为平面 $ABCD /\!/ V$ 面，其各条边都平行于 V 面，各条边的正面投影都反映实长，所以平面 $ABCD$ 的正面投影 $a'b'c'd'$ 反映实形。

由于平面 $ABCD /\!/ V$ 面，必定垂直于 H 面和 W 面，且平面内各点的 Y 坐标都相等，因而水平投影 $abcd /\!/ OX$，侧面投影 $a''b''c''d'' /\!/ OZ$，分别积聚成直线。由此可得出表中正平面的投影特性。同理，也可得出水平面和侧平面的投影特性。

由此概括出投影面平行面的投影特性：

（1）在平面所平行的投影面上的投影反映实形。

（2）在另外两个所垂直的投影面上的投影，分别积聚成直线且平行于相应的投影轴。

图2-28所示为用迹线表示的3种投影面平行面的投影图。

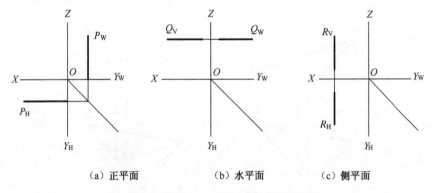

（a）正平面　　　　（b）水平面　　　　（c）侧平面

图2-28　用迹线表示的3种投影面平行面

从正平面的投影图可知：

因为平面 $P /\!/ V$ 面，所以平面 P 与 V 面不相交，无正面迹线 P_V。

因为平面 $P /\!/ V$ 面，必定 $\perp H$ 面和 W 面，且平面内各点具有相同的 Y 坐标。所以 $P_H /\!/ OX$，$P_W /\!/ OZ$，且都具有积聚性。只需要用其中一条有积聚性的迹线即可表示出平面 P 的空间位置。

同理可得出水平面 Q 和侧平面 R 相类似的投影特性。

2.3.3　平面上的点和直线

1. 平面上取点和直线

点和直线在平面上的几何条件如下：

（1）点在平面上，则该点必定属于平面内的一条直线。

（2）直线在平面上，则该直线必定通过平面上的两个点；或通过平面上的一个点，且平行于平面上的另一直线。

图2-29所示是上述条件在投影图中的说明：点 D 和直线 DE 位于相交两直线 AB、BC 所确定的平面 ABC 上。

【例2-6】　已知平面△ABC，（1）判别 K 点是否在平面上；（2）已知平面上一点 E 的正面投影 e'，作出其水平投影 e（图2-30（a））。

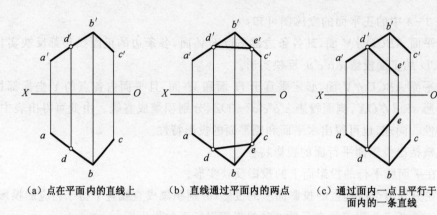

(a) 点在平面内的直线上　　(b) 直线通过平面内的两点　　(c) 通过面内一点且平行于
　　　　　　　　　　　　　　　　　　　　　　　　　　　　　　　　面内的一条直线

图 2-29　平面上的点和直线

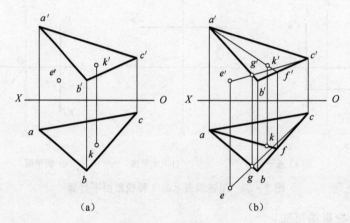

(a)　　　　　　　　　(b)

图 2-30　平面上的点

1) 分析

判别一点是否在平面上，以及在平面上取点，都必须在平面上取直线。

2) 作图（图 2-30(b)）

(1) 连接 $a'k'$ 并延长与 $b'c'$ 交于 f'，由 $a'f'$ 求出其水平投影 af，则 AF 是平面 $\triangle ABC$ 上的一条直线，如果 K 点在 AF 上，则 k'、k 应分别在 $a'f'$ 和 af 上。从作图中得知 k 在 af 上，所以 K 点在平面 $\triangle ABC$ 上。

(2) 连接 c'、e' 与 $a'b'$ 交于 g'，由 $c'g'$ 求出其水平投影 cg，则 CG 是平面上的一条直线。因点 E 在平面上，同时又在平面中的直线 CG 上，所以 e 应在 cg 上。过 e' 作投影连线与 cg 延长线的交点 e 即为所求 E 点的水平投影。

由此可见，即使一点的两个投影都在平面图形的投影线范围外，该点也不一定不在平面上。显然，如果点的一个投影在平面图形的轮廓线范围内，而另一个投影在平面图形的轮廓线范围之外，则点一定不在平面上。

2. 平面上的特殊位置直线

1) 平面上的投影面平行线

如图 2-31 所示，在 $\triangle ABC$ 平面上作水平线和正平线。如过点 A 在平面上作一水平线 AD，可先过 a' 作 $a'd' /\!/ X$ 轴，并与 $b'c'$ 交于 d'，由 d' 在 bc 上作出 d，连接 ad，$a'd'$ 和 ad 即

平面上水平线 AD 的两面投影。

如过点 C 在平面上作一正平线 CE,可先过 c 作 $ce /\!/ X$ 轴,并与 ab 交于 e,由 e 在 $a'b'$ 上作出 e',连 $c'e'$, $c'e'$ 和 ce 即为平面上正平线 CE 的两面投影。

2）平面上的最大斜度线

平画上对某一投影面成倾角最大的直线称平面对该投影面的最大斜度线。因此,平面的最大斜度线分为对 H 面的最大斜度线、对 V 面的最大斜度线和对 W 面的最大斜度线 3 种。可以证明平面上对某投影面的最大斜度线垂直于平面上对该投影面的平行线。

平面对 H 面的倾角等于平面对 H 面的最大斜度线对 H 面的倾角;平面对 V 面的倾角等于平面对 V 面的最大斜度线对 V 面的倾角;平面对 W 面的倾角等于平面对 W 面的最大斜度线对 W 面的倾角。

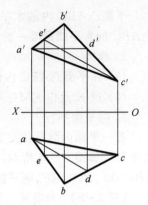

图 2-31　平面上的投影面平行线

2.4　直线、平面间的相对位置

本节主要讨论直线与平面、平面与平面之间的相对位置问题,分平行、相交和垂直 3 种情况。

2.4.1　平行

1. 直线与平面平行

若一直线平行于平面内任意一条直线,则直线与该平面平行。如图 2-32 所示,直线 AB 平行于 P 平面内的一直线 CD,则 AB 必与 P 平面平行。

【例 2-7】　过已知点 K,作水平线 KM 平行于已知平面 $\triangle ABC$(图 2-33)。

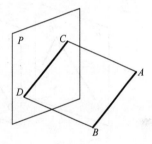

图 2-32　直线与平面平行

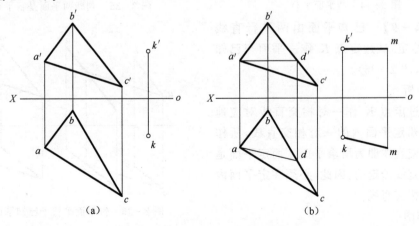

（a）　　　　　　　　　　　（b）

图 2-33　作直线平行于已知平面

45

1) 分析

平面△ABC 内的水平线有无数条,但其方向是一定的。因此,过 K 点作平行于平面△ABC 的水平线是唯一的。

2) 作图

(1) 在平面△ABC 内作水平线 AD。

(2) 过 K 点作 KM//AD,即 km//ad,k'm'//a'd',则 KM 为一水平线且平行于△ABC。

2. 两平面平行

若一平面内两条相交直线对应地平行于另一平面内的两条相交直线,则这两个平面相互平行。如图 2-34 所示,两对相交直线 AB、BC 和 DE、EF 分别属于平面 P 和平面 Q,若 AB//DE,BC//EF,则平面 P 与平面 Q 平行。

【例 2-8】 判断两已知平面△ABC 和平面 DEFG 是否平行(图 2-35)。

1) 分析

可在任一平面上作两相交直线,如在另一平面上能找到与它们对应平行的两条相交直线,则两平面相互平行。

2) 作图

(1) 在平面 DEFG 中,过 D 点作两条相交直线 DM、DN,使 d'm'//a'c'、d'n'//a'b'。

(2) 求出 DM、DN 的水平投影 dm、dn,由于 dm//ac、dn//ab,即 DM//AC、DN//AB,故判断该两平面平行。

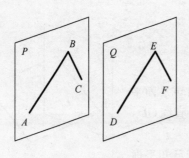

图 2-34 两平面平行

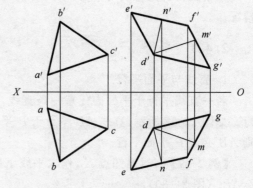

图 2-35 判断两平面是否平行

【例 2-9】 已知平面由两平行直线 AB、CD 给定,试过定点 K 作一平面与已知平面平行(图 2-36)。

1) 分析

只要过定点 K 作一对相交直线对应地平行于已知定平面内的一对相交直线,所作的这对相交直线即为所求平面。而定平面是由两平行直线给定的,因此,必须在定平面内先作一对相交直线。

2) 作图

(1) 在给定平面内过 A 点作任意直线 AE,AB、AE 即为定平面内的一对相交直线。

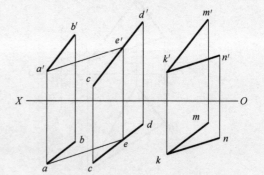

图 2-36 作平面平行于已知平面

46

(2) 过 K 点作直线 KM、KN 分别平行于 AB、AE，即 $k'm'$∥$a'b'$，km∥ab，$k'n'$∥$a'e'$，kn∥ae，则平面 KMN 平行于已知定平面。

若两平行平面同时垂直于某一投影面，则只需检查具有积聚性的投影是否平行即可。

如图 2-37 所示，平面 P、Q 均为铅垂面，若水平投影平行，则两平面 P、Q 在空间也平行。

2.4.2 相交

直线与平面相交，交点是直线与平面的共有点。两平面相交，其交线是两平面的共有线。为使图形明显起见，用细虚线表示直线或平面的被遮挡部分（或不画出），交点或交线是可见部分与不可见部分的分界点（线），如图 2-38 所示。

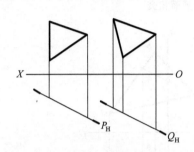

图 2-37 两特殊位置平面平行

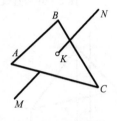
（a）直线与平面相交

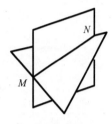
（b）两平面相交

图 2-38 相交问题

下面分别讨论交点、交线的求法及可见性判别。

1. 直线与特殊位置平面相交

由于特殊位置平面的投影具有积聚性，根据交点的共有性可以直接在具有积聚性的投影上确定交点的一个投影，然后按点、线的从属关系求出另一投影。

求直线 MN 与铅垂面 $\triangle ABC$ 的交点 K 并判别可见性，如图 2-39(a) 所示。

由于交点 K 是直线 MN 与铅垂面 $\triangle ABC$ 的共有点，所以其水平投影 k 一定是直线 MN 的水平投影 mn 与铅垂面 $\triangle ABC$ 的具有积聚性的水平投影 abc 的交点，故 k 可直接得出，根据点线的从属关系可求出交点 K 的正面投影 k'。

利用重影点判别可见性。水平投影中除交点 k 外无投影重叠，故不需要判别可见性。但在正面投影中，k' 是直线 MN 的正面投影 $m'n'$ 可见部分与不可见部分的分界点，故需要判别正面投影的可见性。取直线 BC 与 MN 的正面重影点 $1'$、$2'$，分别作出其水平投影 1、2，显然 2 在前、1 在后，所以正面投影 $2'$ 可见，$1'$ 不可见，由此可推出 $n'k'$ 可见，$k'm'$ 不可见，如图2-39(b) 所示。

2. 平面与特殊位置直线相交

已知平面 $\triangle ABC$ 与铅垂线 DE 相交，求交点 K 并判别可见性，如图 2-40(a) 所示。

由于铅垂线 DE 的水平投影 de 有积聚性，故交点 K 的水平投影 k 必与之重合。又因为 k 在 $\triangle ABC$ 上，可利用平面内取点的方法，求得 k'。

正面投影可见性的判别。由水平投影可以看出，ac 在 de 之前，所以 DE 的正面投影 $d'e'$ 被 $a'c'$ 遮挡，$k'e'$ 为不可见，用细虚线画出，以交点 k' 为界的另一侧 $k'd'$ 可见，用粗实线画出，如图 2-40(b) 所示。

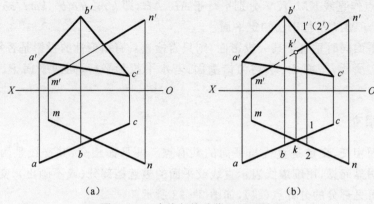

图 2 - 39　直线与特殊位置平面相交

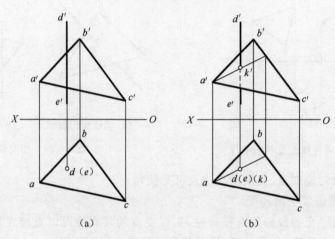

图 2 - 40　平面与特殊位置直线相交

3. 一般位置平面与特殊位置平面相交

求一般位置平面△ABC 与铅垂面DEFG 的交线并判别可见性,如图 2 - 41(a)所示。

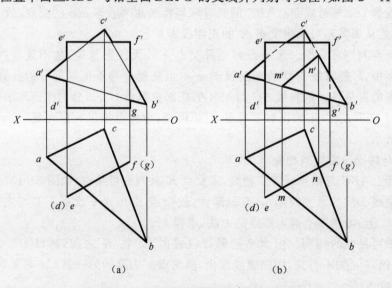

图 2 - 41　一般位置平面与特殊位置平面相交

由于 $DEFG$ 是铅垂面,其水平投影 $defg$ 具有积聚性。根据交线的共有性,交线 MN 的水平投影 mn 可直接得出。又根据点线的从属性,可求出 MN 的正面投影 $m'n'$。

正面投影可见性的判别:由水平投影可知,MNB 部分在铅垂面之前,故该部分的正面投影 $m'n'b'$ 可见,被遮挡的矩形部分不可见。作图结果如图 2-41(b)所示。

综上所述,当相交两要素之一为特殊位置时,应利用其投影的积聚性求交点或交线。

4. 一般位置直线与一般位置平面相交

1)辅助平面法

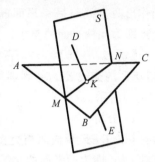

如图 2-42 所示,欲求直线 DE 与△ABC 的交点,需包含直线 DE 作一辅助平面 S,求出平面 S 与△ABC 的交线 MN,则 MN 与 DE 的交点即为所求的交点 K(MN 与 DE 同属于平面 S)。如何作辅助平面 S 使交线 MN 易求是问题的关键。如果所作辅助平面 S 为特殊位置平面,那么问题就转化为相交两要素之一为特殊位置的情况,就可以采用前述方法求出交线 MN 了。

求一般位置直线 DE 与一般位置平面△ABC 的交点,并判别可见性,如图 2-43(a)所示。

图 2-42 辅助平面法示意图

由于一般位置直线和平面的投影没有积聚性,所以其交点不能在投影图上直接定出,必须引入辅助平面才能求得。

作图求解过程如下(图 2-43(b)):

(1)包含直线 DE 作正垂的辅助平面 S,其正面迹线 S_V 与 $d'e'$ 重合。

(2)求出辅助平面 S 与△ABC 的交线 MN。

(3)求出交线 MN 与直线 DE 的交点 K,即为所求。

上述辅助平面的选择不是唯一的,也可以包含 DE 作铅垂的辅助平面,作图步骤与上述类似。利用重影点判别可见性后的结果如图 2-43(c)所示。

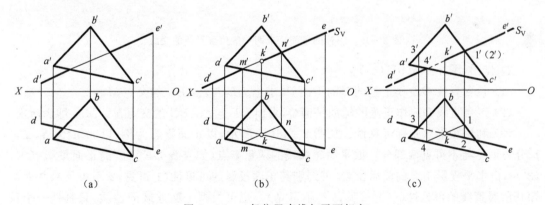

（a）　　　　　　　　　（b）　　　　　　　　　（c）

图 2-43　一般位置直线与平面相交

2)换面法

利用投影变换的原理,把相交两要素之一由一般位置变换成与投影面垂直的情况,就可以利用投影的积聚性求交点了。作图方法不再赘述。

5. 两一般位置平面相交

两一般位置平面相交有两种情况:一种是一平面全部穿过另一平面,称为全交,如图

2-44(a)所示;另一种是两个平面的棱边互相穿过,称为互交。把图 2-44(a)中的△ABC
向右侧平移,即成为图 2-44(b)所示的互交情况。

相交两平面的交线是两平面的共有
线,欲求其位置,只需求出其上任意两点的
投影。

在相交两平面之一上任取两直线,允
别作出两直线与另一平面的交点,连接两
交点即为此两平面的交线。

【例 2-10】 求平面△ABC 与
△DEF 的交线KL,并判别可见性,如图 2
-45(a)所示。

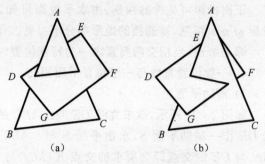

图 2-44 平面相交的两种情况

1) 分析

把△DEF 看成两相交直线 DE 和 DF,分别求出直线 DE、DF 与△ABC 的交点M、N,
直线 MN 即为两平面的交线。

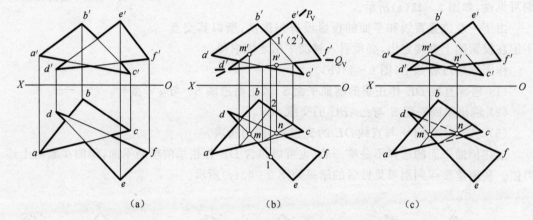

图 2-45 用辅助平面法求两一般位置平面的交线

2) 作图(图 2-45(b)、(c))

(1) 包含直线 DE 作正垂的辅助平面P,求出 DE 与△ABC 的交点M。

(2) 包含直线 DF 作正垂的辅助平面Q,求出 DF 与△ABC 的交点N。MN 即为所求。

(3) 利用重影点判别可见性。如图 2-45(b)所示,以正面投影为例,以 $m'n'$ 为界,$d'e'$
f'分为可见与不可见两部分。取平面轮廓线的两重影点(如直线 DE、BC 的正面重影点 1′、
(2′)),由水平投影 1、2 的前后位置,可判别其正面投影的可见性(1′可见,2′不可见),从而
知其所属直线的可见性($m'1'$可见,$b'c'$不可见)。也可根据平面连续的性质,只判别一个重
影点即可推断出相交边界其他各段的可见性。同理,可判断其水平投影的可见性。

2.4.3 垂直

1. 直线与平面垂直

直线与平面垂直,则直线垂直于平面内的一切直线。反之,如果直线垂直平面内的任意
两条相交直线,其中包括水平线 AB 和正平线 CD,如图 2-46(a)所示,则直线垂直于该平

面。根据直角投影定理，则直线 MN 的水平投影垂直于水平线 AB 的水平投影，即 $mn \perp ab$，直线 MN 的正面投影垂直于正平线 CD 的正面投影，即 $m'n' \perp c'd'$，如图 2-46(b)所示。

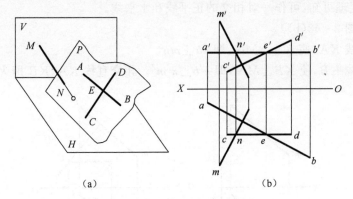

（a）　　　　　　　　（b）

图 2-46　直线与平面垂直

定理　若一直线垂直于一平面，则直线的水平投影必垂直于该平面内水平线的水平投影；直线的正面投影必垂直于该平面内正平线的正面投影。

反之，若一直线的水平投影垂直于定平面内水平线的水平投影，直线的正面投影垂直于该平面内正平线的正面投影，则直线必垂直于该平面。

1）作已知平面的垂线

【例 2-11】　已知△ABC 及空间点 M，过点 M 求作△ABC 的垂线，如图 2-47(a)所示。

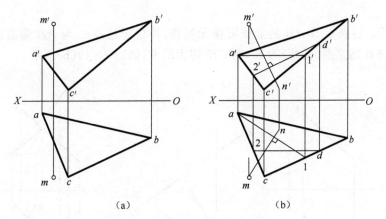

（a）　　　　　　　　（b）

图 2-47　作已知平面的垂线

（1）分析。根据直线与平面垂直的定理，即可定出垂线 MN 的各投影方向。

（2）作图（图 2-47(b)）。

① 在△ABC 内作水平线 AⅠ 和正平线 DⅡ。

② 作 $m'n' \perp d'2'$、$mn \perp a1$，MN 即为所求。

此例只作出垂线 MN 的方向，并没作出垂足。若求垂足，还需求直线 MN 与△ABC 的交点。

2）作已知直线的垂面

【例2-12】 已知直线MN及空间点K,过点K求作MN的垂面,如图2-48(a)所示。

(1) 分析。若过点K作MN的垂面,则需作一对相交直线均与MN垂直。根据直线与平面垂直的逆定理可知,可作一对相交的正平线和水平线。

(2) 作图(图2-48(b))。

① 作水平线KA,使$KA\perp MN$,即$ka\perp mn$。

② 作正平线KB,使$KB\perp MN$,即$k'b\perp n'm'$。相交直线KA、KB即为所求垂面。

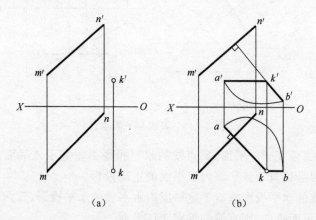

图2-48 作已知直线的垂面

3) 作已知直线的垂线

【例2-13】 已知直线AB及空间点C,过点C求作直线CK与AB正交,如图2-49(a)所示。

(1) 分析。过点C作AB的垂线可作无数条,均位于过点C与AB垂直的平面P上。若该垂面与AB的交点(垂足)为K,则CK即为所求,如图2-49(b)所示。

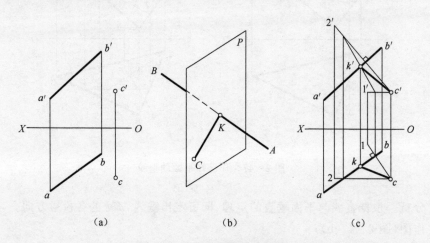

图2-49 作已知直线的垂线

(2) 作图(图2-49(c))。

① 过点C作AB的垂面$C\text{I}\text{II}$,即作水平线$C\text{I}$,$c1\perp ab$,正平线$C\text{II}$,$c'2'\perp a'b'$。

② 求直线AB与平面$C\text{I}\text{II}$的交点K,KC即为所求的垂线。

52

4）特殊情况讨论

相互垂直的直线与平面，当直线或平面之一为特殊位置时，另一几何要素也一定为特殊位置，如图 2-50 所示。

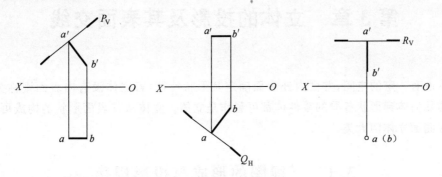

（a）正垂面与正平线垂直　　（b）铅垂面与水平线垂直　　（c）水平面与铅垂线垂直

图 2-50　线、面垂直的特殊情况

2. 两平面垂直

若一直线垂直于定平面，则包含该直线的所有平面都垂直于该平面。反之，若两平面互相垂直，则从第一平面内的任意一点向第二平面所作的垂线必定包含在第一平面内。如图 2-51 所示，点 C 是第一平面内的任意一点，CD 是第二平面的垂线。图 2-51(a)中直线 CD 属于第一平面，所以两平面相互垂直；图 2-51(b)中直线 CD 不属于第一平面，所以两平面不垂直。

【例 2-14】　过定点 S 作平面垂直于已知平面△ABC，如图 2-52 所示。

1）分析

过点 S 作已知平面△ABC 的垂线，包含该垂线的所有平面均垂直于△ABC。所以本题有无穷多解。

2）作图

(1) 在△ABC 中作水平线 $C\text{I}$、正平线 $A\text{II}$。

(2) 过点 S 作△ABC 的垂线 SF，即 $s'f'⊥a'2'$，$sf⊥c1$。

(3) 过点 S 作任意直线 SN，SFN 即为所求的垂面。

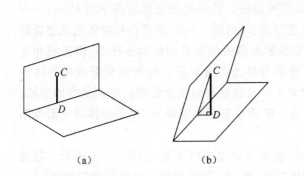

（a）　　　　　　　（b）

图 2-51　两平面是否垂直的示意图

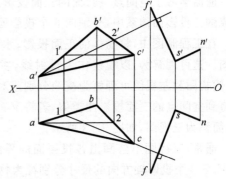

图 2-52　作平面与已知平面垂直

53

第3章 立体的投影及其表面交线

立体占有一定的空间,并由内外表面确定其形状特征,若立体没有内表面则称为实体。从简单的几何体到形状各异的零件体都可看作是立体。立体从其表面形状的构成可分为平面立体和曲面立体两大类。

3.1 三视图的形成与投影规律

3.1.1 平面立体

图 3-1 是两类常见的平面立体:棱柱与棱锥。棱柱和棱锥又分为直棱柱、斜棱柱、直棱锥、斜棱锥。不管哪种平面立体,其表面均由多个平面多边形围成,每个平面多边形是由多条直线段围成,每条直线段由两个端点确定。这里要特别指明:棱柱的棱线相互平行,各棱面均为矩形或平行四边形。棱锥的棱线汇交于一点(锥顶),各棱面均为三角形。这是棱柱和棱锥外观特征的区别。

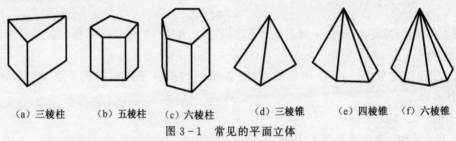

|(a) 三棱柱|(b) 五棱柱|(c) 六棱柱|(d) 三棱锥|(e) 四棱锥|(f) 六棱锥|

图 3-1 常见的平面立体

3.1.2 三视图的形成与投影规律

前面学习了空间点、线、面的三面投影及作图方法。若将平面立体置身于由 $V-H-W$ 构成的三投影面体系中,分别向 3 个投影面进行正投影(图 3-2),便可得到物体的三面投影图。在工程制图中,将物体的正面投影、水平投影和侧面投影分别称为主视图、俯视图和左视图。这可理解为:以视线作为投射线,主视图为视线正对着正立投影面所看到的物体形状,俯视图和左视图可理解为视线分别正对着水平投影面和侧立投影面所看到的物体形状。与得到空间点的三面投影图类似,若将 $V-H-W$ 三投影面体系展开,得到物体的三面投影图,简称为三视图,如图 3-3 所示。

通常,三视图不必画出各投影面的界限,各投影轴也省略不画,如图 3-4 所示。若将 X、Y、Z 3 个投影轴方向的尺寸分别视为物体的长、宽、高,则三视图的投影规律归纳如下:

  主视图和俯视图——长对正;

  主视图和左视图——高平齐;

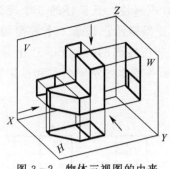

图 3-2 物体三视图的由来

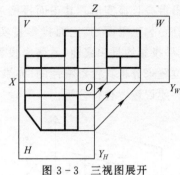

图 3-3 三视图展开

俯视图和左视图——宽相等。

从图 3-4 中还可以看出:主视图不仅反映了物体的长度和高度尺寸,还确定了物体的上、下、左、右 4 个方位;俯视图不仅反映了物体的长度和宽度尺寸,还确定了物体的前、后、左、右 4 个方位;左视图不仅反映了物体的高度和宽度尺寸,还确定了物体的上、下、前、后 4 个方位。

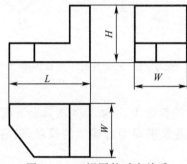

图 3-4 三视图的对应关系

物体三视图的这些投影规律和位置关系在以后的画图和读图中经常用到,整个物体的投影,以及物体上的点、线、面等局部结构遵循同样的规律,尤其是物体的"前、后"最容易出错。下面有一规律可遵循:对于俯、左视图靠近主视图的一侧为物体的后面,远离主视图的一侧为物体的前面。因此,根据"宽相等"作图时,不仅要注意量取尺寸的起点,还要注意量取尺寸的方向。

3.2 平面立体的投影及其表面上的点、线

平面立体的表面由平面多边形围成,而平面多边形的边是相邻表面的交线(棱线,底边),多边形的顶点是各棱线或棱线与底边的交点。因此,画平面立体的投影图,就是要画出构成平面立体的各平面多边形和各条交线及交点的投影并区分可见性(将可见线的投影画成实线,不可见线的投影画成细虚线);其实,也是空间各种位置直线、各种位置平面及它们之间相对位置和投影特性与作图方法的综合运用。

3.2.1 棱柱

1. 棱柱的投影分析

如图 3-5(a)为一直立五棱柱的投影,五棱柱的上下底面均为水平面,因此,上下底面的

水平投影重叠且显实形。其正面投影和侧面投影均具有积聚性。五棱柱的5个棱面中,后面(后棱面)为正平面,其正面投影显实形,另两投影具有积聚性。其余4个棱面均为铅垂面,其水平投影均具积聚性,另两个投影均不显实形,为相应棱面的类似形。以上是从平面的空间位置来分析其投影特性的,如果从线的角度去分析各棱线的空间位置和投影特性,将是如何?建议读者自行分析。

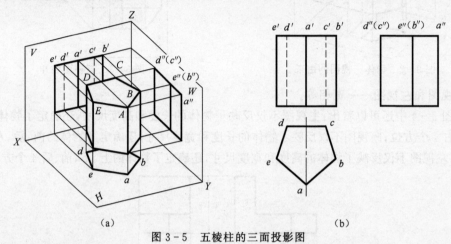

（a）　　　　　　　　　　　　　（b）

图 3 - 5　五棱柱的三面投影图

2. 棱柱投影图的画法

如图 3 - 5(b)所示,画棱柱的投影图,一般应先画其上下底面多边形的三面投影,然后将上下底面对应顶点的同面投影连起来即为各棱线的投影,最后再对棱线的投影区分可见性即可。

3.2.2　棱锥

1. 棱锥的投影分析

如图 3 - 6(a)所示,为一直立四棱锥 S - ABCD,底面 ABCD 为水平面,其水平投影 abcd 显实形,正面投影 a'b'c'd' 和侧面投影 a''b''c''d'' 具有积聚性。而 4 个棱面均为一般位置平面,

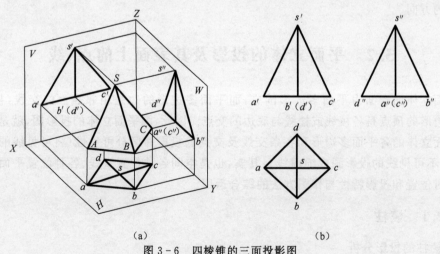

（a）　　　　　　　　　　　　　（b）

图 3 - 6　四棱锥的三面投影图

56

其三面投影为3个类似形。从线的角度分析:棱线 SA、SC 为正平线,其正面投影 s'a'、s'c' 显实长,棱线 SB、SD 为侧平线,其侧面投影 s"b"、s"d" 显实长,而底面四边形 ABCD 在同一水平面上,因此4条边均为水平线,水平投影均显实长。

2. 棱锥投影图的画法

画棱锥的三面投影图,如图3-6(b)所示。一般应先画出其底面多边形 ABCD 的三面投影 abcd、a'b'c'd' 和 a"b"c"d",再画出顶点 S 的三面投影 s、s' 和 s",然后将顶点5的三面投影和底面各顶点的同面投影相连,便得到棱锥的三面投影图。

3.2.3　平面立体表面取点、线

由于平面立体的表面均为平面图形和直线段,所以表面取点的作图问题可归结为前面学过的在平面上取点、取线作图方法的具体应用,下面分别举例说明。

【例3-1】　图3-7为正六棱柱的三面投影图,在其表面上,已知 A、C 两点的正面投影 a'、c' 和点 B 的水平投影 b,求 A、B、C 3点未知的两个投影。

投影分析与作图如下:

从已知条件可知:A 点的正面投影 a' 为可见,所以 A 点必位于左前棱面上。由于左前棱面的水平投影具有积聚性,所以 A 点水平投影 a 必然积聚在该棱面的积聚性的投影上;对正投影下来便可定位。A 点的侧面投影 a" 应位于该棱面的侧面投影上,a" 的高度应与 a' 平齐,其前后位置可量取 Y_a 确定之。B 点的水平投影 b 已知且可见,所以 B 点应位于顶面上,b' 应位于顶平面有积聚性的投影上,从其水平投影 b 直接对齐上去便可定位确定之。侧面投影 b" 也积聚在顶平面上,其前后位置可由 Y_b 确定。C 点的正面投影在最前棱面的右边棱线上,根据点从属于线的投影规律,便可直接在对应的棱线上定位确定,如图3-7所示。

【例3-2】　图3-8为直立三棱锥的三面投影图,已知表面上 M、N、H 3点的一个投影 m'、n'、h',试求3点未知的两个投影。

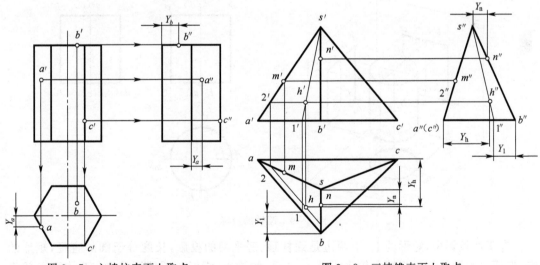

图3-7　六棱柱表面上取点　　　　图3-8　三棱锥表面上取点

投影分析与作图如下:

如图3-8所示,由于 M 点的正面投影 m' 位于棱线 SA 的正面投影 s'a' 上,根据点从属

57

于线的投影规律,可直接在对应棱线的投影上求出其未知投影 m、m''。N 点的正面投影 n' 位于棱线 SB 上,由于该棱线为侧平线,直接对正投影下来求水平投影 n 不易定位(只能用"点分线段的定比不变性"求),为此,可根据 n' 先求出其侧面投影 n'',再利用 Y_n 确定其水平投影 n。H 点的正面投影位于右前棱面 $S-A-B$ 上,可通过其正面投影 h' 过锥顶作一辅助线 $s'1'$,并求出该辅助线的未知投影 $s1$ 和 $s''1''$ 以确定点 H 的未知投影 h、h''。也可过 h' 点作平行于对应底边 ab 的辅助线 $2'h'$ 来确定。作此种辅助线有时显得更为方便,在后面要学习的"平面与立体相交"求截交线作图时一定会用到。

3.3　常见回转体的投影

曲面立体由曲面或曲面与平面围成。工程中常见的曲面立体是回转体,回转体由回转面或回转面与平面围成。常见的回转体有圆柱、圆锥、圆球和圆环等。在回转体表面上取点、线的作图与在平面上取点、线作图原理相同,要取回转面上的点必先过此点取该曲面上的线(直线或曲线);要取回转面上的线,必先取曲面上能确定此线的两个或一系列的已知点。

3.3.1　圆柱

1. 圆柱的形成和投影

圆柱是由圆柱面和上、下底面所围成。圆柱面是由直线绕与其平行的轴线旋转而成。

图 3-9 表示一个正圆柱的三面投影。由于圆柱的轴线为铅垂线,其正面和侧面的投影是两个相同的矩形,而水平投影是反映上、下底实形的圆,同时,此圆又积聚了圆柱面上的所有点和线。

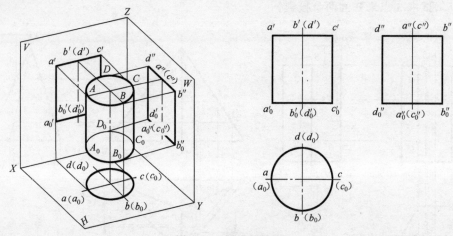

图 3-9　圆柱的投影

在正面投影中,矩形的上、下两边是圆柱顶、底平面的投影,长度等于圆的直径,矩形的左、右两边为圆柱面正视转向轮廓线 AA_0、CC_0 的投影,它们为圆柱面最左与最右两条铅垂素线,其侧面投影与轴线重合,画图时不需要表示;而水平投影分别积聚于圆周并在圆的水平中心线上,它们把圆柱分成前后两半,在正面投影中,前半圆柱面可见,后半圆柱面不可见。

58

同样,在侧面投影中,侧视转向轮廓线 BB_0、DD_0 分别为圆柱面最前与最后两条轮廓线素线,其正面投影与轴线重合,画图时也无需表示;而其水平投影分别积聚于圆周并在该圆周与左右对称中心线的交点上。它们把圆柱分成左、右两半,在侧面投影中,左半圆柱面可见,右半圆柱面不可见。

2. 圆柱表面上的点和线

在圆柱面上定点的作图原理可利用积聚性。

【例 3 – 3】 如图 3 – 10 所示,已知圆柱的三面投影以及点Ⅰ和线段ⅡⅢ的正面投影,求作Ⅰ点和线段ⅡⅢ的水平投影和侧面投影。

作图步骤:如图 3 – 10(b)所示。

(1) 求点Ⅰ的水平投影和侧面投影1、1″。由 1′可知,点Ⅰ在左、前圆柱表面上,其水平投影 1 必积聚在左前圆周上,于是,由 1′投影连线与左前圆周相交得 1,由 1′、1 据三面投影规律求得 1″,且正面和侧面投影均可见。

(2) 求线段ⅡⅢ的水平投影和侧面投影23、2″3″。类似(1)中Ⅰ点的投影作图,便可求Ⅱ、Ⅲ点的水平投影和侧面投影 2、3 和 2″、3″。由于ⅡⅢ线段铅垂,水平投影积聚为一点,同时,由于ⅡⅢ线段在右前柱面,故正面投影可见,而侧面投影不可见,用细虚线画出。

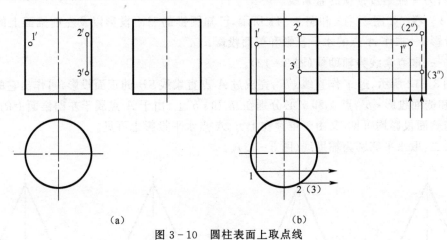

(a)   (b)

图 3 – 10 圆柱表面上取点线

3.3.2 圆锥

1. 圆锥的形成和投影

圆锥由圆锥面和底面围成。圆锥面是由直线绕与它相交的轴线旋转而成。

图 3 – 11 表示一个正圆锥(轴线与锥底圆垂直)的三面投影。由于轴线铅垂,其正面投影和侧面投影为全等的等腰三角形;而水平投影是反映锥底实形的圆。

在正面与侧面投影中,等腰三角形的两腰分别为圆锥面正视转向轮廓线 SA、SB 和侧视转向轮廓线 SC、SD 的投影。SA 与 SB 分别为圆锥面最左与最右两条正平素线,其侧面投影和水平投影分别与轴线和水平中心线重合,画图时不需表示。它们把圆锥面分为前后两半,前半面在正面投影中可见,而后半面不可见;SC 与 SD 分别为圆锥面最前与最后两条侧平素线,其正面投影和水平投影分别与轴线和竖直中心线(垂直于水平中心线)重合,画图时同样不需表示。它们把圆锥面分成左、右两半,在侧面投影中,左半面可见,右半面不可见。

59

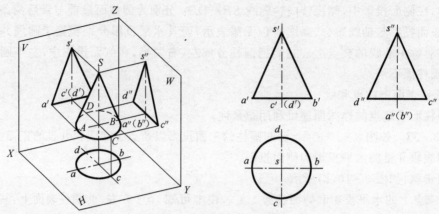

图 3-11　圆锥体的表示法

2. 圆锥表面上的点

在圆锥面上取线定点的作图原理与在平面上取线定点相同,即过锥面上的点作辅助线,点的投影必在辅助线的同面投影上。在圆锥表面上有两种简易辅助线可取:一种是正截面上的纬圆;另一种是过锥顶的直素线。

【例 3-4】 如图 3-12 和图 3-13 所示,已知圆锥的三面投影以及左前锥面上的点 A 的正面投影 a',求作 A 点的水平投影和侧面投影 a、a'。

方法一:取直素线为辅助线(图 3-12)。

如图 3-12 所示,过 a' 作直线 $s'b'$,完成过 A 点直素线 SB 的正面投影,再作出它的水平投影 sb 和侧面投影 $s''b''$,点 a 和 a'' 必分别在 sb 和 $s''b''$ 上,由于 A 点属于左前锥面上的点,因此正面与侧面投影均可见,又由于锥顶在上方,A 点水平投影也可见。

方法二:取水平纬圆为辅助线(图 3-13)。

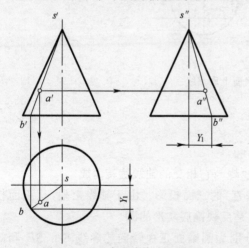

图 3-12　用直素线求点的投影

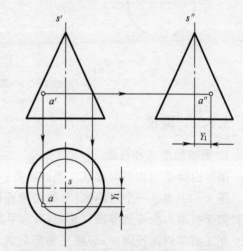

图 3-13　用垂直于轴线的圆求点的投影

如图 3-13 所示,过点 a' 作与轴线垂直的水平线(在空间,此线为水平面的正面投影)与正视转向轮廓线的投影相交,交点到轴线间的距离即为水平纬圆的半径,由此画出该圆的水平投影。因点 A 在左、前锥面上,故由 a' 向下引投影连线与左前纬圆的水平投影相交得 a,于是确定了空间点 A 的空间位置。若要完成第三投影,根据三面投影规律由 a' 和 a 便可求

60

得 a''。可见性讨论同上。

3.3.3 圆球

1. 圆球的形成和投影

圆球由单一球面围成。球面可看成是半圆绕其直径(轴线)回转一周而形成。

图3-14表示圆球的三面投影图。圆球三面投影均为大小相等的圆,其直径等于圆球直径,分别是圆球的正视转向轮廓线 A,俯视转向轮廓线 B 和侧视转向轮廓线 C 在所视方向上的投影。正视转向轮廓线 A 是球面上以球心为圆心的最大的正平圆,其正面投影是反映该圆大小的圆 a',其水平投影和侧面投影 a、a'' 分别与水平中心线和垂直中心线重合,画图时不需表示。正视转向轮廓线 A 又把圆球分成前后两半,其正面投影重影,前半球可见,后半球面不可见。俯视与侧视转向轮廓线的投影情况也类似,建议读者自己分析。

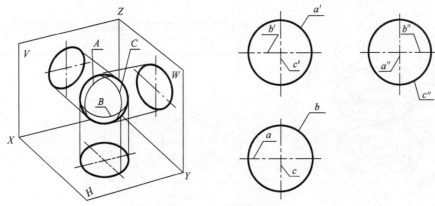

图3-14 圆球表示法

2. 圆球表面上的点

【例3-5】 图3-15给出圆球的三面投影以及球面上的点 A 的正面投影,求作出水平投影和侧面投影 a、a''。

作图步骤如下:

(1) 过 A 点取水平纬圆。首先过 a' 作水平线与正视转向轮廓线相交求得该纬圆直径(即纬圆的正面投影),并完成其水平投影。

(2) 自 a' 引 H 面的投影连线与该纬圆水平投影的左、前圆周相交得 a,再由 a'、a 根据三面投影规律求得 a''。

本题过 A 点取正平纬圆或侧平纬圆求点的另两投影也是方便的,其方法类似。

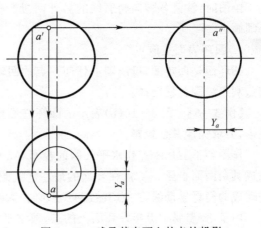

图3-15 球及其表面上的点的投影

3.3.4 圆环

1. 圆环的形成和投影

圆环是由圆环面围成的立体。如图3-16(a)所示,圆环面是由母线圆绕与其共面的轴

61

线旋转而成。由母线圆外半圆回转形成外环面;由母线圆内半圆(靠近轴线的半圆)回转形成内环面;母线圆的上下两点回转后形成了内外环面的上下分界圆。母线圆上离轴线最远点和最近点旋转后分别形成了最大圆和最小圆,是上、下两半环的分界圆。

图 3-16(b)表示轴线为铅垂线的圆环三面投影图。在正面投影中,左右两圆和与该两圆相切的两条公切线均是圆环面正视转向轮廓线的投影;其中两圆是圆环面最左、最右两素线圆的投影,实半圆在外环面上,虚半圆属于内环面(该半圆被前半环遮挡),这两素线圆把圆环面分为前后两个半环,在正面投影中,前半外环面可见,其他部分均不可见;其中上、下两条公切线是内、外环面的上下分界圆的投影,它们是内、外环面的分界限。在水平投影中,要画出最大圆和最小圆的投影,即圆环面俯视转向轮廓线的投影,它们把圆环分成上、下两半环,上半环面水平投影可见,下半环面不可见。水平投影中的细点画线圆是母线圆心轨迹的投影,且与内外环面上的上、下分界圆的水平投影重合,圆环的侧面投影与正面投影类同。

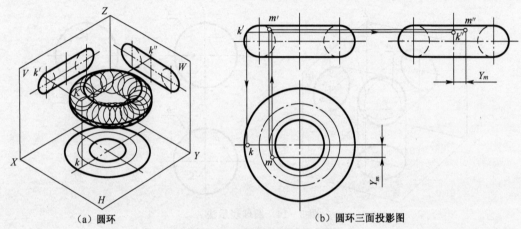

(a) 圆环　　　　　　　　　(b) 圆环三面投影图

图 3-16　圆环的形成和投影

绘图时,注意各转向轮廓线的另外两投影都与轴线重合,不需表示;另外,轴线、中心线必须画出。

2. 圆环表面上取点

圆环面是回转面,母线圆上任何一点的回转轨迹是与轴线垂直的圆。所以,圆环表面上取点利用纬圆为辅助线。

【例 3-6】　图 3-16(b)表示的圆环三面投影中,已知 M 点的水平投影和 K 点的正面投影,要求完成其余投影。

作图如下:过 M 点作水平纬圆的投影,M 点的其余投影必在该辅助纬圆的同面投影上,完成其余两面投影。K 点在环面的最左素线圆上,所以不必再利用水平纬圆作图,该素线圆是现成的简易辅助线,K 点其余两投影必在素线圆的同面投影上。

由于 K 点属于上半外环面上的点,故水平投影可见,K 点又属于左半外环面上的点,故侧面投影也可见,M 点属于内环面上的点,故正面投影和侧面投影均不可见。

3.4　平面与立体的交线(截交线)

图 3-17 是机件"机床顶尖"和"拉杆头"的简化立体图。使用中,由于端部需加工成平

面,于是产生了平面与立体相交及求截交线的问题。

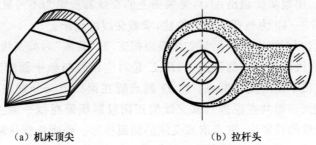

（a）机床顶尖　　　　　　　（b）拉杆头

图 3－17　截切后的简化机件

平面与立体相交可视为立体被平面所截,该平面称为截平面,截平面与立体的交线称为截交线。学习平面与立体的相交问题,就是学习如何较准确地求出立体表面的截交线。

由分析得知,截交线为截平面与立体表面的共有线,该共有线是由那些既在截平面上、又在立体表面上的共有点集合而成。因此,求截交线问题可归结为求截平面与立体表面一系列共有点的作图问题。

3.4.1　平面与平面立体表面的交线

平面与平面立体的交线为封闭的多边形。多边形的顶点一般为平面立体的棱线与截平面的交点。常见的情况为特殊位置平面与立体相交。由于特殊位置平面投影具有积聚性,所以立体的棱线与截平面的交点,可利用截平面有积聚性的投影直接定位求出。下面主要讨论特殊位置平面与立体相交求截交线的作图方法与步骤。

【例 3－7】　三棱锥 $S-ABC$ 与正垂面 P 相交,求截交线的投影,如图 3－18 所示。

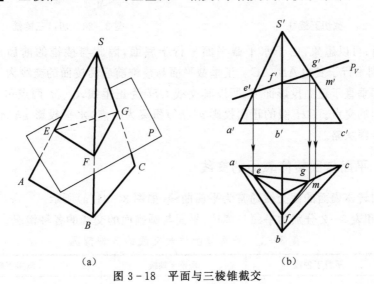

（a）　　　　　　　　　　（b）

图 3－18　平面与三棱锥截交

作图分析:由于截平面 P 为正垂面,P_V 为正面迹线,如图 3－18(b)所示;因此截交线的正面投影积聚在 P_V 上,可直接利用各棱线与 P_V 的交点求得。为此应先求出各交点的正面投影 e'、f'、g',再求其水平投影 e、f、g,然后顺次连接各交点的同面投影,便求得截交线的水平投影 $\triangle efg$,截交线的正面投影积聚在 P_V 上,用粗实线表示即可。

有关截交线可见性的判别,可根据各段交线所在表面的可见性来确定。可见表面上的交线其投影为可见,用粗实线画出;不可见表面上的交线其投影为不可见,用细虚线画出。

【例 3-8】 图 3-19 为被截切的五棱柱,求截交线的投影。

作图分析:"截切"可视为截平面与立体表面相交,其"截痕"为截交线,求法与前例类同。应该指出的是:截交线(五边形)的顶点 A、B、E 是对应棱线与截平面的交点。而顶点 C、D 是截平面与五棱柱顶平面的交线端点。C、D 两点既在顶面上又分别在右前棱面和最后棱面上,还在截平面上(三面共点原理),截交线的正面投影积聚在截平面上,部分水平投影积聚在各棱面的积聚性的投影上,重点求截交线的侧面投影。作图步骤从略。

【例 3-9】 图 3-20 为切口三棱锥。此切口可视为一个完整的三棱锥被一水平面和一正垂面截切而成(棱线 SA 被截去的一段,其投影用细双点画线假想表示之)。

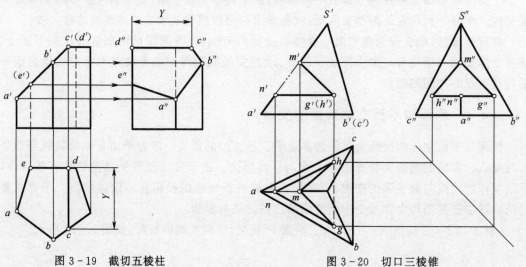

图 3-19 截切五棱柱   图 3-20 切口三棱锥

作图分析:可以想象,由于水平截平面平行于底面,因此与棱锥的前后两棱面的交线 NG、NH 分别平行于底边 AB、AC。正垂截平面与棱锥前后两棱面的交线为 MG、MH。由于两截平面都垂直于正立投影面 V,所以其交线 GH 为正垂线,G、H 两点可视为该正垂线与前后两棱面的交点。GH 线的正面投影 $g'(h')$ 积聚为一点,水平投影 gh 不可见,用虚线画出。作图步骤从略。

3.4.2 平面与回转体表面的交线

平面与回转体表面的截交线通常为平面曲线,如图 3-21(a)所示。

表 3-1 和表 3-2 分别为平面与圆柱、平面与圆锥面的交线的各种情况。

表 3-1 平面与圆柱截交线的 3 种情况

截平面位置	平行于轴线	垂直于轴线	倾斜于轴线
立体图			

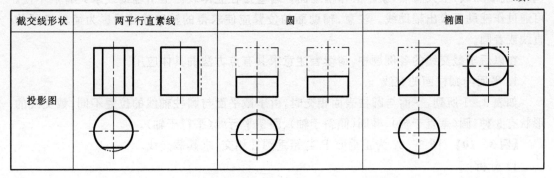

截交线形状	两平行直素线		圆		椭圆	
投影图						

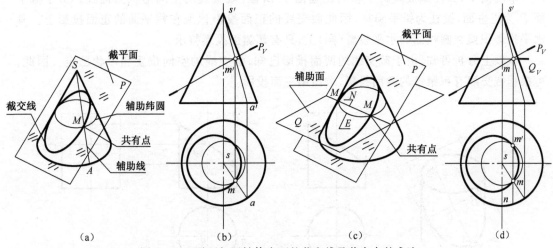

（a）　　　　　　（b）　　　　　　（c）　　　　　　（d）

图 3-21　平面与回转体表面的截交线及共有点的求法

可以看出截交线有下列性质：

（1）截交线是截平面与回转体表面的共有线，它既在截平面上，又在回转体的表面上。截交线上的点是截平面与回转体表面的共有点。

（2）截交线一般为封闭的平面曲线，特殊情况是两条平行直线或两条相交直线。

（3）截交线的形状取决于两个因素：①回转体的形状；②截平面与回转体轴线的相对位置。

求截交线的方法：由于截交线是截平面与回转体表面的共有线，截交线上的点是截平面与回转体表面的共有点。因此，求截交线的问题可归结为求一系列共有点的问题。

求共有点的作图方法有两种：

（1）辅助线法：在立体表面上引辅助线，求辅助线与截平面的交点。为了作图简便，常取立体表面上的直素线或辅助纬圆作为辅助线来求共有点，图 3-21(a)、(b)表示共有点 M 的求法。

（2）辅助平面法：利用 3 个面相交必有一共有点（三面共点原理），作一辅助平面 Q 与立体相交得一交线为水平辅助圆 E；辅助面 Q 与截平面 P 的交线为直线 N，则两辅助线 E 和 N 的交点 M 即为共有点，如图 3-21(c)、(d)所示。

说明：以上两种求共有点的作图方法实质上是一样的。作辅助面的目的是为了确定所引辅助线的位置和形状。作图时要看具体情况灵活运用。若立体表面能直接画出辅助线

（直素线或纬圆）求共有点，就不必作辅助面。若直接在立体表面上引辅助线求共有点不便，可通过作辅助面求出辅助线。注意，辅助面的位置应使求得的辅助线的投影为简单易画的直线或者圆。

在以后求截交线的各例题中，请读者注意求共有点方法的具体应用。

1. 平面与圆柱面的交线

如表 3-1 所列，平面与圆柱表面相交时，由于截平面与圆柱轴线的位置不同，截交线的形状有 3 种：圆（垂直于轴）、椭圆（倾斜于轴）、两条平行线（平行于轴）。

【例 3-10】 图 3-22 为正垂面 P 与铅垂圆柱相交，求其截交线。

1）分析

本图例中，圆柱是被倾斜于轴的正垂面 P 所截，截交线的空间形状为椭圆。由于截平面 P 为正垂面，圆柱为铅垂圆柱，因此截交线的正面投影积聚在截平面的正面投影上。其水平投影积聚在圆柱面的水平投影（圆）上，只有其侧面投影待求。

从以上分析可知，由于截交线的两面投影已知，截交线的空间位置和形状已定。因此，可根据截交线有积聚性的两面投影，求出第三面投影。

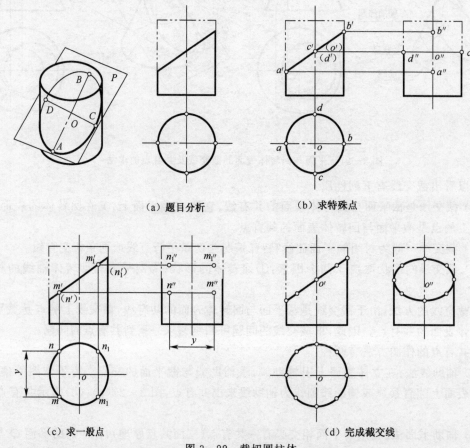

（a）题目分析　　　　（b）求特殊点

（c）求一般点　　　　（d）完成截交线

图 3-22　截切圆柱体

2）作图

（1）在截交线上先取其特殊点，如图 3-22(b)：A、B 为椭圆长轴的端点，C、D 为椭圆短轴的端点。以上 4 个点分别是特殊位置的轮廓素线与截平面的交点，可方便地在水平投影

66

（圆）上确定其位置 a、b、c、d。再在正面投影和侧面投影上对应地求出 $a'b'c'd'$ 和 $a''b''c''d''$，如图 3-22(b)所示。

（2）为了较准确地画出椭圆的侧面投影，可在截交线有积聚性的投影上，适当选取 4 个点 M、N、M_1、N_1（这些点可视为圆柱面上的一般位置素线与截平面的交点，故称为截交线的一般点）。重复前面的作图步骤，可先求出它们水平投影，再求出其侧面投影，如图 3-22(c)所示。

（3）依次光滑地连接所求各共有点的同面投影，并区分可见性，完成椭圆的作图，如图 3-22(d)所示。

最后特别指明以下几点：

（1）A、B、C、D 4 个点为截交线特殊位置上的点，也是椭圆长、短轴的端点。特殊点一般位于回转体的转向轮廓线上，应尽可能求全。

（2）M、N、M_1、N_1 是截交线上的一般位置点，在选取时，位置要适当、个数要适量。

（3）作图时还应注意截交线的对称性特点，以简化作图，并使作图准确。

【例 3-11】 图 3-23 所示为一切口圆柱，求其截交线的未知投影。

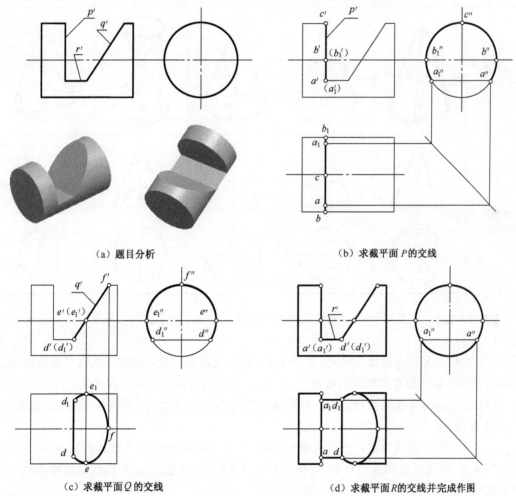

（a）题目分析   （b）求截平面 P 的交线

（c）求截平面 Q 的交线   （d）求截平面 R 的交线并完成作图

图 3-23　切口圆柱

67

1) 分析

(1) 由于圆柱轴线为侧垂线,因此为侧垂圆柱,所以截交线的侧面投影积聚在圆柱的侧面投影(圆)上。

(2) 切口是由侧平面 P、正垂面 Q 和水平面 R 截切圆柱而成。由于各截平面的正面投影均具有积聚性,因此各截交线的正面投影分别积聚在对应截平面的正面投影上。各截交线的侧面投影均积聚在圆柱面的侧面投影(圆)上。待求的是切口的水平投影。

(3) 截平面 R 与截平面 P、Q 分别交于正垂线 AA_1、DD_1,且截交线前、后具有对称性。

2) 作图(略)

2. 平面与圆锥面的交线

如表 3-2 所列,由于截平面与圆锥轴线位置的不同,其截交线的形状有 5 种:两相交直线(过锥顶)、圆(垂直轴)、椭圆(倾斜于轴并与所有素线相交)、双曲线(平行于轴并平行于两条素线)及抛物线(倾斜于轴并平行一条素线)。这类交线数学上称为圆锥曲线。

表 3-2 平面与圆锥面的交线

截平面位置	过锥顶	垂直于轴线	与所有素线相交	平行两条素线	平行一条素线
立体图	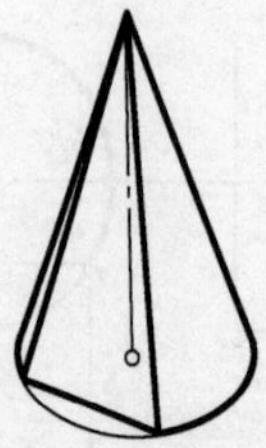	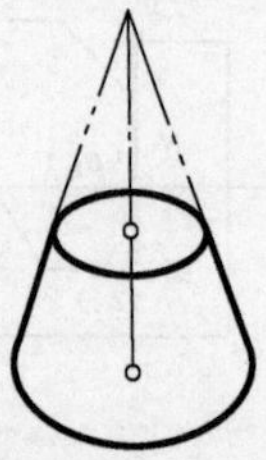	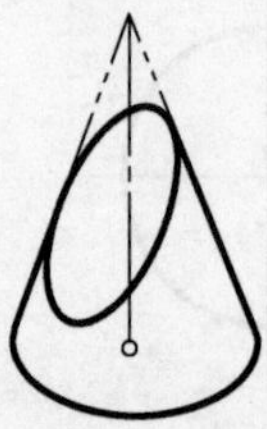	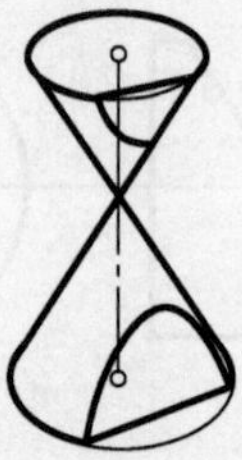	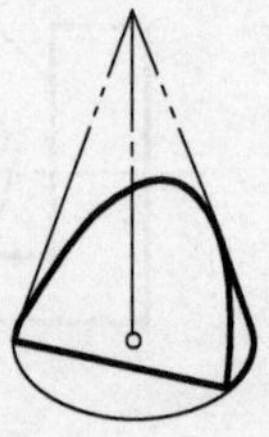
投影图	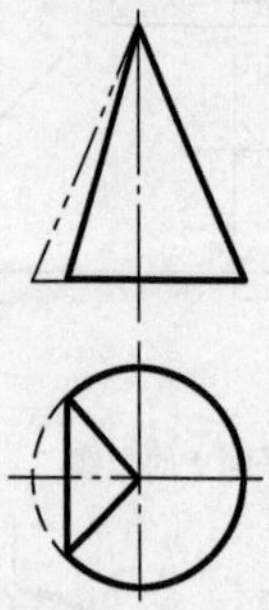	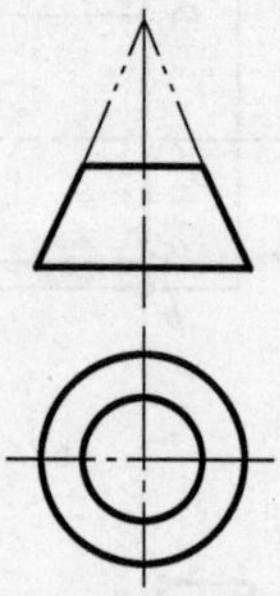	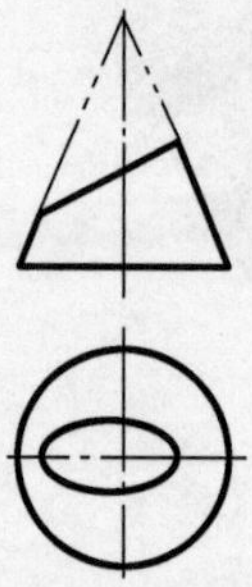	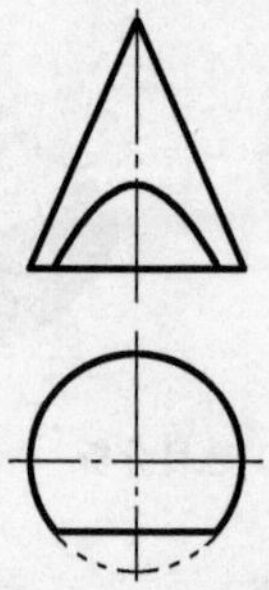	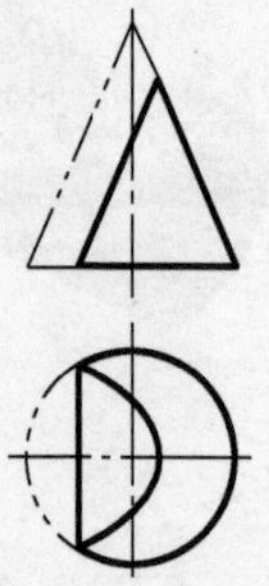

【例 3-12】 求圆锥被正平面截切后交线的未知投影,如图 3-24 所示。

1) 分析

(1) 该圆锥为铅垂圆锥,截平面 P 为正平面,因此截交线为双曲线。其水平投影和侧面投影均积聚在截平面有积聚性的投影上,不需求;只有截交线的正面投影待求。

(2) 截平面与圆锥底面相交为一条侧垂线段 BC,该线段的两个端点 B、C 在底圆上。

2) 作图

(1) 求决定双曲线轮廓范围的特殊点:截平面与圆锥最前转向轮廓线的交点 A 是双曲线的最高点,与圆锥底圆的交点 B、C 是双曲线的最低点,也是最左最右点,这些特殊点一般可直接求出。

(2) 求截交线上适量的一般点:如 F、E 及其正面投影 f'、e'。f'、e' 两点的求法可通过

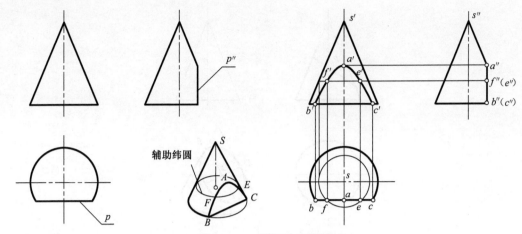

图 3-24　正平面与圆锥截交

在圆锥表面上直接引辅助圆（或作水平辅助面求得辅助圆），求此辅助圆与截平面的交点 F、E 的水平投影 f、e 而定位。将以上所求的特殊点和一般点的同面投影 b'、f'、a'、e'、c' 光滑连接成双曲线的投影即成。注意：一般点取的个数视具体情况而定，方法类同。

【例 3-13】　求圆锥被正垂面截切后的投影，如图 3-25 所示。

1) 分析

圆锥的轴线为铅垂线，该圆锥为铅垂圆锥。截平面为正垂面且与圆锥轴线倾斜，其截交线为正垂椭圆，椭圆的正面投影积聚在截平面的正面投影上，水平投影与侧面投影待求。

2) 作图

（1）先求圆锥正视、侧视转向轮廓线与截平面的交点的正面投影 a'、b'、m'、n'，侧面投影 a''、b''、m''、n'' 和水平投影 a、b、m、n。

（2）确定椭圆长轴和短轴的四个端点，长轴应位于截平面内且过椭圆中心的正平线上。A、B 为椭圆长轴之端点。根据椭圆长、短轴相互垂直平分的几何关系，可知短轴为正垂线，其正面投影积聚在长轴正面投影的中点上。过长轴中点作一辅助圆，便可求出短轴端点的水平投影 c、d 和侧面投影 c''、d''，如图 3-25(b) 所示。

（3）再求椭圆上适量的一般点如 E、F、G、H 的三面投影，并光滑连接。一般点的求法还是"辅助线"法，如图 3-25(c) 中 E、F 的求法。也可用"辅助面"法，例如 G、H 的求法。注意：一般点的个数要适量、位置要适当。

3. 平面与球面的交线

平面与球面相交其截交线都是圆，如图 3-26 所示。但由于截平面对投影面的位置不同，截交线（圆）的投影可以是圆、椭圆或直线段。当截平面平行于投影面时，截交线在该投影面上的投影反映圆的实形。当截平面倾斜于投影面时，截交线（圆）在该投影面上的投影为椭圆，长轴 CD 的投影 cd、$c''d''$，短轴 AB 的投影 ab、$a''b''$。

【例 3-14】　求球体被正垂面 P 和水平面 Q 截切后的投影，如图 3-26 所示。

1) 分析

（1）截平面 P 为正垂面，截交线的正面投影具有积聚性，水平投影和侧面投影为椭圆的一部分。

（2）截平面 Q 为水平面，截交线的正面投影和侧面投影均具有积聚性，水平投影为圆的

69

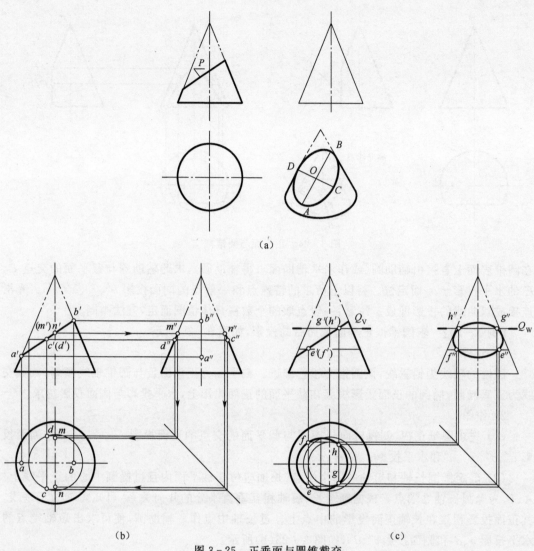

图 3-25　正垂面与圆锥截交

一部分。

　　(3) 截平面 P、Q 的交线 FE 为正垂线,该正垂线与球面之交点 F、E 是两截交线的连接点。

　　2) 作图

　　(1) 求截平面 P 与圆球的截交线。AB 的水平投影 ab 为水平投影椭圆的短轴,$a''b''$ 为侧面投影椭圆的短轴。CD 的水平投影 cd 和侧面投影 $c''d''$ 分别是水平投影椭圆和侧面投影椭圆的长轴。M、N 两点是球的水平轮廓圆(最大的水平圆)与截平面的交点,也是截交线上的特殊点,正面投影 m'、n' 可直接定位,水平投影 m、n 可由 m'、n' 通过投影连线与最大水平圆的交点求得,然后,求其侧面投影 m''、n''。

　　(2) 求水平截平面 Q 与圆球的截交线的水平投影(圆),该圆与截平面 P 与球的截交线的水平投影(椭圆)的交点 F、E 为两截交线的连接点。

　　(3) 为了准确作图,可用辅助圆法(或辅助面法)求出截交线上适量的一般点,方法同上。

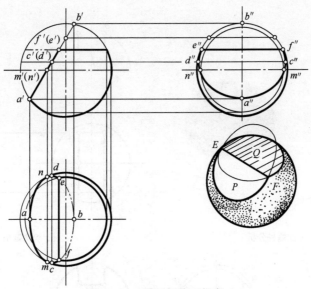

图 3-26　平面与球面相交

（4）用实线画出截交线及应保留的球体轮廓圆的可见投影，完成全部作图。

【例 3-15】　求半球头螺钉"开启槽"的投影，如图 3-27 所示。

1）分析

（1）半球头螺钉头的"开启槽"是由两侧平面 P、P 和水平面 Q 对称切割半球而形成的。截平面 P、Q 与半球面的截交线均为圆的一部分。截平面 P 和 Q 相交为一直线段，此线段与半球面的交点 A、C、A_1、C_1 为截交线的侧平圆弧和水平圆弧的连接点。

（2）"开启槽"的正面投影分别积聚在截平面 P 和 Q 有积聚性的投影上，待求的是水平投影和侧面投影。

2）作图（略）

4. 平面与组合回转体表面的交线

当截平面与组合回转体表面相交时，截交线是由截平面与各回转体表面交线组成的复合平面曲线，截交线的连接点应在相邻两回转体的分界（圆）处。为了较准确的画出组合回转体的截交线，应对组合回转体进行形体分析，搞清各段回转体的形状，并求出分界（圆）的位置，然后，按形体分析逐个求出它们的截交线，并光滑连接。

【例 3-16】　求作"机床顶尖头"被平面截切后的投影，如图 3-28 所示。

1）分析

（1）"顶尖头"是由侧垂圆锥与圆柱组成的同轴回转体，圆锥底圆与圆柱左端圆重合，该圆是两回转体的分界圆。

（2）"顶尖头"的切口是由平行于轴线的水平面 P 和垂直于轴线的侧平面 Q 截切而成。由于 P、Q 的正面投影及圆柱的侧面投影均具有积聚性，对应的截交线也具有积聚性，待求的是截交线的水平投影。

（3）截平面 P 与 Q 相交于一正垂线，截交线前后具有对称性。

2）作图（图 3-28(b)）

（1）截平面 P 与圆锥面的交线为双曲线，可先求出其特殊点以确定其形状范围。A 点

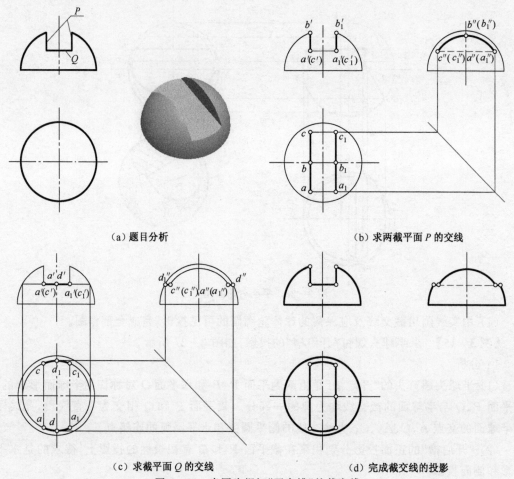

（a）题目分析　　　　　　　　　　　　　　　　（b）求两截平面 P 的交线

（c）求截平面 Q 的交线　　　　　　　　　　　　（d）完成截交线的投影

图 3-27　半圆头螺钉"开启槽"的截交线

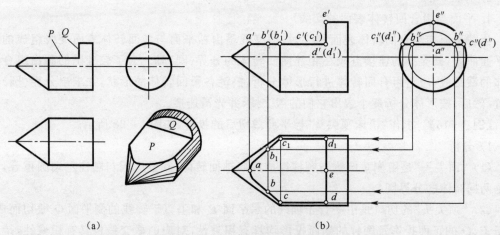

（a）　　　　　　　　　　　　　　　　（b）

图 3-28　"机床顶尖头"的截交线

是圆锥最高轮廓转向线与截平面的交点，可由其正面投影 a' 确定，再求其水平投影 a 和侧面投影 a''。C、C_1 两点可先求其侧面投影 c''、c''_1，再求其他投影 c、c_1 和 c'、c'_1。可先确定一般点 B、B_1 的正面投影 $b'(b'_1)$，再用辅助圆法求出侧面投影 b''、b''_1，再求其水平投影 b、b_1。

72

（2）截平面 P 与圆柱面的交线是平行于轴线的两条平行线段，可由 C、C_1 两点的水平投影 c、c_1 定位画出，C、C_1 两点为两截交线的分界点。

（3）截平面 Q 与圆柱面的交线是一段侧平圆弧，该圆弧的正面投影和水平投影积聚在截平面上，侧面投影积聚在圆柱面的侧面投影上，作图从略。

3.5　两立体表面的交线

两立体表面相交称为相贯，其交线称为相贯线。如图 3-29 中表示的机械零件表面上的相贯线。

本章重点研究工程上常见的回转曲面立体之间相贯线的求法。

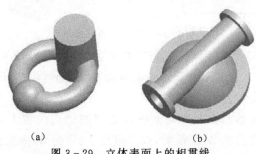

（a）　　　　　　　　　　　（b）

图 3-29　立体表面上的相贯线

3.5.1　两曲面立体相贯

两回转曲面立体表面的相贯线，其空间形状一般取决于两回转曲面本身的形状、尺寸大小及其轴线间的相对位置。一般情况下，相贯线是闭合或不闭合的高次空间曲线；特殊情况下，相贯线是平面曲线（圆、椭圆或是两条直线）。

求作相贯线的方法有"表面取线定点法"和"辅助平面法"。

为了准确绘制相贯线的投影，应先求特殊点，如可见与不可见的分界点，以及最高、最低、最前、最后、最左、最右等特征点。求得这些点后，便可在适当的位置上求得相贯线上适量的一般点。然后依次光滑地连接并区分可见性。下面通过实例分别加以介绍。

表面取线定点法求相贯线。

【例 3-17】　求轴线正交两圆柱的相贯线（图 3-30）。

1）分析

由图 3-30 可知，小圆柱轴线铅垂，大圆柱轴线侧垂，相贯线的水平投影积聚在小圆柱的圆周上；相贯线的侧面投影积聚在大圆柱的圆周上。又根据相贯线为两曲面所共有的原则，相贯线的侧面投影一定是小圆柱侧视转向轮廓线之间的圆弧部分。相贯线两面投影已知，正面投影待求。由于两圆柱轴线正交，轴线所在的平面为正平面，相贯线前后部分正面投影重合。相贯线上各点的正面投影只要依据三面投影规律便可求出。

2）作图

（1）确认特殊点，并完成其正面投影。在相贯线已知的 H 面与 W 面的两面投影中，依据"宽相等"的两面投影规律可以确认：Ⅰ（1，1″）、Ⅱ（2，（2″））两点，既是相贯线最左、最右两点，又都是最高点；Ⅲ（3，3″）、Ⅳ（4，4″）两点既是相贯线最前、最后两点，又都是最低点。点的

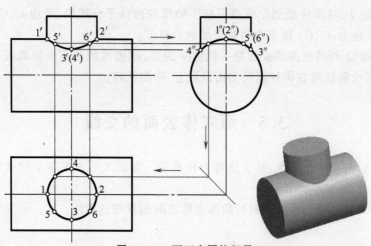

图 3-30 两正交圆柱相贯

H 面、W 面投影已经确认,可利用"长对正""高平齐"的投影规律来完成各点的正面投影。Ⅰ、Ⅱ两点的正面投影 $1'$、$2'$,还可由 V 面投影直接确认,无需作图,因为,它们是两圆柱正视转向轮廓线正面投影的交点。

(2)一般点的正面投影。在最高与最低点之间的适当位置上取一般点,可根据"高平齐"的投影规律,先找到它们的 W 面投影,如一般点Ⅴ、Ⅵ的 W 面投影 $5''$、$(6'')$,再根据"宽相等"的投影规律Ⅴ、Ⅵ两点的 H 面投影 5、6,再完成其 V 面投影 $5''$、$6''$。

(3)光滑连接各相贯点的正面投影,本题可见性无需判别。

3)讨论

轴线正交的两圆柱相贯有 3 种基本形式:

(1)两实圆柱相贯即两圆柱外表面相交,如图 3-30 所示。

(2)虚、实两圆柱相贯,即一个实圆柱表面与一个虚圆柱(或称圆柱孔)表面相交,如图 3-31 中的相贯线 A。

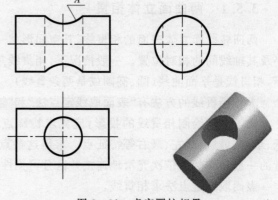

图 3-31 虚实圆柱相贯

(3)两虚圆柱相贯,两个圆柱孔内表面相交,如图 3-32 中相贯线 B。

实际上,任何平面立体、曲面立体相贯均有上述 3 种基本形式,在此不再一一列举。

【例 3-18】 求作轴线垂直交叉的两圆柱相贯线(图 3-33)。

1)分析

本题与上例的主要区别是两圆柱轴线的相对位置发生了变化,轴线垂直交叉,两圆柱前后偏交,相贯线前后不对称。其余的分析与上例类同。

2)作图

(1)确认特殊点并完成其正面投影。了解相贯线的 H 面和 W 面投影,并注意两圆柱前后偏交对相贯线的影响。不难确认,本例有 6 个特殊点Ⅰ、Ⅱ、Ⅲ、Ⅳ、Ⅴ、Ⅵ,其中,Ⅰ(1,$1''$)、Ⅲ(3,$(3'')$)两点是铅垂圆柱正视转向轮廓线与侧垂圆柱的贯穿点,是相贯线正面投影可见

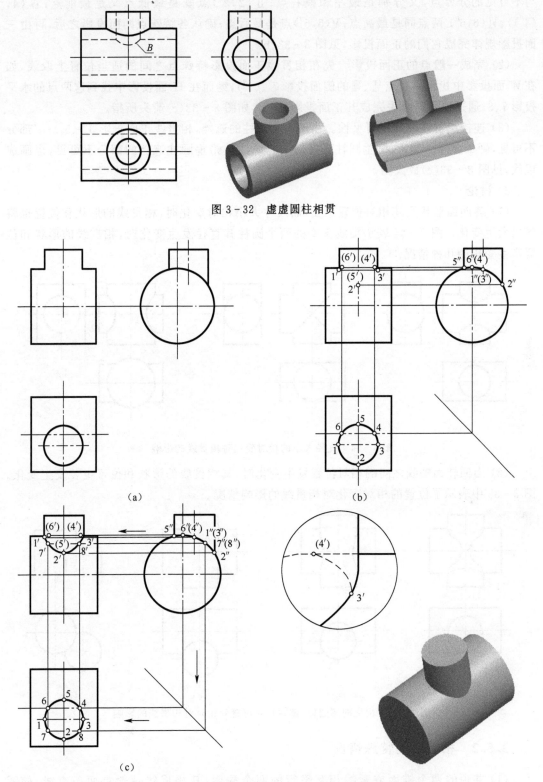

图 3 - 32　虚虚圆柱相贯

(a)

(b)

(c)

图 3 - 33　求轴线垂直交叉的两圆柱相贯线

与不可见的分界点,又分别是最左和最右点;Ⅱ(2,2″)点既是最低点又是最前点;Ⅳ(4,(4″))、Ⅵ(6,6″)两点同是最高点;Ⅴ(5,5″)点是最后点;确认各特殊点两面投影之后,再由三面投影规律完成它们的正面投影,见图3-33(b)。

(2)完成一般点的正面投影。先在相贯线正面投影特殊点之间的适当位置上取线,如在 W 面投影中找到一般点Ⅶ、Ⅷ的侧面投影 7″、(8″),继而在 H 面投影中找到这两点的水平投影 7、8,通过这条路线去完成其正面投影 7′、8′,如图3-33(c)箭头所指。

(3)连接相贯线并判别可见性。由于铅垂圆柱的遮挡,相贯线正面投影 3′-(5′)-1′ 部分不可见,画成虚线。注意,侧垂圆柱正视转向轮廓线被铅垂圆柱遮挡的部分不可见,也画成虚线,见图3-33(c)放大图。

3)讨论

(1)若曲面形状及其相对位置不变,而尺寸大小相对变化时,相贯线的形状和位置也将随之发生变化。图3-34表示轴线正交的两个圆柱其直径发生变化时,相贯线的形状和位置产生变化的几种情况。

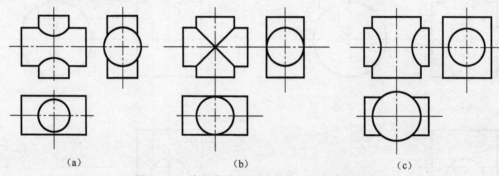

| (a) | (b) | (c) |

图3-34 直径大小的相对变化对相贯线的影响

(2)当回转面轴线之间的相对位置发生变化时,其相贯线的形状和位置也要发生变化。图3-35中表示了位置的相对变化对相贯线的影响情况。

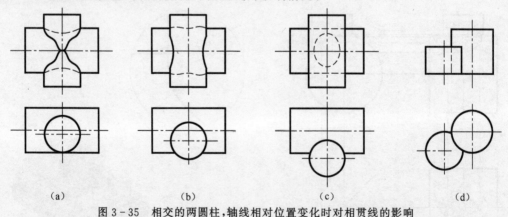

| (a) | (b) | (c) | (d) |

图3-35 相交的两圆柱,轴线相对位置变化时对相贯线的影响

3.5.2 相贯线的特殊情况

(1)共顶的两个锥面或素线相互平行的两个柱面,其相贯线一般是两条直线,如图3-36和图3-37所示。

76

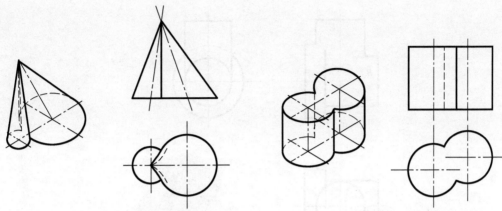

图3-36　两共顶圆锥面相贯　　　　　　　　图3-37　两轴线平行的圆柱面相贯

（2）当回转面轴线通过球心或两同轴回转面相交时，其相贯线为垂直于轴线的圆，如图3-38所示。

（3）当两个二次曲面（能用二次方程式表达的曲面）复切（具有一对公共切点）共切于第三个二次曲面时，其相贯线一般为两条平面曲线。

相贯的两个二次曲面公共内切于一个球面时，其相贯线一般为两个椭圆，如图3-39所示。

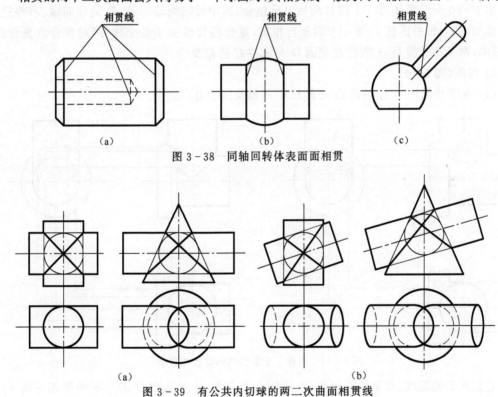

图3-38　同轴回转体表面面相贯

图3-39　有公共内切球的两二次曲面相贯线

3.5.3　复合相贯

3个或3个以上的立体相交，称为复合相贯。立体表面两两相交所形成相贯线的综合称为复合相贯线，如图3-40和图3-41所示。

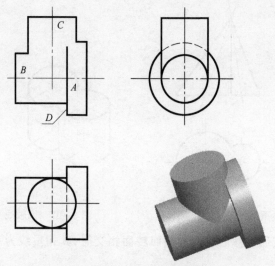

图 3-40 3个圆柱体相贯

【例 3-19】 求作 3 个圆柱体相贯的相贯线。

1) 分析

图 3-40 所示形体由 3 个圆柱前后对称组合,其中轴线侧垂的 A、B 圆柱同轴、不等径、左右叠加,并与铅垂圆柱 C 等 4 个面复合相贯,复合相贯线由 4 条交线、两对复合点复合而成,其中,两条截交线是 A 圆柱左端面 D 与圆柱 C 的截交线。

2) 作图(图 3-41)

(1) 先求作圆柱 A 左端面 D 与圆柱 C 的截交线 Ⅰ Ⅱ、Ⅲ Ⅳ。

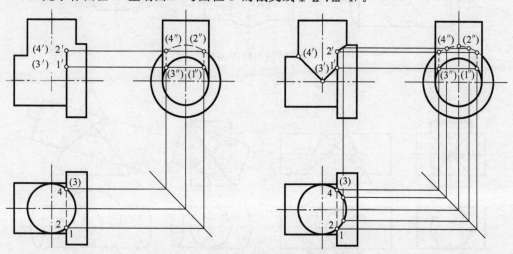

图 3-41 求作 3 个圆柱体的复合相贯线

它们都是铅垂线,水平投影积聚,由圆柱 C 与圆柱 A 左端面 D 的水平投影相交得 (1) 2、(3) 4;其正面投影 1′2′、(3′)(4′) 与左端面 D 投影积聚;其侧面投影不可见,画成虚线 (1″) (2″)、(3″)(4″)。

(2) 求复合点。根据"三面共点原理",两条截交线与圆柱 A 以及圆柱 B 底圆棱线的交点,必为相贯线的两对复合点 Ⅰ 和 Ⅱ、Ⅲ 和 Ⅳ。

78

（3）求作圆柱 C 与圆柱 B 的相贯线。

由于圆柱 C 与圆柱 B 等径正交，相贯线为两段椭圆弧，正面投影是两段直线，把圆柱 C 与圆柱 B 正视转向轮廓线的交点与公切点的正面投影相连接，便是左半椭圆弧的正面投影；复合点 Ⅰ、Ⅲ 的正面投影与公切点正面投影相连，便是右半椭圆弧的正面投影。

（4）求作圆柱 C 与圆柱 A 的相贯线。

由于是两圆柱正交，具体作图前面已经讨论过，这里的相贯线只剩下复合点 Ⅱ、Ⅳ 至最高点之间的一小部分，留待读者完成。

（5）注意：A 圆柱侧面投影及其水平投影被 C 圆遮挡的部分不可见，应为虚线。

第4章 组 合 体

由基本几何体(如棱柱、棱锥、圆柱、圆锥、圆球、圆环等)通过叠加和切割方式组合而成的立体,称为组合体。

组合体画图、读图及尺寸标注的基本方法是基于对组合体的构形分析。

4.1 组合体的构形分析

任何机器零件,都可以看作是组合体。例如轴承座(图 4-1),可以看作是由轴承(圆筒)、支承板、肋板和底板组合而成的。

图 4-1 轴承座

4.1.1 组合体的构成方式

组合体构成的方式分为两种基本类型:叠加类和切割类,如图 4-2 所示。图 4-2(a)所示组合体由一个长方体、圆柱体和两个三棱柱叠加而成。图 4-2(b)所示组合体由长方体先挖去一个大的半圆柱,再挖去一个小的半圆柱,最后切去一个矩形小角而成。图 4-2(c)所示为较复杂的组合体,这类组合体的组合方式往往是叠加和切割两种基本形式的综合。

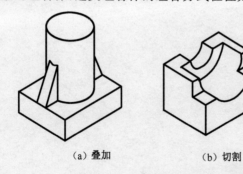

(a) 叠加   (b) 切割   (b) 综合

图 4-2 组合体的构成方式

4.1.2 形体间的表面连接关系

根据组成组合体各形体之间的相对位置不同,其表面连接形式可归纳为相接不平齐、相接平齐、相切和相交等四种情况,见表4-1。

表4-1 组合体各形体结合处的画法

组合方式		直 观 图	正 确 画 法	错 误 画 法
相接	表面平齐	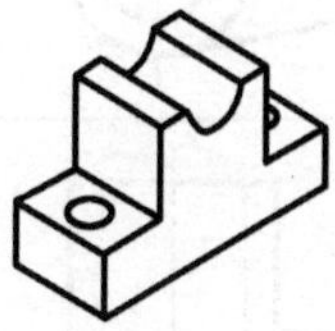	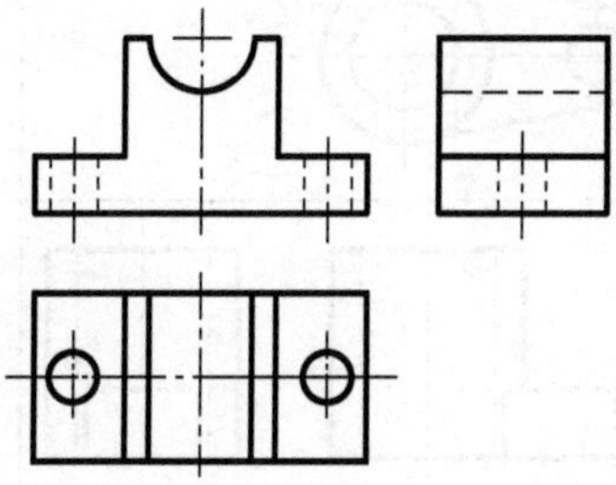	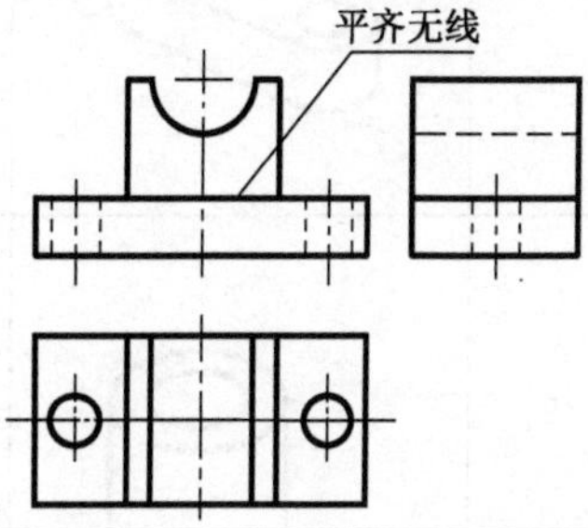
	表面不平齐	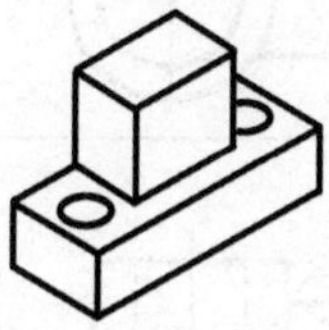 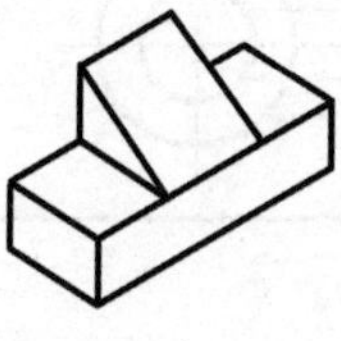	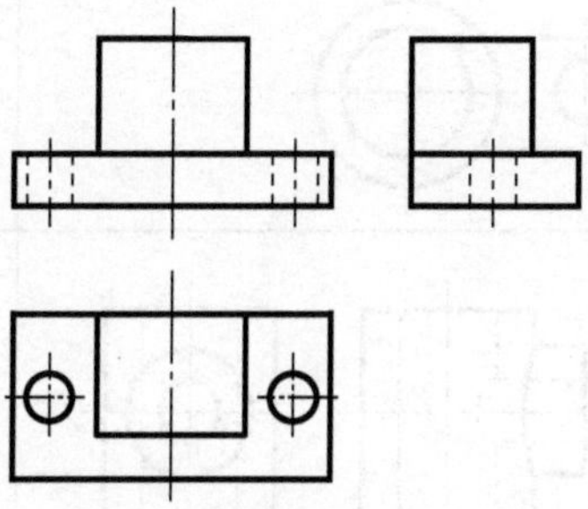 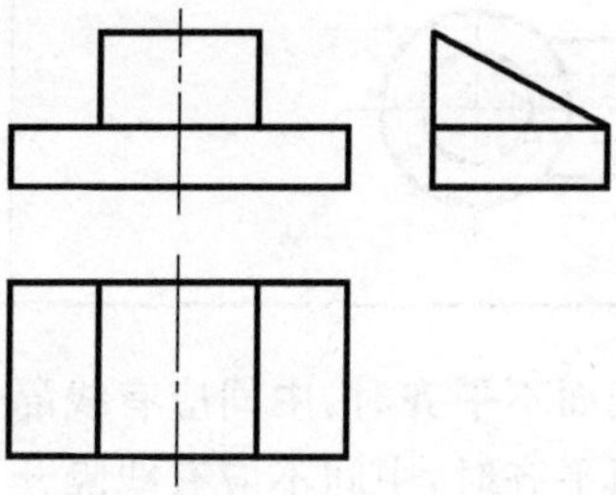	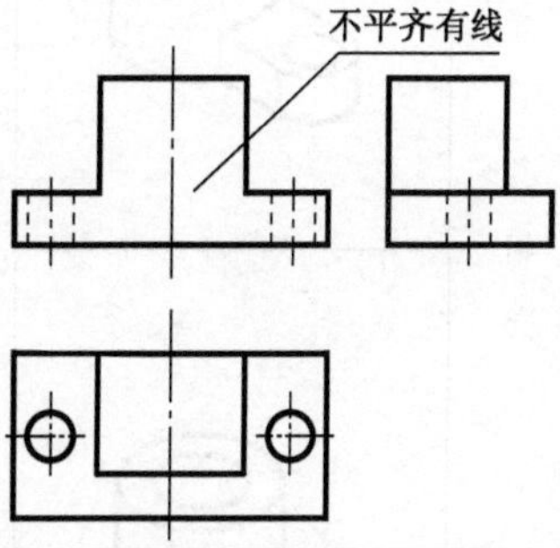 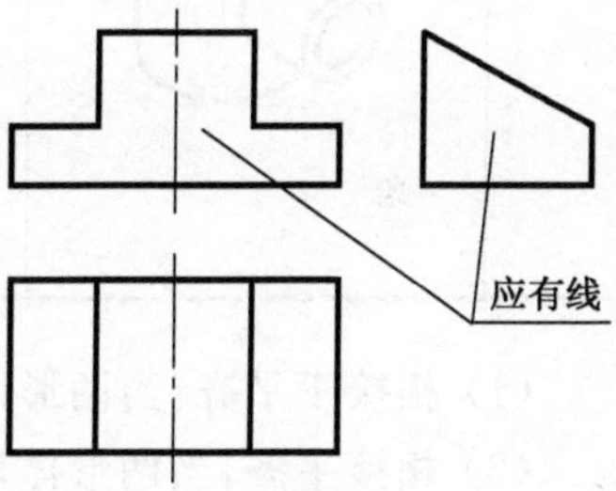
相切		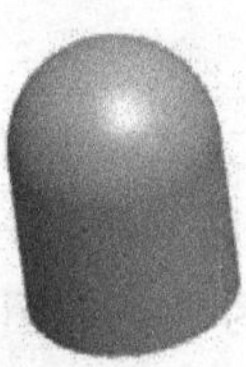	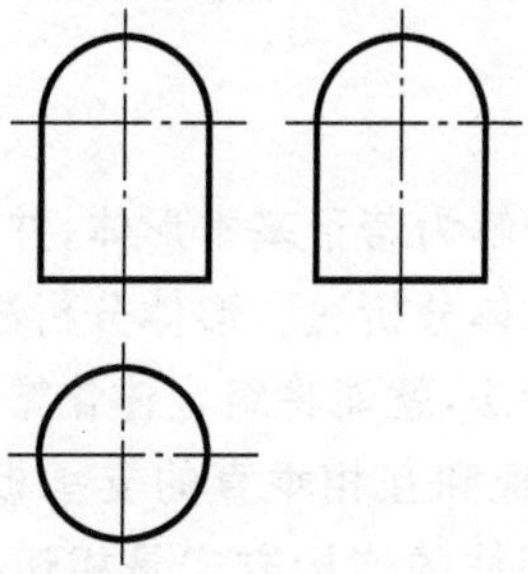	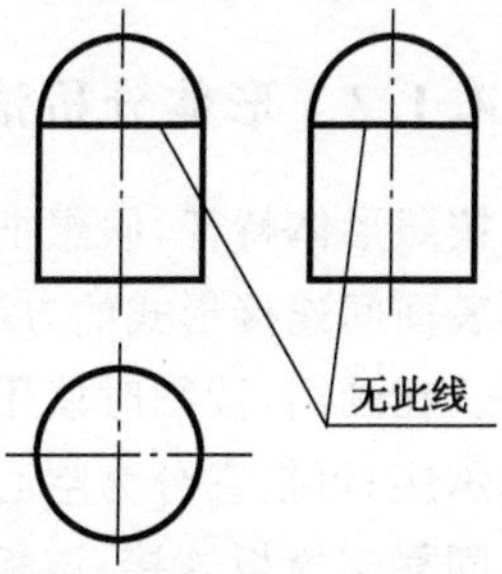

81

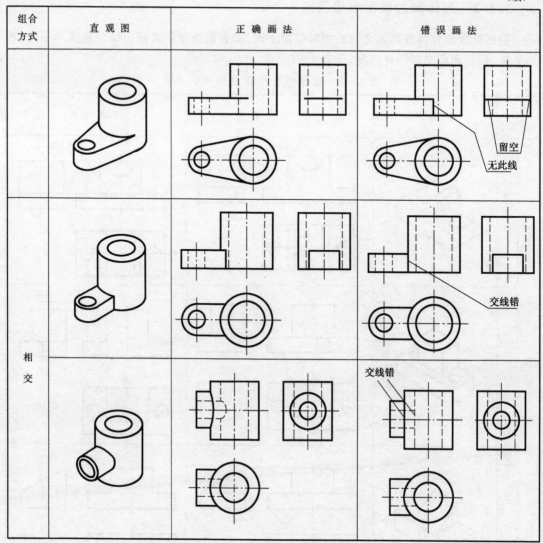

组合方式	直观图	正确画法	错误画法
相交			

（1）相接不平齐：当两形体表面不平齐时，中间应有线隔开。

（2）相接平齐：当两形体表面平齐时，中间不应有线隔开。

（3）相切：当两形体表面相切时，画出切点，在相切处不应画切线。

（4）相交（相贯）：当两形体表面相交时，在相交处应画出表面交线。

4.1.3 形体分析法

按照形体特征，假想把组合体分解为若干基本形体，并分析其构成方式和相对位置以及相邻表面间连接形式的方法，称为形体分析法。形体分析法是画图、读图和标注尺寸的基本方法。在画图、读图时使用形体分析法，就能将组合体化繁为简、化难为易。如图4-1所示的轴承座，可把它分为空心圆柱、底板和互相垂直的支承板肋板等4个部分，空心圆柱与底板之间靠支撑板连接，该板与空心圆柱的连接方式是相切，肋板和底板是相接，与空心圆柱是相交等。

4.1.4 线面分析法

对于较复杂的组合体,特别是切割后的平面立体,在运用形体分析法的基础上,对局部不易看懂的结构,要按照线面的投影规律来逐个分析表面形状、交线等,这种运用线面的投影性质,分析、确定局部结构的方法,即为线面分析法。如图 4-3 所示的平面立体,被正垂面 Q 和铅垂面 P 切割后,产生一般位置交线 AB,这条交线的投影,需用线面分析法求得。

形体分析法和线面分析法是相辅相成、缺一不可的。在组合体的画图、读图过程中,以形体分析法为主,线面分析法为辅,综合运用才能有效地进行组合体的画图和读图。

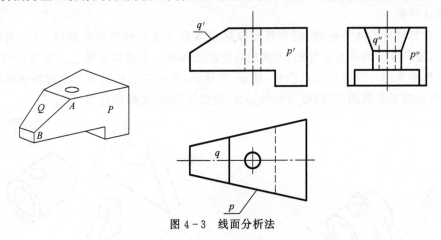

图 4-3 线面分析法

4.2 组合体三视图的画法

画组合体三视图的基本方法是形体分析法。通过构形分析,确定各形体之间的相对位置关系及表面连接关系,逐个画出各形体的投影。

4.2.1 组合体三视图的画图步骤

画组合体三视图的方法和步骤:

(1)构形分析:如前所述,运用形体分析法及线面分析法对组合体进行构形分析。

(2)确定主视图:组合体应自然安放或使尽可能多的面在投影体系中处于特殊位置;选择较多地反映组合体形状特征的方向为主视图投影方向。

(3)选比例、定图幅、画图形定位线:尽量选用 1:1 的比例绘图。常选用形体的对称面、圆的中心线,回转体的轴线或较大的平面作图形定位线。

(4)逐个画出形体的三视图:要先画主要形体的三视图。画形体的顺序为:先画实形体、后画空形体,先画大形体、后画小形体,先画轮廓、后画细节,3 个视图联系起来画。

(5)检查、描深、确认:底稿画完后,按形体逐个检查、纠正和补充遗漏。按标准图线描深,对称图形、半圆或大于半圆的圆弧要画出对称中心线,回转体一定要画出轴线,对称中心线和轴线用细点画线画出。有时,几种图线有可能重合,一般按粗实线、细虚线、细点画线和细实线的顺序取舍。由于细点画线要超出图形轮廓 2mm～5mm,故当它与其他图线重合时,在图线外的那段不可忽略。描深后,要再一次检查确认。

4.2.2 组合体三视图画图举例

画组合体三视图时,首先要进行形体分析,在形体分析的基础上选择主视图的投影方向。画图时,先画出可以直接确定的主要形体和位置;然后画出其他形体的形状和位置,并确定各个基本形体之间的相对位置及表面连接关系,正确画出它们的投影;最后检查描深,完成组合体的三视图。下面通过实例说明画组合体三视图的方法和步骤。

【例4-1】 如图4-4所示的轴承座,试画出其三视图。

1)形体分析

对组合体进行形体分析时,应弄清楚该组合体是由哪些基本体组成的,它们的组合方式、相对位置和连接关系是怎样的,对该组合体的结构有一个整体的概念。如图4-5所示,按形体分析轴承座可以看作是由凸台、轴承、支撑板、肋板和底板组成。凸台与轴承垂直相交,轴承与支撑板两侧相切,肋板与轴承相交,底板与肋板、支撑板叠加。

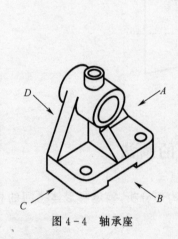

图4-4 轴承座

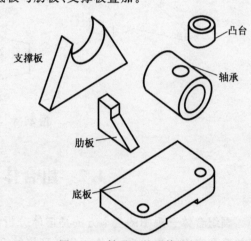

图4-5 轴承座的形体分析

2)选择主视图

选择主视图时,首先考虑形体的安放位置,一般尽量使形体的主要平面与投影面平行,或按自然位置安放,然后选择适当的投射方向作为主视图方向。主视图应能最多地反映形体的形状特征,同时使其他视图的可见轮廓线越多越好。因此,一般要通过几种方案的比较,才能确定出最佳的方案。图4-6为图4-4所示的 A、B、C、D4 个方向的投影,现在通过比较选择主视图。

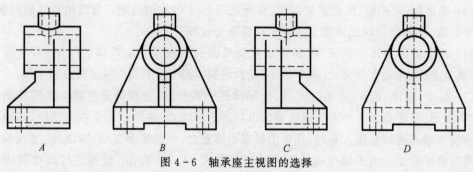

图4-6 轴承座主视图的选择

表 4-2 轴承座三视图的绘制过程

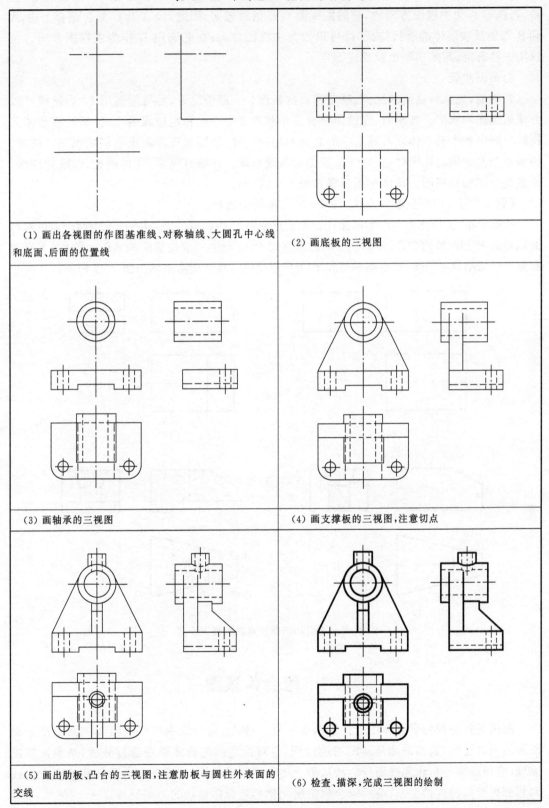

（1）画出各视图的作图基准线、对称轴线、大圆孔中心线和底面、后面的位置线	（2）画底板的三视图
（3）画轴承的三视图	（4）画支撑板的三视图，注意切点
（5）画出肋板、凸台的三视图，注意肋板与圆柱外表面的交线	（6）检查、描深，完成三视图的绘制

如果将 D 作为主视图方向,虚线较多,显然没有 B 清楚;C 与 A 的视图都比较清楚,但是,当选 C 作为主视图方向时,它的左视图 D 的虚线较多,因此,选 A 比 C 好。综合上述,A 和 B 都能反映形体的形状特征,都可以作为主视图方向,在此选用 B 作为主视图方向。主视图一经选定,其他视图也就相应确定了。

3)画图步骤

画图前,先选择适当的比例,确定图纸的幅面。一般情况下,尽可能选用1:1,这样可以方便地画图和看图。画图时,先画出各视图中的主要中心线和定位线的位置;然后按形体分析法分解出各个基本体以及确定它们之间的相对位置,用细线逐步画出它们的视图。注意,当画单个基本体的视图时,最好3个视图联系起来画。底稿打完后,认真检查、修改并描深,完成组合体的三视图。具体作图步骤如表4-2所列。

【例4-2】 切割型平面立体(图4-3)三视图的画法。

构形分析:该形体的原形为四棱柱。先被正垂面 Q 切割掉一个三棱柱,又被两个前后对称的铅垂面 P 切割掉两个角,不同投影面的垂直面 P、Q 产生一般位置交线 AB。最后被水平面和侧平面切割掉左下角,其中侧平面和 P 又产生交线。具体画图步骤如图4-7所示。

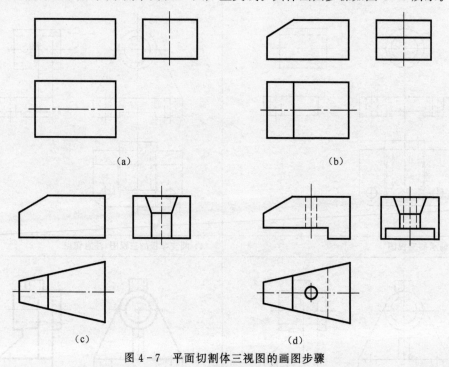

图4-7 平面切割体三视图的画图步骤

4.3　组合体读图

画图是把空间的组合体用正投影法表示在平面上,是一个由三维空间立体到二维平面图形的表达过程;而读图则是画图的逆过程,是对给定的组合体视图进行分析,按照正投影原理,应用形体分析法和线面分析法从图上逐个识别出形体,进而确定各形体间的组合形式和相邻表面间的连接关系,最后综合想象出完整的组合体形状的思维过程。

4.3.1 读图的基本方法

形体分析法和线面分析法是读图的两种基本方法。通常读图多以形体分析法为主,辅以线面分析法。

4.3.2 读图要点

1. 从主视图入手,几个视图联系起来看

由于主视图较多地反映组合体的基本形状特征以及各形体之间的相对位置关系,因此,读图时,一般从主视图入手。而通常单一视图不能反映物体的真实形状,因此,只有对照其他的视图,几个视图联系起来看,才能确定物体的真实形状和形体间的相对位置,如图 4-8 所示。

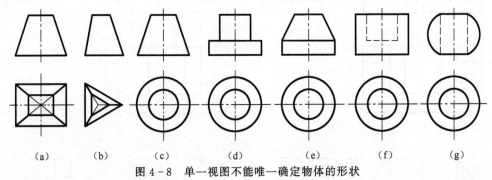

(a)　　(b)　　(c)　　(d)　　(e)　　(f)　　(g)

图 4-8　单一视图不能唯一确定物体的形状

有时两个视图也不能唯一确定物体的形状,如图 4-9 所示的视图,它们的主、俯视图均相同,却表示了不同形状的物体。

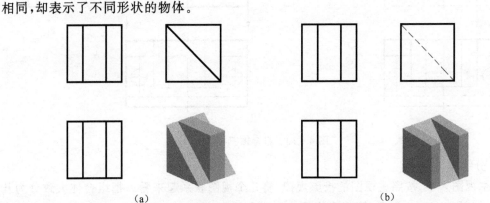

(a)　　　　　　　　　　(b)

图 4-9　有时两个视图也不能确定物体的形状

由此可见,看图时不能只看某一个视图,而应以主视图为主,运用正确的读图方法对照其他几个视图进行分析、判断,才能想象出这组视图所表示的物体形状。

2. 弄清视图中图线和线框的含义

视图是由图线构成的,图线又组成了一个个封闭的线框。视图中每一条线和线框都有它的具体含义。

视图中图线的含义:①具有积聚性的面的投影;②交线的投影;③转向线的投影。

视图中线框的含义:①一个封闭的线框是一个面的投影;②相邻两个封闭的线框是位置

不同的两个面的投影。

3. 熟悉基本体及常见结构的投影

画图是读图的基础,只有通过画图,熟悉基本体及常见结构的投影,才能快速地由平面视图想象出空间立体。

4. 对照视图反复修改想象中的组合体

读图的过程是不断地对照视图修改想象中组合体的思维过程。只有通过从平面图形到空间立体的反复对照、修改,才能逐渐培养空间想象能力与分析能力,从而提高读图能力。

下面以图4-10为例,说明用形体分析法读图的方法和步骤。

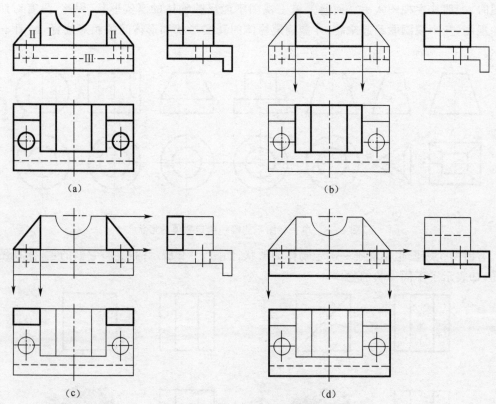

图4-10 组合体三视图

1) 分线框,对投影

从主视图入手,按照三视图的投影规律,将几个视图联系起来看。把组合体大致分为几个部分,如图4-10(a)所示,该组合体可分为3个部分。

2) 识形体,定位置

根据每一部分的视图想象出形体,并确定它们的相互位置,如图4-10(b)、(c)、(d)所示。例如,部分Ⅰ为四棱柱上面挖去一个半圆柱;部分Ⅱ为形体相同的两个三棱柱;部分Ⅲ为四棱柱下面挖去一小棱柱,如图4-11(a)所示。各部分相对位置关系如下:如以部分Ⅲ为基础,部分Ⅰ位于部分Ⅲ长度方向的中部,与部分Ⅲ的后表面靠齐;部分Ⅱ位于部分Ⅰ的两侧,与部分Ⅲ的后表面靠齐。

3) 综合起来想整体

根据各部分的形体分析及其相对位置关系的确定,由此想象出该组合体的空间形状,如

图 4-11(b)所示。

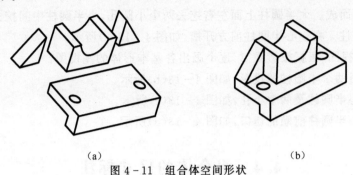

（a）   （b）

图 4-11　组合体空间形状

4.3.3　读图举例

【例 4-3】 补全三视图中所缺漏的图线（图 4-12(a)）。

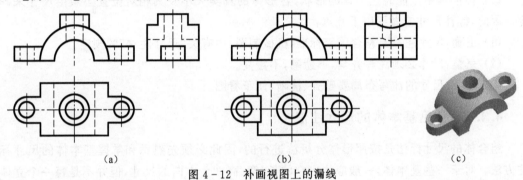

（a）   （b）   （c）

图 4-12　补画视图上的漏线

（1）构形分析：由图 4-12(a)可以看出，该物体由 4 部分组成，中间主体部分是轴线正垂的半个空心圆柱，上部有一铅垂小圆柱，中心钻通孔。主体空心圆柱两旁各有一个半圆形耳板，初步想象出它的空间形状如图 4-12(c)所示。

（2）作图过程：按想象的物体形状，分析三视图，可知主要是漏画了截交线、相贯线等。补画出这些交线，如图 4-12(b)所示。

【例 4-4】 已知物体的主、俯视图，补画其左视图（图 4-13(a)）。

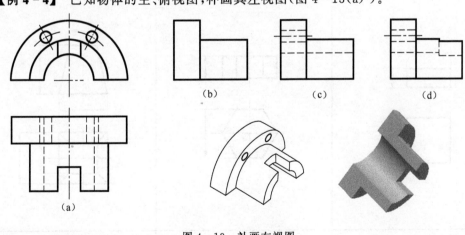

（b）   （c）   （d）

（a）

图 4-13　补画左视图

89

(1) 构形分析:俯视图两实线框,分别对应主视图的大、小两个半圆,可知该物体由大、小两个圆柱叠加而成。大半圆柱上面左右挖去两个小圆孔,小半圆柱中间挖去一个圆柱孔,是一个空心半圆柱。在空心半圆柱前方开槽,如图 4-13(e)所示。

(2) 补画左视图:根据投影规律,逐个画出各基本形体的左视图:

① 画出前后两个半圆柱的投影,如图 4-13(b)所示。

② 画出空心半圆柱及两个小孔,如图 4-13(c)所示。

③ 画出空心半圆柱前端的切口,如图 4-13(d)所示。

4.4 组合体的尺寸标注

4.4.1 标注尺寸的基本要求

组合体的视图只能表达形体的形状,各形体的真实大小及其相对位置必须由尺寸来确定。因此,标注尺寸应做到以下几点:

(1) 正确:尺寸注写要符合国家标准《机械制图》中有关"尺寸注法"的规定。

(2) 完整:尺寸必须注写齐全,不遗漏,不重复。

(3) 清晰:尺寸的注写布局要整齐、清晰,便于看图。

4.4.2 常见基本体的尺寸注法

组合体的尺寸标注是按照形体分析法进行的,因此必须先熟悉和掌握基本体的尺寸标注方法。对于一些基本体,一般应注出它的长、宽、高 3 个方向的尺寸,但并不是每一个立体都需要在形式上注全这 3 个方向的尺寸。例如标注圆柱、圆锥的尺寸时,在其视图上注出直径方向(简称径向)尺寸"ϕ"后,不仅可以减少一个方向的尺寸,而且还可以省略一个视图,因为尺寸"ϕ"具有双向尺寸功能。从表 4-3 中,可以了解标注基本体尺寸的一般规律和方法。

表 4-3 常见基本体的尺寸注法

正 四 棱 柱	正 六 棱 柱	正 四 棱 台
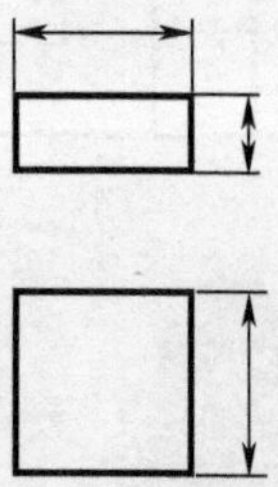	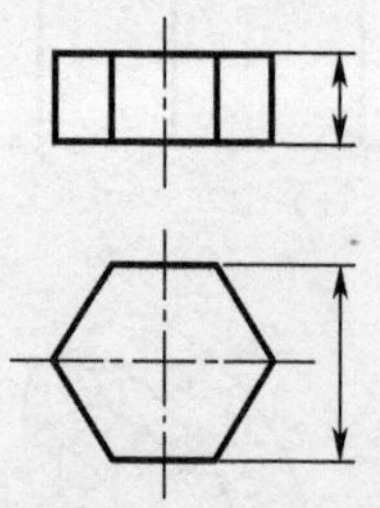	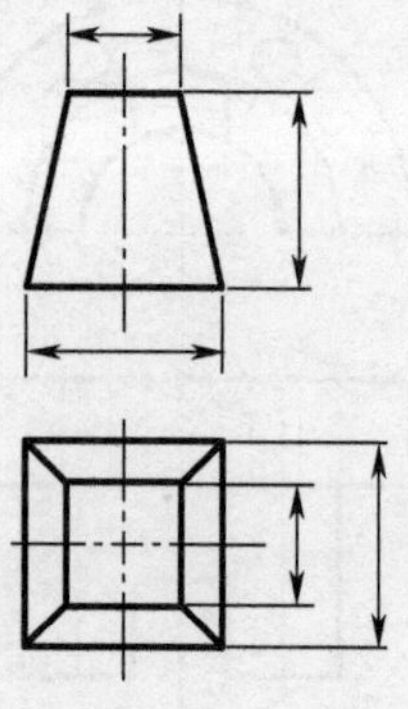
标注长、宽、高 3 个尺寸	标注对边距离及高度尺寸	标注上下底面的长、宽及高度尺寸

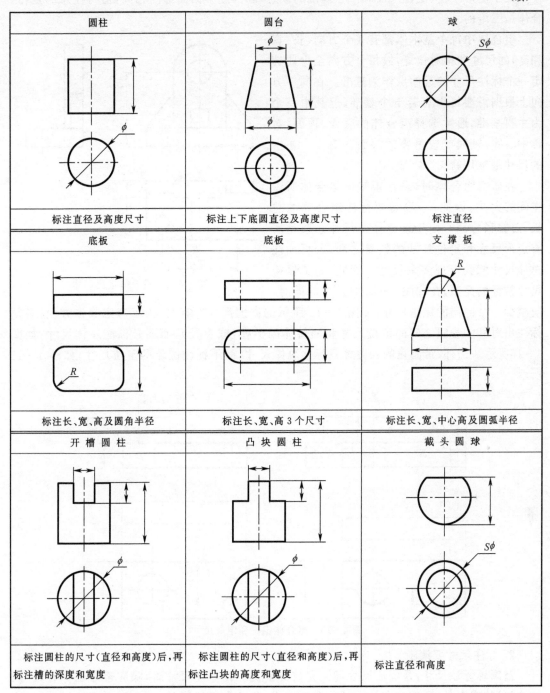

圆柱	圆台	球
标注直径及高度尺寸	标注上下底圆直径及高度尺寸	标注直径
底板	底板	支撑板
标注长、宽、高及圆角半径	标注长、宽、高 3 个尺寸	标注长、宽、中心高及圆弧半径
开槽圆柱	凸块圆柱	截头圆球
标注圆柱的尺寸(直径和高度)后,再标注槽的深度和宽度	标注圆柱的尺寸(直径和高度)后,再标注凸块的高度和宽度	标注直径和高度

4.4.3 组合体的尺寸标注

1. 尺寸标注要完整

标注尺寸要完整,就必须应用形体分析法,把组合体分解为若干基本形体,逐个注全各基本形体的定形尺寸、定位尺寸并恰当地处理组合体的总体尺寸。

关于定形尺寸、定位尺寸和尺寸基准的概念，和前述平面图形的相同，值得注意的是，组合体是三维的。

组合体中每个基本体都有3个方向（长、宽和高）的尺寸和相对位置，故每个方向至少要选定一个标注尺寸的起始点作为基准。在同一方向上根据需要可以有若干个基准，但其中一个为主要基准，通常选择组合体的底面、顶面、对称中心线、轴线或较重要的端面。图4-14中的尺寸基准用箭头"⬇"表示。

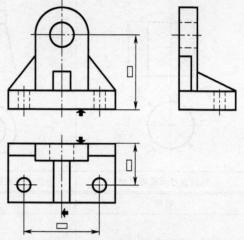

图4-14 组合体定位尺寸

在研究组合体时，总希望知道组合体所占空间的大小，因此，一般需要标注组合体的总长、总宽和总高。由于组合体的尺寸总数是所有定形尺寸和定位尺寸的数量之和，若再加注总体尺寸就会出现多余尺寸。因此，为了保持尺寸数量的完整，在加注一个总体尺寸的同时，

应减少一个同向的定形尺寸，如图4-15所示的高度尺寸。有时，为了考虑制作方便，必须标注出对称中心线之间的定位尺寸和回转体的半径（或直径），而不必标注总体尺寸，如图4-16所示。另外，带圆角的长方体只标注总体尺寸，而不标注圆弧的定位尺寸，如图4-17所示。

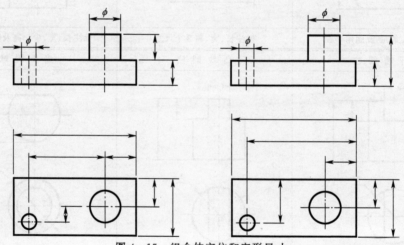

图4-15 组合体定位和定形尺寸

2. 标注尺寸要清晰

清晰地标注尺寸，是保证尺寸标注完整的前提。在标注尺寸时，除应遵守国标有关"尺寸注法"的规定外，还应注意尺寸的配置要清楚、整齐和便于阅读。为此，在标注尺寸时，应注意以下几点（图4-18）：

（1）尺寸尽量标注在形体明显的视图上。如直径尺寸尽量注在投影为非圆的视图上，而圆弧的半径应注在投影为圆弧的视图上。如轴承座空心圆柱内、外壁的直径 $\phi26$、$\phi40$，凸台的内、外壁的直径 $\phi14$、$\phi26$，底板上的圆角 $R16$，支承板和肋板的厚度 12 等。

（2）两视图的共同尺寸尽量注在两视图之间，并注在视图的外部。为便于按投影规律

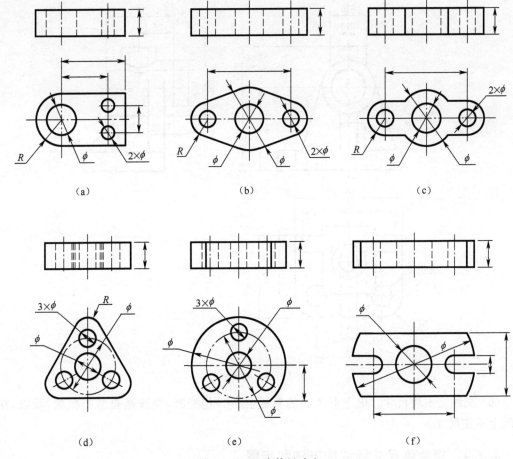

（a）　　　　　　　　（b）　　　　　　　　（c）

（d）　　　　　　　　（e）　　　　　　　　（f）

图 4-16　组合体尺寸之一

读图,长度方向尺寸注在主、俯视图之间,宽度方向尺寸注在俯、左视图之间,高度方向尺寸注在主、左视图之间。图 4-18 的大部分尺寸都注在视图之外。但是,为了避免尺寸界线过长或与其他图线相交,也可注在视图内部,如肋板的定形尺寸 26、12 和 20 等。

（3）同一基本体的尺寸尽量集中标注。如轴承座空心圆柱的定形尺寸 $\phi26$、$\phi40$,集中注在左视图上,底板的定形尺寸 80、60 和 $2\times\phi15$、$R16$ 和圆孔的定位尺寸 48、44 等,都集中注在俯视图上,这样便于在看图时查找尺寸。

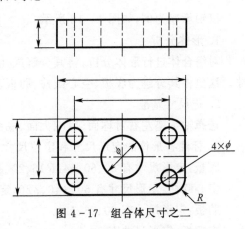

图 4-17　组合体尺寸之二

（4）尺寸尽量不注在细虚线上。如底板上两小圆孔的尺寸 $\phi15$ 注在俯视图上,但是凸台的小圆孔 $\phi14$ 如果注在俯视图上,则因图线太多,地方太窄,不如注在主视图的细虚线上清晰;左视图的尺寸 $\phi26$,为了看图方便而将轴承尺寸集中在一起标注,因而注在细虚线上。

（5）标注同一方向的尺寸时,应该小尺寸在内,大尺寸在外,以免尺寸线和尺寸界线相交,如主视图上的尺寸 14、60、90 等。

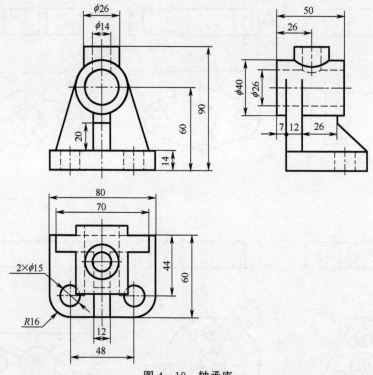

图 4-18　轴承座

（6）交线上不注尺寸。由于形体间的叠加（挖切）相交时，交线是自然产生的，所以，在交线上不注尺寸。

4.4.4　组合体尺寸标注的方法和步骤

以轴承座为例，如图 4-18 所示。

1. 形体分析

对组合体进行形体分析，将其分解成几个简单形体，逐个形体标注其定形尺寸和定位尺寸。这里将其分解为底板、空心圆柱、肋板、支撑板和凸台 5 个形体。

2. 选尺寸基准

选择轴承座左右对称面、后端大面、底面分别为长、宽、高 3 个方向上的主要基准。

3. 标注各形体的定形尺寸和定位尺寸

底板：定形尺寸有 80、60、14、R16、2×φ15；定位尺寸有 44、48。

空心圆柱：定形尺寸有 50、φ40、φ26；定位尺寸有 7、60。

肋板：定形尺寸有 20、26、12 。

支撑板：定形尺寸有 70、12

凸台：定形尺寸有 φ14、φ26；定位尺寸有 26。

注意：相同的孔在必要时可注明数量，如 2×φ15；但相同的圆角如 R16 一般不注明数量。

4. 标注总体尺寸

总长尺寸 80，总宽尺寸 60，总高尺寸 90。

4.5 组合体的构形设计

4.5.1 构形设计原则

1. 以基本体为主

几何体构形设计的目的,主要是通过基本体构成组合体方法的训练,提高空间思维能力。所设计的组合体应尽可能地体现工程产品或零部件的结构形状和功能,以培养观察、分析和综合能力,但又不强调必须工程化。所设计的组合体可以是凭自己想象的,以有利于开拓思维路径,培养创造力和想象力为目的。如图4-19所示的组合体,其中图(a)基本上表现了一部卡车的车体形状,图(b)为一个简易飞机模型,图(c)是由圆柱、圆环和圆锥组成的组合体。

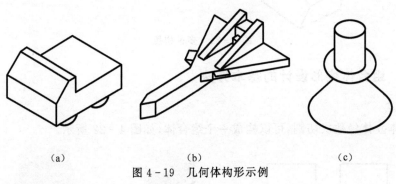

(a)   (b)   (c)

图4-19 几何体构形示例

2. 构成实体和便于成形

组合体的各组成部分应牢固连接,任两个形体组合时,不能出现点接触、线接触和面连接,如图4-20所示。

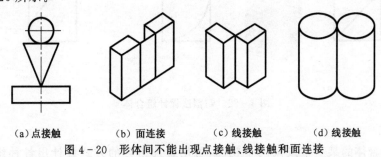

(a)点接触   (b)面连接   (c)线接触   (d)线接触

图4-20 形体间不能出现点接触、线接触和面连接

为便于绘图、标注尺寸和制作,一般采用平面或回转曲面造型,没有特殊需要不用其他曲面。此外,封闭的内腔不便于成形,一般也不采用。

3. 多样化、变异性、新颖性

构成一个组合体所使用的基本体种类、组合方式和相对位置应尽可能多样化,并力求构想出打破常规、与众不同的新颖方案。如图4-21所示,由给定的一个视图可设计出多种组合体。

4. 体现稳定、平衡等造型艺术法则

均衡和对称形体的组合体给人稳定和平衡感。

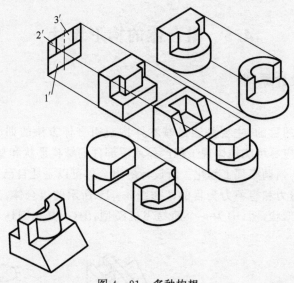

图 4-21　多种构想

4.5.2　组合体构形设计的基本方法

1. 切割法

一个基本立体经数次切割，可以构成一个组合体，如图 4-22 所示。

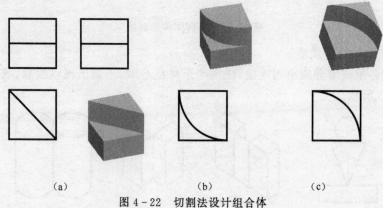

(a)　　　　　　　　　(b)　　　　　　　　　(c)

图 4-22　切割法设计组合体

2. 叠加法

如给定组合体的某一个或某两个视图，可用叠加组合的方式设计出各种组合体，如图 4-23所示。

4.5.3　组合体构形设计举例

【例 4-5】　根据图 4-24(a)所示的主视图、俯视图，试构思各种组合体，并补画左视图。

1. 视图分析

主视图的线框 $1'$、$2'$、$3'$ 与俯视图无类似形线框对应，必对应横向线 a、b、c，即 3 个封闭形线框均表示正平面。由于物体有厚度，因此，线框 $1'$、$2'$、$3'$ 可视为 3 部分的形体Ⅰ、Ⅱ、Ⅲ。但 3 个线框不能靠主、俯"长对正"的投影关系直接在俯视图中找到对应位置，分不清各基本

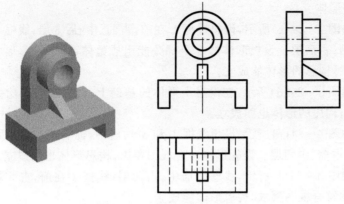

图 4-23 叠加法设计组合体

形体之间的相对位置。

　　鉴于视图表达的形体比较有规则,是柱状类的凸凹形体,宜采用形体设想归谬法进行空间思维,使构思的形体不违背给定的已知条件。

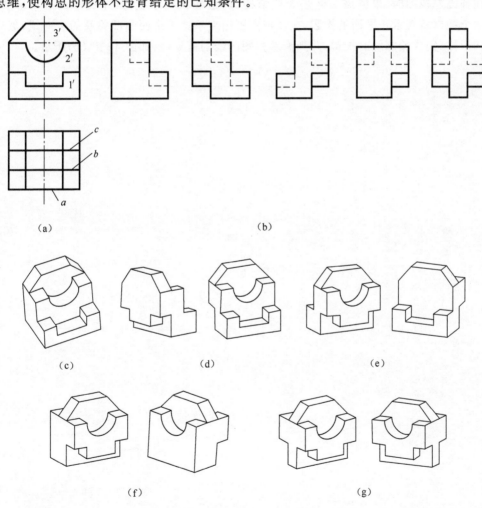

（a）　　　　　　　　　　　（b）

（c）　　　　　　（d）　　　　　　（e）

（f）　　　　　　　　　（g）

图 4-24　构思五种组合体

2. 构思多种形体

【设想Ⅰ】如图 4-24(c)所示，设想线框 1′在前，占前、中、后 3 层；线框 2′居中，占中、后两层；线框 3′在后，占后层。设想形体的 3 个部分能组成整体，物体轮廓形状的投影也符合主、俯视图的要求，构思的形体能成立。

【设想Ⅱ】如图 4-24(d)所示，在设想Ⅰ形体的基础上，设想在后层挖去与线框 1′所示形状相同的形体，构思的形体也能成立。

【设想Ⅲ】如图 4-24(e)所示，设想线框 1′和 3′均居中，前者占中、后两层，后者只占中层，线框 2′在前，占前、中两层。设想形体符合视图要求，构思形体也能成立。

【设想Ⅳ】如图 4-24(f)所示，线框 1′居中，占两层；线框 2′在前，占 3 层；线框 3′居中，占中层，设想形体符合视图要求，构思形体能成立。

【设想Ⅴ】如图 4-24(g)所示，在设想Ⅳ的形体基础上，设想在后层挖去与线框 1′所示形状相同的形体，构想形体也能成立。

3. 求作左视图

在补画左视图时，根据该形体是 3 层结构，均是柱状类形状，其左视图都是矩形线框。先画 3 个线框所表示正平面的投影，在左视图画出表示这 3 个面凸凹关系的竖向线，然后根据凸凹形体，完成轮廓线的投影，并判断左视图图线的可见性，如图 4-24(b)所示。

第5章 轴 测 图

在工程上应用正投影法绘制的多面正投影图,可以完全确定物体的形状和大小,且作图简便,度量性好,一张这种图样可制造出所表示的物体。但它缺乏立体感,直观性较差,要想象物体的形状,需要运用正投影原理把几个视图联系起来看,对缺乏读图知识的人难以看懂。

轴测图是一种单面投影图,在一个投影面上能同时反映出物体3个表面的形状,并接近于人们的视觉习惯,形象、逼真,富有立体感。但是轴测图一般不能反映出物体各表面的实形,因而度量性差,同时作图较复杂。因此,在工程上常把轴测图作为辅助图样,来说明机器的结构、安装、使用等情况,在设计中,用轴测图帮助构思、想象物体的形状,以弥补正投影图的不足。

多面正投影图与轴测图的比较如图5-1所示。

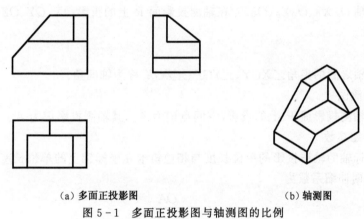

（a）多面正投影图　　　　　　　　　　（b）轴测图

图 5-1　多面正投影图与轴测图的比例

5.1　轴测图的基本知识

5.1.1　轴测图的形成

轴测图是把空间物体和确定其空间位置的直角坐标系按平行投影法沿不平行于任何坐标面的方向投射到单一投影面上所得的图形。如图5-2所示。

当投射方向 S 垂直于投影面时,形成正轴测图,如图5-2(a)所示;当投射方向 S 倾斜于投影面时,形成斜轴测图,如图5-2(b)所示。

5.1.2　轴测图的基本术语

1. 轴测投影面

被选定的单一投影面称为轴测投影面,用大写拉丁字母表示,如图5-2所示的 P 面。

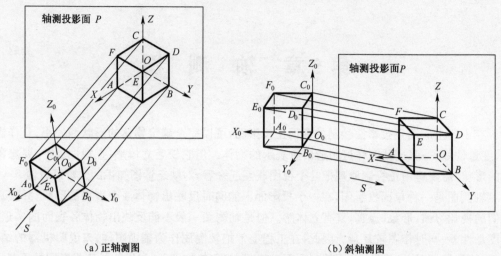

(a)正轴测图   (b)斜轴测图

图 5-2　轴测图的形成

2. 轴测轴

空间坐标轴 O_0X_0、O_0Y_0、O_0Z_0 在轴测投影面 P 上的投影 OX、OY、OZ 称为轴测投影轴,简称轴测轴。

3. 轴间角

两个轴测轴之间的夹角 $\angle XOY$、$\angle YOZ$、$\angle ZOX$ 称为轴间角。

4. 点的轴测图

空间点在轴测投影面 P 上的投影,空间点记为 A_0,其轴测投影记为 A。

5. 轴向伸缩系数

笛卡儿坐标轴的轴测投影的单位长度与相应笛卡儿坐标轴上的单位长度的比值:

X 轴的轴向伸缩系数为

$$p_1 = \frac{OA}{O_0A_0}$$

Y 轴的轴向伸缩系数为

$$q_1 = \frac{OB}{O_0B_0}$$

Z 轴的轴向伸缩系数为

$$r_1 = \frac{OC}{O_0C_0}$$

轴间角和轴向伸缩系数是绘制轴测图的重要依据。

5.1.3　轴测图的特性和基本作图方法

1. 轴测图的特性

由于轴测图是用平行投影法形成的,所以在原物体和轴测图之间必然保持如下关系:

(1)若空间两直线相互平行,则在轴测图上仍互相平行。如图 5-2 中,若 A_0F_0 // B_0D_0,则 AF // BD。

(2)凡是与坐标轴平行的线段,在轴测图上必平行于相应的轴测轴,且其伸缩系数与相应的轴向伸缩系数相同。

如图 5-2 所示，$DE = p_1 \cdot D_0E_0$，$EF = q_1 \cdot E_0F_0$，$BD = r_1 \cdot B_0D_0$。

凡是与坐标轴平行的线段，都可以沿轴向进行作图和测量，"轴测"一词就是"沿轴测量"的意思。而空间不平行于坐标轴的线段在轴测图上的长度不具备上述特性。

2. 轴测图的基本作图方法

如图 5-3(a)所示，已知点 A_0 的两面投影，轴测轴和轴向伸缩系数，求作点 A_0 的轴测投影，作图方法如图 5-3(b)所示。

(1) 沿轴测轴 OX 截取 $Oa_x = x \cdot p_1$，得点 a_x。

(2) 过点 a_x 作平行于 OY 的直线，并在该直线上截取线段 $a_xa_1 = y \cdot q_1$，得点 a_1。

(3) 过点 a_1 作平行于 OZ 轴的直线，并在该直线上截取线段 $a_1A = z \cdot r_1$，得 A 点，A 即为点 A_0 的轴测投影。

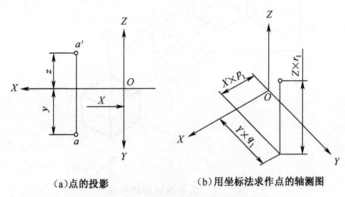

（a）点的投影　　　（b）用坐标法求点的轴测图

图 5-3　点的轴测投影的基本作图方法

上述根据点的坐标，沿轴测轴方向确定点的轴测投影的作图方法，称为坐标法。坐标法是作轴测图的基本方法，掌握点的轴测投影的画法，即可作直线、平面、立体的轴测投影。

5.1.4　轴测图的分类

1. 按投射方向分

按投射方向对轴测投影面相对位置的不同，轴测图可分为两大类：

(1) 正轴测图：投射方向垂直于轴测投影面时，得到正轴测图，如图 5-2(a)所示。

(2) 斜轴测图：投射方向倾斜于轴测投影面时，得到斜轴测图，如图 5-2(b)所示。

2. 按轴向伸缩系数的不同分

在上述两类轴测图中，按轴向伸缩系数的不同，每类又可分为以下 3 种。

(1) 正（或斜）等轴测图（简称正等侧或斜等侧）：$p_1 = q_1 = r_1$。

(2) 正（或斜）二（等）轴测图（简称正二侧或斜二侧）：$p_1 = r_1 \neq q_1$，$p_1 = q_1 \neq r_1$，$r_1 = q_1 \neq p_1$。

(3) 正（或斜）三轴测图（简称正三侧或斜三侧）：$p_1 \neq q_1 \neq r_1$。

GB/T 14692—1993 中规定，一般采用正等侧、正二测、斜二测三种轴测图，工程上使用较多的是正等侧和斜二测，本章主要介绍这两种轴测图的画法。

101

5.2　正等轴测图

如图 5-4 所示，使空间坐标轴 O_0X_0、O_0Y_0、O_0Z_0 对轴测投影面 P 处于倾角都相等的位置。即各坐标对 P 面的倾角均为 35°16'，并以垂直于轴测投影面 P 的 S 方向为投射方向，这样所得到的正轴测图为正等轴测图。

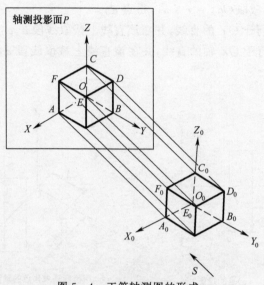

图 5-4　正等轴测图的形成

5.2.1　正等轴测图的轴间角和轴向伸缩系数

如图 5-5(a) 所示，在正等轴测图中，轴间角均为 120°，一般将轴测图 OZ 化成垂直方向，即 OX、OY 都和水平方向成 30°角，各轴向伸缩系数均为 $\cos35°16'\approx0.82$。

为了简便作图，将轴向伸缩系数简化为 1，即 $p=q=r=1$。采用简化轴向伸缩系数作图时，延各轴向的所有尺寸都可以用实长度量，作图比较方便，但画出的轴测图比原投影放大了 1.22 倍（$\frac{1}{0.82}=1.22$），如图 5-5(b) 所示。

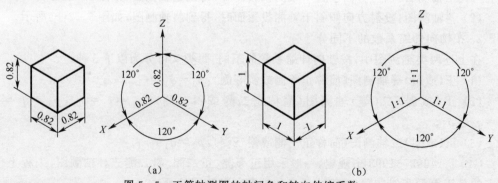

（a）　　　　　　　　　　　（b）

图 5-5　正等轴测图的轴间角和转向伸缩系数

102

5.2.2 平面立体正等轴测图的画法

作平面立体正等轴测图的最基本的方法是坐标法,对于复杂的物体,可以根据其形状特点,灵活运用叠加法、切割法等作图方法。

1. 坐标法

根据物体的特点,建立合适的坐标轴,然后按坐标法画出物体上各顶点的轴测投影,再由点连成物体的轴测图。

【例 5-1】 如图 5-6(a)所示,已知正六棱柱的两视图,画其正等轴测图。

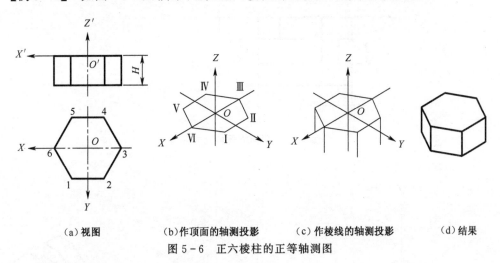

(a)视图 　　(b)作顶面的轴测投影 　　(c)作棱线的轴测投影 　　(d)结果

图 5-6 正六棱柱的正等轴测图

作图方法和步骤如下:

(1) 在视图上确定坐标原点和坐标轴,如图 5-6(a)所示。

(2) 作轴测轴,然后按坐标分别作出顶面各点的轴测投影,依次连接起来,即得顶点的轴测图 Ⅰ Ⅱ Ⅲ Ⅳ Ⅴ Ⅵ,如图 5-6(b)所示。

(3) 过顶面各点分别作 OZ 的平行线,并在其上向下量取高度 H,得各棱的轴测投影,如图 5-6(c)所示。

(4) 依次连接各棱端点,得底面的轴测面,擦去多余的作图线并加深,即完成了正六棱柱的正等轴测图,如图 5-6(d)所示。

2. 叠加法

对于叠加型物体,运用形体分析法将物体分成几个简单的形体,然后根据各形体之间的相对位置依次画出各部分的轴测图,即可得到该物体的轴测图。

【例 5-2】 根据图 5-7 所示平面立体的三视图,用叠加法画其正等轴测图。

将物体看作由 Ⅰ,Ⅱ 两部分叠加而成。作图步骤如图 5-8 所示。

(1) 画轴测轴,定原点位置,画出 Ⅰ 部分的正等测图,如图 5-8(a)所示。

(2) 在 Ⅰ 部分的正等轴测图的相应位置上画出 Ⅱ 部分的正等轴测图,如图 5-8(b)所示。

(3) 在 Ⅰ,Ⅱ 部分分别开槽,然后整理、加深即得这个物体的正等轴测图,如图 5-8(c)所示。

用折叠法绘制轴测图时,应首先进行形体分析,并注意各形体在折叠时的定位关心,保

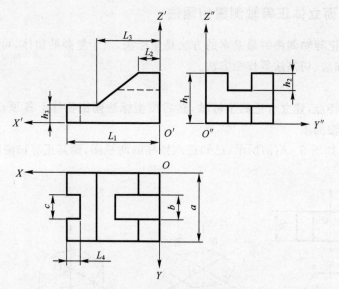

图 5-7　平面立体的三视图

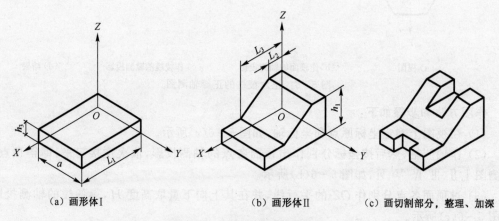

（a）画形体Ⅰ　　　　　　　　（b）画形体Ⅱ　　　　　（c）画切割部分，整理、加深

图 5-8　用叠加法画等轴测图

证形体之间的相对位置正确。

3. 切割法

对于切割型物体,首先将物体看成是一定形状的整体,并画出其轴测图,然后再按照物体的形成过程,逐一切割,相继画出被切割后的形状。图 5-7 所示的物体可以用切割法绘制其轴测图,作图步骤如图 5-9 所示。

(1) 在正投影图中确定坐标原点和轴坐标,此物体可视为由长方体切割而成,因此首先画出切割前长方体的正轴测图,如图 5-9(a)所示。

(2) 在长方体上截去左侧一角,如图 5-9(b)所示。

(3) 分别在左下侧,右上侧开槽,如图 5-9(c)所示。

(4) 擦去作图线,整理、加深即完成作图。

画轴测图时必须注意:由于与坐标不平行的线段,在轴测图上的伸缩系数与轴向伸缩系数不同,因此,画倾斜线时,不能直接量取线段长度,必须先根据端点的坐标画出各端点的

104

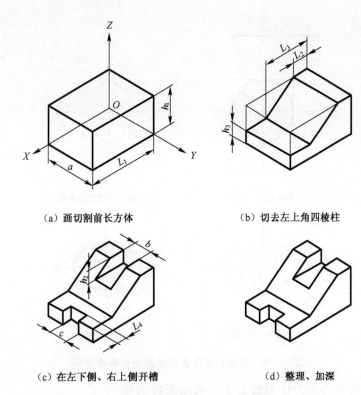

（a）画切割前长方体　　　　　　　　　　　（b）切去左上角四棱柱

（c）在左下侧、右上侧开槽　　　　　　　　　（d）整理、加深

图 5-9　用切割法画正等轴测图

轴测投影，然后用线段把它们依次连接起来。

5.2.3　平行于坐标面的圆的正等轴测图

坐标面或其平行面上的圆的正等轴测图是椭圆。三个坐标面上直径相等的圆的正等轴测图是大小相等、形状相同的椭圆，只是它们的长、短轴的的方向不同。用坐标法可以精确作出该椭圆，即按坐标定出椭圆上一系列的点，然后光滑连接成椭圆。但为了简化作图，工程上常采用"菱形法"绘制椭圆。

现以水平面（平行于 XOY 坐标面）上圆的正等轴测图为例，说明用菱形法近似作椭圆的方法，作图步骤如图 5-10 所示。

（1）在正投影图上作该圆的外切正方形，如图 5-10(a)所示。

（2）画轴测轴，根据圆的直径 d 作圆的外切正方形的正等轴测图——菱形。菱形的长、短对角线方向即为椭圆的长短轴方向。两顶点 3、4 为大圆弧圆心。如图 5-10(b)所示。

（3）连接 $D3$、$C3$、$A4$、$B4$，两两相交得点 1 和点 2，点 1、2 即为小圆弧的圆心，如图 5-10(c) 所示。

（4）以点 3、4 为圆心，以 $D3$、$A4$ 为半径画大圆弧 $\overset{\frown}{DC}$ 和 $\overset{\frown}{AB}$，然后以点 1、2 为圆心，以 $D1$ 和 $B2$ 为半径画小圆弧 $\overset{\frown}{AD}$ 和 $\overset{\frown}{CB}$，即得近似椭圆，如图 5-10(d)所示。

"菱形法"绘制椭圆，是用四段圆弧代替椭圆，关键是先作出四段圆弧的圆心，故此方法也称"四心椭圆法"。

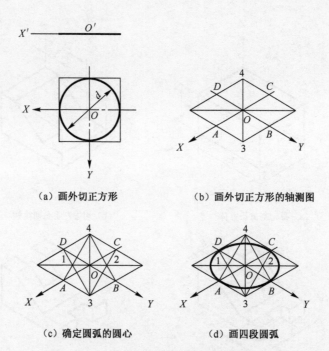

（a）画外切正方形　　　　　　（b）画外切正方形的轴测图

（c）确定圆弧的圆心　　　　　（d）画四段圆弧

图 5-10　用菱形法绘制水平圆的正等轴测图

如图 5-11 所示为正方体表面上 3 个内切圆的正等轴测图——椭圆。凡平行于坐标面的圆的正等轴测图均为椭圆，都可以用菱形法作出，只不过椭圆长、短轴的方向不同。椭圆长轴方向是菱形的长对角线方向，短轴方向是菱形的短对角线方向。椭圆的长、短轴与轴测轴有如下关系：

平行于坐标面 XOY 的圆，其正轴测椭圆的长轴垂直于 Z 轴，短轴平行于 Z 轴。

平行于坐标面 XOZ 的圆，其正轴测椭圆的长轴垂直于 Y 轴，短轴平行于 Y 轴。

平行于坐标面 YOZ 的圆，其正轴测椭圆的长轴垂直于 X 轴，短轴平行于 X 轴。

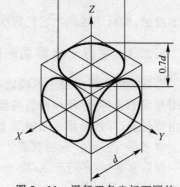

图 5-11　平行于各坐标面圆的正等轴测图

【例 5-3】　作如图 5-12（a）所示圆柱的正等轴测图。

作图步骤如图 5-12 所示。

（1）在圆柱的正投影图上确定坐标原点和坐标轴，并作底面圆的外接正方形。

（2）画 Z 轴，使其与圆柱轴线重合，定出坐标原点 O，截取圆柱高度 H，画圆柱顶圆、底圆轴测轴。

（3）用菱形法画圆柱顶面、底面的正等轴测椭圆。

（4）作两椭圆的公切线，并整理、加深，完成全图。

如图 5-13 所示为 3 个方向的圆柱的正等轴测图，它们的轴线分别平行于相应的轴测

106

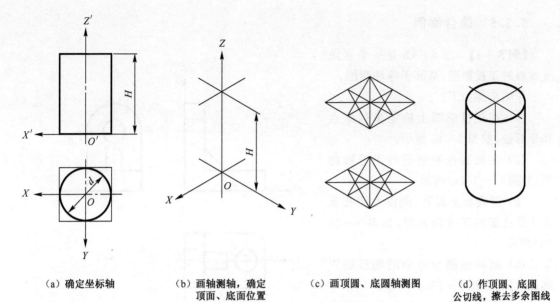

| (a) 确定坐标轴 | (b) 画轴测轴,确定
顶面、底面位置 | (c) 画顶圆、底圆轴测图 | (d) 作顶圆、底圆
公切线,擦去多余图线 |

图 5 - 12　圆柱的正等轴测图

轴,作图方法与上例相同。

5.2.4　圆角正等轴测图的画法

连接直角的圆弧为整圆的 1/4 圆弧,其正等轴测图是 1/4 椭圆弧,可用近似画法作出,如图 5 - 14 所示。

(1) 根据已知圆角半径 R,找出切点 A、B、C、D。

(2) 过切点分别作圆角邻边的垂线,两垂线的交点即为圆心。

(3) 以此圆心到切点的距离为半径画圆弧,即得圆角的正等轴测图。

(4) 从圆心 O_1,O_2 向下量取板的厚度,得到底面的圆心,分别画出两段圆弧。

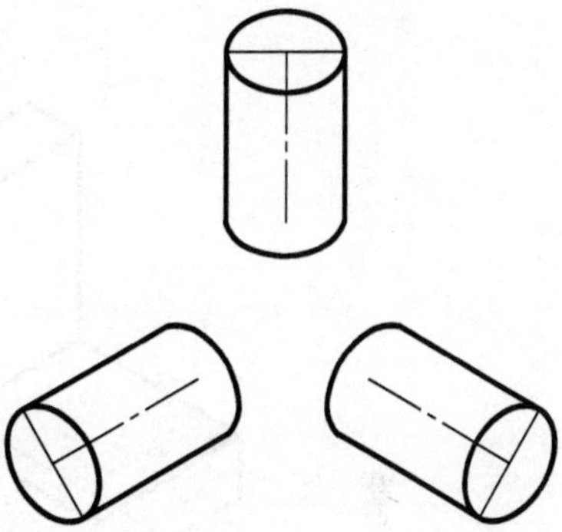

图 - 13　3 个方向圆柱的正等轴测图

(5) 作右端上下两圆弧的公切线,整理、加深,完成作图。

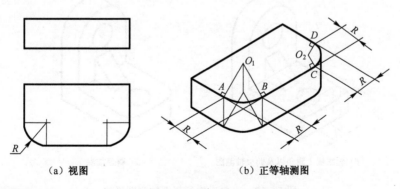

| (a) 视图 | (b) 正等轴测图 |

图 5 - 14　圆角的正等轴测图的画法

5.2.5 综合举例

【例5-4】 图5-15是一个直角支撑板的正投影图,画其正等轴测图。

作图步骤如下:

(1) 在正投影图上确定坐标原点和坐标轴,如图5-15所示。

(2) 在画底板和侧板的正等轴测图,如图5-16(a)所示。

(3) 画底板上圆孔、侧板上圆孔及上半圆柱面的正等轴测图,如图5-16(b)所示。

(4) 画底板圆角和中间肋板的正等轴测图,如图5-16(c)所示。

(5) 擦去作图线,整理、加深即完成了直角支撑板的正等轴测图,如图5-16(d)所示。

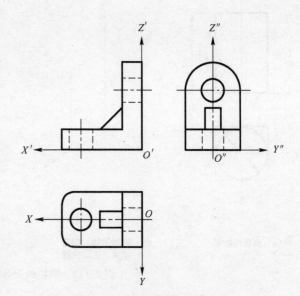

图5-15 直角支撑板三视图

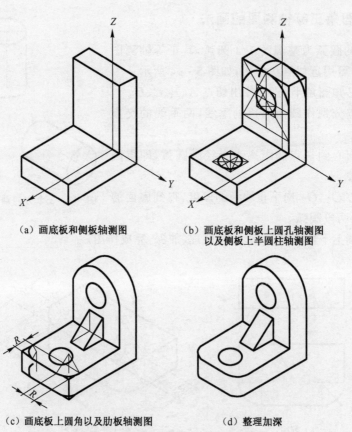

(a) 画底板和侧板轴测图

(b) 画底板和侧板上圆孔轴测图以及侧板上半圆柱轴测图

(c) 画底板上圆角以及肋板轴测图

(d) 整理加深

图5-16 直角支撑板正等轴测图画法

108

5.3 斜二轴测图

如图 5-17(a)所示,如果确定立方体空间位置的直角坐标的一个坐标面 XOZ 与轴测投影面 P 平行,而投影方向 S 倾斜于轴测投影面 P,这时投射方向与 3 个坐标面都不平行,得到的轴测图叫(正面)斜轴测图。本节只介绍其中一种常用的(正面)斜二(等)轴测图,简称斜二测。

5.3.1 斜二轴测图的轴间角和轴向伸缩系数

从图 5-17(a)可以看出,由于坐标面 XOZ 与轴测投影面 P 平行,因此不论投射方向如何,根据平行投影的特性,X 轴和 Z 轴的轴向伸缩系数都等于 1,X 轴和 Z 轴间的轴间角为直角。即 $p_1=r_1=1$,$\angle XOZ=90°$。

一般将 Z 轴画成铅直位置,物体上凡是平行于坐标面 XOZ 的直线、曲线、平面图形的斜二测图均反映实形。

Y 轴的轴向伸缩系数和相应的轴间角是随着投射方向 S 的变换而变化的,为了作图简便,增强投影的立体感,通常取轴间角 $\angle XOY=\angle YOZ=135°$,$Y$ 轴与水平成 45°,选 Y 轴的轴向伸缩系数 $q_1=0.5$,即斜二测各轴向伸缩系数的关系为

$$p_1=r_1=2q_1=1$$

斜二测的轴间角和轴向伸缩系数如图 5-17(b)所示。

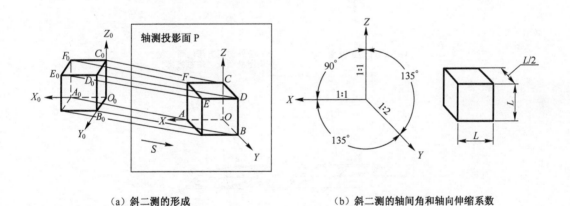

（a）斜二测的形成   （b）斜二测的轴间角和轴向伸缩系数

图 5-17 斜二轴测图的形成以及轴间角和轴向伸缩系数

5.3.2 平行于坐标面的圆的斜二轴测图

如图 5-18 所示,平行于坐标面 XOZ 的圆的斜二测反映实形。平行于另外两个坐标面 XOY、YOZ 的圆的斜二测为椭圆。其长轴与相应轴测轴的夹角为 $7°10'$,长度为 $1.06d$,其短轴与长轴垂直等分,长度为 $0.33d$。

斜二测的椭圆可用近似画法作出,如图 5-19 所示为平行于坐标面 XOY 的圆的斜二测椭圆的画法。作图步骤如下:

（1）画圆外切正方形的斜二测，$12=d$，$34=0.5d$，得到一平行四边形。过 O 作直线与 AB 与 X 轴成 $7°10'$，AB 即为椭圆的长轴方向，过 O 作 CD 垂直于 AB，CD 即为椭圆的短轴方向，如图 5-19(a)、(b) 所示。

（2）在短轴方向线 CD 上截取 $O5=O6=d$，点 5、6 即为大圆弧的圆心，连接 5、2 及 6、1 并与长轴交于 7、8 两点，点 7、8 即为小圆弧的圆心，如图 5-19(c) 所示。分别作大圆弧和小圆弧即得所求椭圆，如图 5-19(d) 所示。

平行于 YOZ 坐标面的椭圆画法类推，只是长、短轴方向不同。

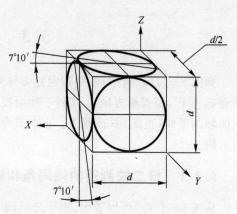

图 5-18 平行于各坐标面的圆的斜二轴测图

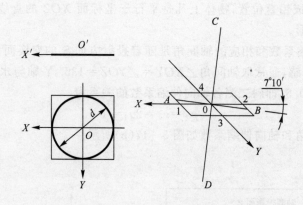

（a）画外切正方形　　（b）画外切正方形的斜二测并确定椭圆长、短轴方向

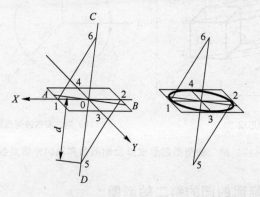

（c）确定圆弧的圆心　　（d）画四段圆弧

图 5-19 水平圆的圆的斜二轴测图的画法

5.3.3　斜二轴测图的画法

当物体的正面（坐标面 XOZ）形状比较复杂时，采用斜二轴测图较合适。斜二轴测图与

110

正等轴测图作图步骤相同。

【例5-5】 根据物体的正投影图(图5-20(a))作其斜二轴测图。

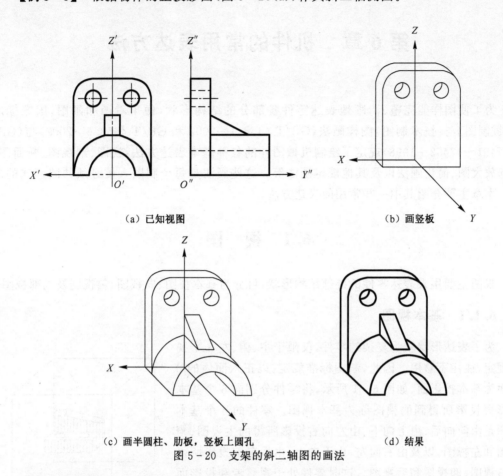

(a) 已知视图　　　　　　　　　　　　　(b) 画竖板

(c) 画半圆柱、肋板,竖板上圆孔　　　　　(d) 结果
图5-20　支架的斜二轴图的画法

作图步骤如图5-20所示。

(1) 确定坐标系,如图5-20(a)所示。

(2) 画轴测图,并作出物体上竖板的斜二测,如图5-20(b)所示。

(3) 画半圆柱及肋板的斜二测,并在竖板上画圆孔的斜二测,如图5-20(c)所示。

(4) 擦去作图线,整理、加深即完成全图,如图5-20(d)所示。

第6章 机件的常用表达方法

为了使图样能完整、清晰地表达零件各部分的结构形状,便于看图和画图,国家标准《机械制图》与《技术制图》图样画法(GB/T 4458.1—2002 和 GB/T 4458.6—2002)与(GB/T 17451～17452—1998)规定了绘制机械图样的各种基本表达方法:视图、剖视图、断面图、局部放大图、简化画法以及其他规定画法等。这些画法是每个制图人员必须共同遵守的准则。本章主要介绍其中一些常用的表达方法。

6.1 视 图

视图主要用来表达零件的外部结构形状,可分为基本视图、向视图、斜视图及局部视图。

6.1.1 基本视图

为了表达形状较为复杂的零件,仅限于主、俯、左 3 个视图规定,往往不够用。因此,制图标准规定,以正六面体的 6 个面为基本投影面,如图 6-1 所示,将零件分别向 6 个基本投影面投影所得到的视图称为基本视图。零件的 6 个基本视图是由前向后、由上向下、由左向右投影所得的主视图、俯视图和左视图,以及由右向左、由下向上、由后向前投影所得的右视图、仰视图和后视图。这时零件处于观察者和投影面之间,这种投影方法叫作第一角投影法。各基本投影面的展开方法如图 6-2 所示,展开后各视图的配置如图 6-3 所示。基本视图的配置要注意掌握:

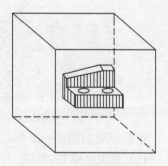

图 6-1 六面投影箱

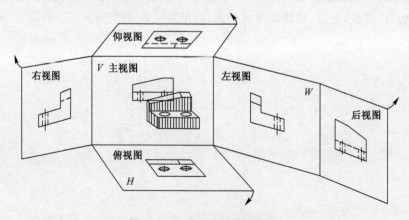

图 6-2 6 个基本视图的展开

112

1. 投影规律

当6个基本视图按图6-3配置时,仍应保持"长对正、高平齐、宽相等"的投影规律,即主视图、俯视图和仰视图长对正,主视图、左、右视图和后视图高平齐,左、右视图与俯、仰视图宽相等。

2. 位置关系

6个基本视图的配置,反映了零件的上下、左右和前后的位置关系,如图6-3所示。特别应注意,左、右视图和俯、仰视图靠近主视图的一侧,反映零件的后面,而远离主视图的外侧,反映零件的前面。在同一张图纸内按图6-3配置视图时,不标注视图的名称。

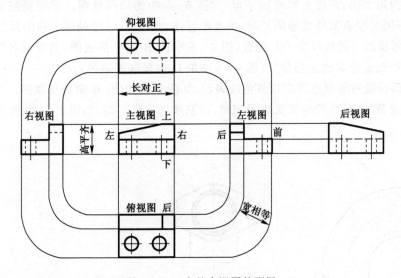

图6-3 6个基本视图的配置

6.1.2 向视图

向视图是可自由配置的视图。如果视图不能按图6-3配置时,则应在向视图的上方标注"×"("×"为大写的拉丁字母),在相应的视图附近用箭头指明投射方向,并注上相同的字母,如图6-4所示。

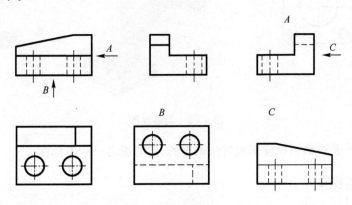

图6-4 向视图的标注方法

6.1.3 局部视图

将零件的某一部分向基本投影面投影,所得的视图称为局部视图。它用于表达零件上的局部形状,而又没有必要画出整个基本视图的情况下。例如,图6-5所示零件,采用了一个主视图为基本视图,并配合 A、B、C 等局部视图表达,比采用主、俯视图和左、右视图的表达来得简洁。

局部视图的画法和标注:

(1)画局部视图时,一般在局部视图上方标出局部视图的名称"×",在相应视图的附近用箭头指明投射方向,并注上同样的字母,如图6-5中的局部视图。但当局部视图按投影关系配置,中间又没有其他图形隔开时,可省略标注,如图6-6中俯视方向的局部视图。

(2)局部视图一般按投影关系配置(图6-5中的 B 向局部视图,其视图名称一般省略标注),也可以配置在其他适当位置(图6-5中的 C 向局部视图等)。

(3)局部视图的断裂边界应以波浪线表示,见图6-5中的 B 向局部视图。当所表示的局部结构是完整的,且外轮廓线又成封闭时,波浪线可省略不画,如图6-5中的 A 向和C 向局部视图。

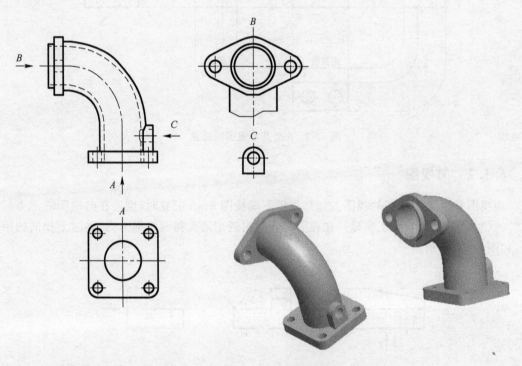

图6-5 局部视图

局部视图 A 是按第三角投影配置法画出的,此时图名一般不标注。

6.1.4 斜视图

如图6-6(a)所示零件,由于其右方相对于水平投影面和侧投影面是倾斜的,故其俯视图和左视图都不反映实形,这两个视图表达得不清楚,画图比较困难,看图不方便。为了表

114

示该零件倾斜表面的真形,可用换面法,设置一平面 P 平行于零件的倾斜表面,且垂直于另一基本投影面(V 面),然后以垂直于倾斜表面的方向(A 向)向 P 面投影,就得到反映零件倾斜表面真形的视图。

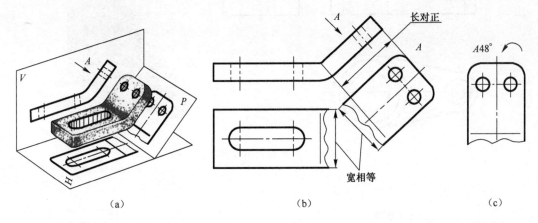

图 6-6　斜视图

　　零件向不平行于任何基本投影面的平面投影所得到的视图称为斜视图。斜视图用来表达上倾斜表面的真实形状。将各投影面展开后,得到的各个视图,配置如图 6-6(b)所示。应注意,由于平面 P 垂直于 V 面,这时 P 面与 V 面构成两投影面体系,所以,斜视图与主视图间存在"长对正"关系,而斜视图与俯视图存在"宽相等"关系。同理,当获得斜视图的投影平面垂直于 H 面时,则斜视图与俯视图、主视图存在"长对正"、"高平齐"的关系,这些关系是画斜视图的依据。

　　斜视图画法和标注:

　　(1) 斜视图通常按向视图的配置形式配置并标注。

　　(2) 必要时允许将斜视图旋转配置,这时表示该视图名称的大写拉丁字母应靠近旋转符号的箭头端(图 6-6(c)中 A 向旋转斜视图),也允许将旋转角度标注在字母之后。

　　(3) 斜视图一般只要求表达出倾斜表面的形状,因此,斜视图的断裂边界以波浪线表示(图 6-6(b)A 向斜视图)。

6.2　剖　视　图

　　视图中,零件的内部形状用细虚线来表示(图 6-7),当零件内部形状较为复杂时,视图上就出现较多细虚线,影响图形清晰度,给看图、画图带来困难,制图标准规定采用剖视的画法来表达零件的内部形状。

6.2.1　剖视图的概念

　　假想用剖切平面剖开零件,将处在观察者和剖切平面之间的部分移去,而将其余部分向投影面投影所得到的图形称为剖视图(图 6-8(a))。采用剖视后,零件内部不可见轮廓成为可见,用粗实线画出,这样图形清晰,便于看图和画图,如图 6-8(b)所示。

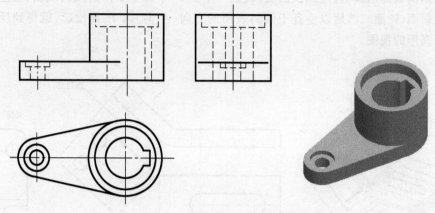

图 6-7 物体的视图与轴测图

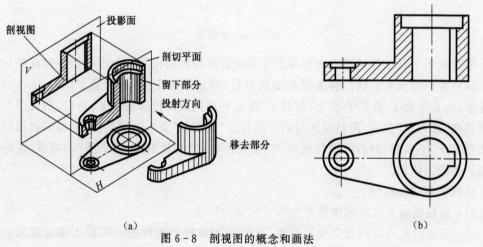

（a）

（b）

图 6-8 剖视图的概念和画法

6.2.2 剖视图的画法

按制图标准规定,画剖视图的要点如下:

1. 确定剖切平面的位置

为了清晰地表示零件内部真实形状,一般剖切平面应平行于相应的投影面,并通过零件的轴线或零件的对称平面(图 6-8(a))。

2. 剖视图的画法

用粗实线画出零件被剖切平面剖切后的断面轮廓和剖切平面后的可见轮廓。注意不应漏画剖切平面后方可见部分的投影。

剖视图应省略不必要的细虚线,只有在必要时,对尚未表示清楚的零件结构形状才画出细虚线。

由于剖视图是假想的,当一个视图取剖视后,其他视图不受影响,仍按完整的零件画出。

3. 剖面符号的画法

剖视图中,剖切平面与零件接触的部分称为剖面区域。在剖面区域上需按规定画出与

116

机件材料相应的剖面符号,如图6-9所示。金属材料的剖面符号,应画成与水平线成45°的一组平行细实线。注意,同一零件的各剖视图,其剖面线应间隔相等、方向相同,如图6-10所示。当图形的主要轮廓线与水平线成45°或接近45°时,该图形的剖面线可画成与水平成45°或60°的平行线,其倾斜的方向仍与其他图形的剖面线一致,如图6-11所示。

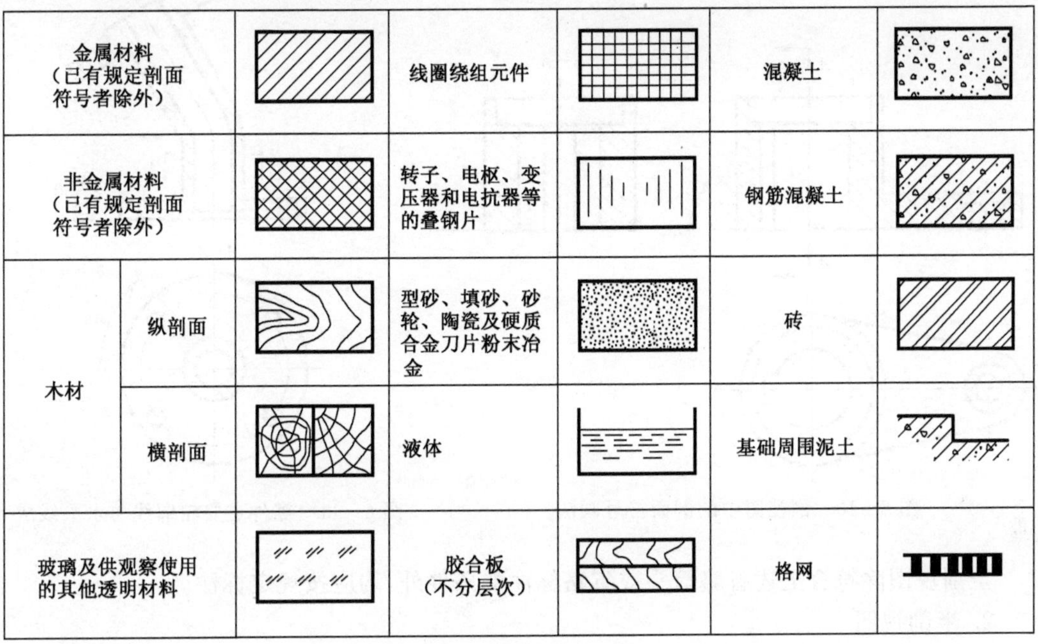

金属材料 (已有规定剖面 符号者除外)		线圈绕组元件		混凝土	
非金属材料 (已有规定剖面 符号者除外)		转子、电枢、变 压器和电抗器等 的叠钢片		钢筋混凝土	
木材	纵剖面	型砂、填砂、砂 轮、陶瓷及硬质 合金刀片粉末冶 金		砖	
	横剖面	液体		基础周围泥土	
玻璃及供观察使用 的其他透明材料		胶合板 (不分层次)		格网	

图6-9　剖面符号

4. 剖视图的标注

为了表明剖视图与有关视图的对应关系,在画剖视图时,应将剖切平面位置、投射方向和剖视图名称标注在相应的视图上。标注内容包括剖切符号、剖视图名称等。

(1) 剖切符号:表示剖切平面的位置。在剖切面的起始、转折和终止处画上粗实线(线宽为 $1d$~$1.5d$,线长约为 $5mm$~$10mm$),应尽可能不与图形的轮廓线相交。

(2) 箭头:指明投影方向,画在剖切符号的两端。

(3) 剖视图名称:在剖切符号的起始、转折、终止位置标注相同的字母,在剖视图正上方注出相应字母"×—×",如图6-10、图6-11中的 $A—A$ 剖视图。

当剖视图按投影关系配置,中间又没有其他图形隔开时,可省略箭头,如图6-10、图6-11中 $A—A$ 剖视表示投影方向的箭头均可省略。

当剖切平面与零件的对称平面完全重合,且剖切后的剖视图按投影关系配置,中间又没有其他图形隔开时,可省略标注,如图6-8(b)所示。

6.2.3　剖视图的分类

制图标准将剖视图分为全剖视图、半剖视图和局部剖视图3类:

1. 全剖视图

用剖切平面完全地剖开零件所得到的剖视图称为全剖视图,如图6-10所示。全剖视图运用于外形简单和内部形状复杂的不对称零件。如内外形状都较复杂的不对称零件,必要时可分别画出全剖视图和视图以表达其内外形状。对于空心回转体,且具有对称平面的零件,也常采用全剖视图。如图6-11所示。

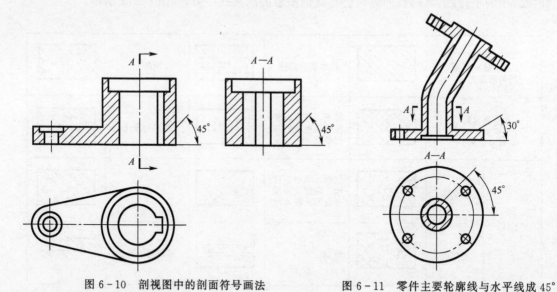

图6-10 剖视图中的剖面符号画法   图6-11 零件主要轮廓线与水平线成45°

全剖视图除符合上述省略箭头或省略标注的条件外,均应按规定标注。

2. 半剖视图

当零件具有对称平面时,以对称平面为界,用剖切面切开零件的1/2所得到的剖视图称为半剖视图,如图6-12所示。

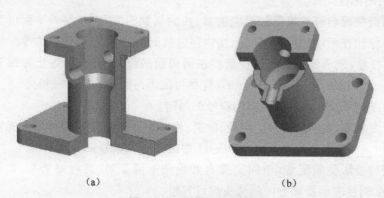

(a)   (b)

图6-12 半剖视图的剖切

如图6-13所示,半剖视图适用于内外形状都需要表达,且具有对称平面的零件。若零件的形状接近于对称,且不对称部分已有其他视图表达清楚时,也可画成半剖视图,如图6-14所示。

半剖视图的标注方法与全剖视图标注相同,在图6-13中,在主视图位置的半剖视图,符合省略标注的条件,所以未加标注,而在俯视图位置的半剖视图,剖切平面不通过零件的对称平面,所以应加标注,但可省略箭头。

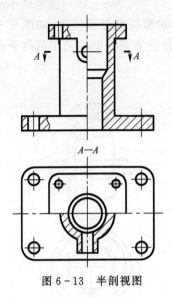

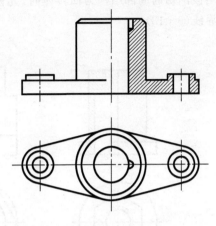

图 6 - 13　半剖视图　　　　　　　图 6 - 14　零件形状接近对称的半剖视图

画半剖视图时应注意以下事项：

（1）半剖视图中剖与未剖部分的分界线规定画成细点画线（图 6 - 13），而不应画成粗实线。

（2）半剖视图中，零件的内部形状已由剖开部分表达清楚，所以，另外未剖开部分图中表示内部形状的细虚线不必画出（图 6 - 13）。

3. 局部剖视图

用剖切平面局部地剖开零件所得到的剖视图称为局部剖视图。局部剖不受图形是否对称的限制，剖在什么地方和剖切范围多大，可根据需要决定，是一种比较灵活的表达方法。

当不对称机件的内外形状均需表达，而它们的投影基本上不重叠时，如图 6 - 15 所示，采用局部剖视，可把零件的内外形状都表达清晰。

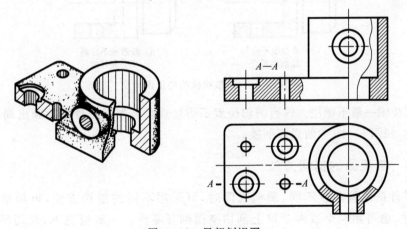

图 6 - 15　局部剖视图

局部剖视图运用的情况较广，但应注意，在同一视图中，过多采用局部剖视图会使图形显得凌乱。

局部剖视图中,剖与未剖部分的分界线为波浪线(图6-15、图6-16),波浪线不应与图形中的其他图线重合,也不应画在机件的非实体部分和轮廓线的延长线上,如图6-17所示。当被剖切的局部结构为回转体时,允许将该结构的轴作为局部剖视图中剖与未剖部分的分界线(6-18)。

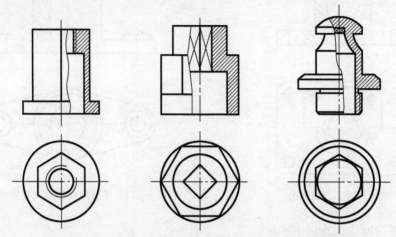

图6-16 零件轮廓线与对称中心线重合时的局部剖视图画法

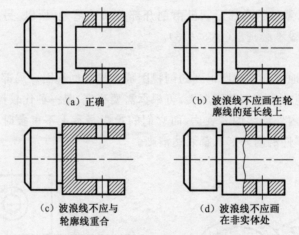

(a) 正确　　　　　　　(b) 波浪线不应画在轮
　　　　　　　　　　　　廓线的延长线上

(c) 波浪线不应与　　　(d) 波浪线不应画
　　轮廓线重合　　　　　　在非实体处

图6-17 波浪线画法的正误对比

局部剖视图一般不标注。仅当剖切位置不明显或在基本视图外单独画出局部剖视图,才需加标注,如图6-15中的局部剖视。

6.2.4　剖视图的剖切方法

由于零件的结构形状不同,画剖视图时,可采用不同的剖切方法,可用单一剖切平面剖开零件,也可用两个或两个以上剖切平面剖开零件。一般情况下,剖切平面平行于基本投影面,但也可倾斜于基本投影面。制图标准规定了不同的剖切方法,上面已介绍了用单一剖切平面剖开零件的方法,下面介绍用倾斜于基本投影面和两个以上剖切平面剖开零件的方法。

120

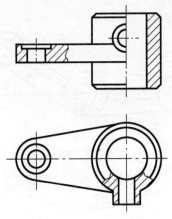

图 6-18　局部剖视图

1. 不平行于任何基本投影面的剖切平面

用不平行于任何基本投影面的剖切平面剖开零件的方法称为斜剖视,用来表达零件倾斜部分的内部结构,如图 6-19 所示。斜剖获得的剖视图,一般按投影关系配置,并加以标注,在不致引起误解时,允许将图形旋转,这时应标注"×—×α ⤙"(α 为旋转的角度)。

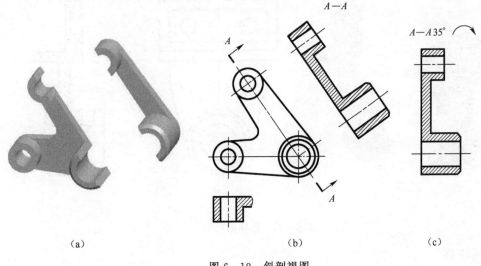

（a）　　　　　　　（b）　　　　　　　（c）

图 6-19　斜剖视图

2. 两相交剖切平面

用两相交的剖切平面(交线垂直于某一基本投影面)剖开零件的方法称为旋转剖。它用来表达那些具有明显回转轴线,分布在两相交平面上,有内部结构的零件,如图 6-20 所示。应当注意,用这种方法画剖视图时,先假想按剖切位置剖开零件,然后将被剖切平面剖开的结构及有关部分旋转到与选定的投影面(图 6-20 中为水平面)一致后,一并进行投影。但是,在剖切平面后的其他结构,一般仍按原来位置投影,如图 6-20 中 A—A 剖视图中小圆孔画法。

用旋转剖的方法获得的剖视图,必须加以标注,只有当剖视图按投影关系配置,中间又

121

没有其他形隔开时,可省略箭头(图 6 - 20)。

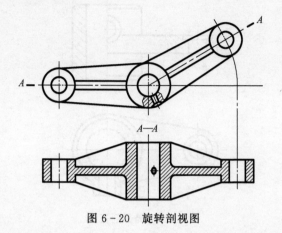

图 6 - 20 旋转剖视图

3. 几个平行的剖切平面

用几个平行的剖切平面剖开零件的方法称为阶梯剖,用来表达零件在几个平行平面不同层次上的内部结构。图 6 - 21 表示用两个平行剖切平面剖开零件画出的剖视图。

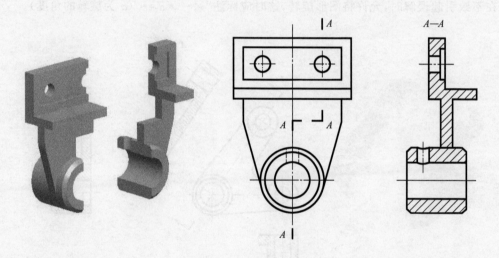

图 6 - 21 阶梯剖视图

应当注意:

(1)剖切平面的转折处,不允许与零件上的轮廓线重合。在剖视图上,不应画出两个平行剖切平面转折处的投影。

(2)用这种方法画剖视图时,在图形内不应出现不完整的要素,如半个孔、不完整肋板等,仅当两个要素在图形上具有公共对称中心线或轴线时,可以各画1/2,这时应以对称中心线为界,如图 6 - 22 所示。

用阶梯剖的方法获得的剖视图,必须加以标注,省略箭头的条件同旋转剖。

4. 复合的剖切平面

除旋转剖、阶梯剖以外,用组合的剖切平面剖开零件的方法称为复合剖,如图 6 - 23 所示,用来表达内部结构较为复杂且分布位置不同的零件。

122

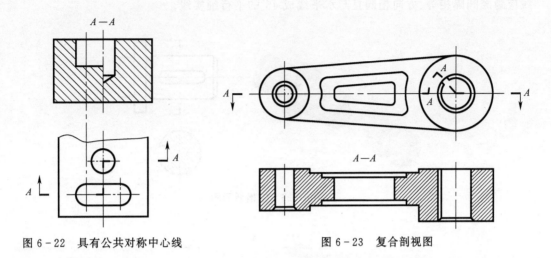

图 6-22　具有公共对称中心线

图 6-23　复合剖视图

用复合剖方法获得的剖视图,必须加以标注,当剖视图采用展开画法时,应标注"×一×展开",如图 6-24 所示。

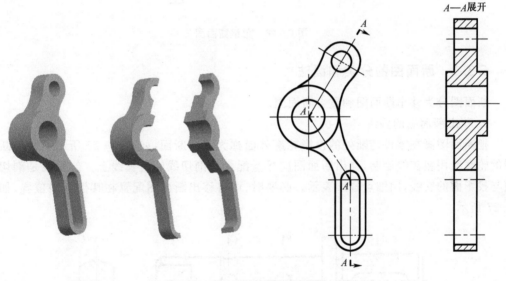

图 6-24　复合剖的展开画法

6.3　断　面　图

6.3.1　断面图的概念

假想用剖切平面将零件某处切断,仅画出截断面的图形称为断面图。断面图用来表达零件上某处的截断面形状,如图 6-25 表示轴上键槽处的截断面形状,图 6-26 表示角钢的截断面形状。应该指出,为了表示截断面的真形,剖切平面一般应垂直于所要表达零件结构的轴线或轮廓线。断面图中应画出与零件材料相应的规定剖面符号,当为金属零件时,剖面线应画成间隔相等、方向相同且与水平线成 45°的平行细实线。

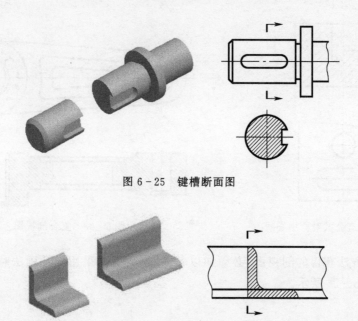

图 6 - 25　键槽断面图

图 6 - 26　角钢断面图

6.3.2　断面图的分类和画法

断面图分为移出断面图和重合断面图。

1. 移出断面图的画法

把断面图画在零件切断处的投影轮廓外面称为移出断面，如图 6 - 27 所示。移出断面图的轮廓线用粗实线绘制，移出断面图应尽量配置在剖切线的延长线上。剖切线是剖切平面与投影面的交线，用细点画线表示。必要时，可将移出断面图配置在其他适当位置，如图6 - 27 所示。

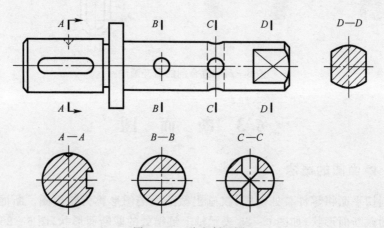

图 6 - 27　移出断面图 1

由两个或多个相交剖切平面剖切得出的移出断面图，中间一般应断开，如图 6 - 28(a)所示。对称的移出断面图也可画在视图的中断处，如图 6-28(b)所示。

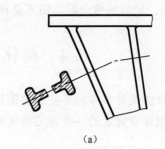

当剖切平面通过回转面形成的孔或凹坑时，这些结构按剖视绘制，如图 6-27 中的 $A-A$、$B-B$ 和 $C-C$ 断面图。

当剖切平面通过非圆孔，会导致出现完全分离的两个截断面时，则这些结构亦应按剖视绘制，如图 6-29 所示。

在不致引起误解时，断面图及剖视图允许省略断面符号，如图 6-30 所示。

移出断面一般用剖切符号表示剖切位置，用箭头表示投影方向，并注上字母(一律水平书写)，并在断面图的上方用相同的字母标出相应的名称"×－×"。

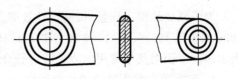

(a)

(b)

图 6-28　移出断面图 2

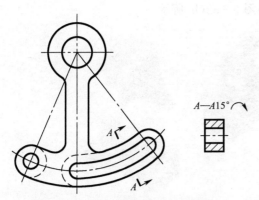

图 6-29　非圆孔移出断面图的画法

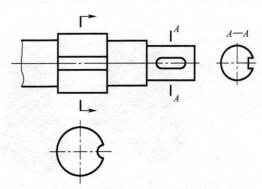

图 6-30　不画剖面线的移出断面图的画法

应当注意：

(1) 配置在剖切符号延长线上的不对称移出断面图，可省略字母(图 6-25)。

(2) 没有配置在剖切符号延长线上的对称移出断面图以及按投影关系配置的不对称移出断面图，均可省略箭头(图 6-27 中的 $C-C$、$D-D$ 断面图)。

(3) 配置在剖切符号延长线上的对称移出断面图(图 6-27中的 $B-B$)以及配置在视图中断处的对称移出断面图(图 6-28(b))，均不必标注。

2. 重合断面图的画法

把断面图画在零件切断处的投影轮廓内称为重合断面图。重合断面图的轮廓线用细实线绘制。当视图(或剖视图)中的轮廓线与重合断面图的图形重叠时，视图(或剖视图)中的轮廓线仍应连续画出，不可间断，如图 6-26 所示。重合断面图画成局部时，习惯上不画波浪线，如图 6-31 所示。

配置在剖切符号上的不对称重合断面图，不必标注字母

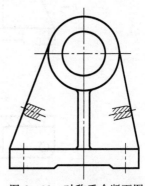

图 6-31　对称重合断面图

（图 6 - 26）。对称的重合断面图不必标注（图 6 - 31）。

6.4　简化画法和其他表达方法

简化画法是对零件的某些结构图形表示方法进行简化，使图形既清晰又简单易画。下面介绍制图标准规定的一些常用简化画法和其他表达方法。

6.4.1　简化画法

为了减少绘图工作量，提高设计效率及图样的清晰度，加快设计进程，GB/T 16675.1—1996、GB/T 16675.2—1996 和 GB/T 4656.1—2000 和制定了图样画法和尺寸注法的简化表示法。下面对其中常用的表示法进行介绍。

1. 剖视图中常用结构的规定画法

对于零件上的肋扳、轮辐及薄壁等，如剖切面通过这些结构的基本轴线或是纵向对称平面时，这些结构不画剖面符号，而用粗实线将它与其邻接部分分开；当剖切平面垂直于肋板剖切时，则肋板的截断面，必须画出剖面符号，如图 6 - 32(b) 所示。

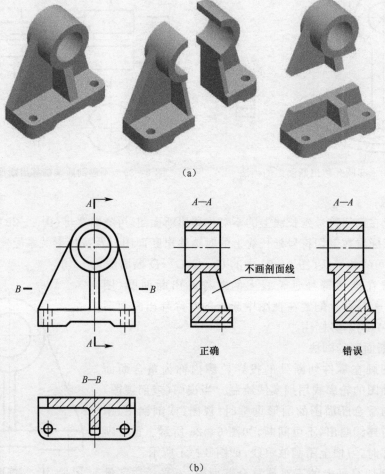

(a)

(b)

图 6 - 32　剖视图中肋板的画法

当回转体零件上均匀分布的肋板、轮辐、孔等结构,不处于剖切平面上时,可将这些结构旋转到剖切平面上画出,不需加任何标注,如图 6-33 中的轮辐、图 6-34(a)中的肋板和图 6-34(b)中的孔。

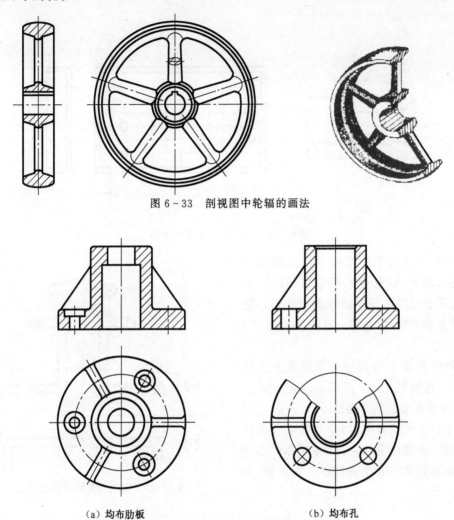

图 6-33 剖视图中轮辐的画法

（a）均布肋板   （b）均布孔

图 6-34 均布肋板、孔的画法

在需要表示位于剖切平面前面的零件结构时,这些结构按假想投影的轮廓线绘制,如图 6-35 所示,用细双点画线画出。

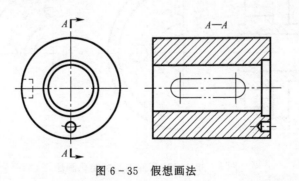

图 6-35 假想画法

2. 相同结构的简化画法

当零件上具有若干相同结构,如齿、槽等,并按一定规律分布时,只需画出几个完整的结构,其余用细实线连接,但在图中必须注明该结构的总数,如图 6-36(a)所示。

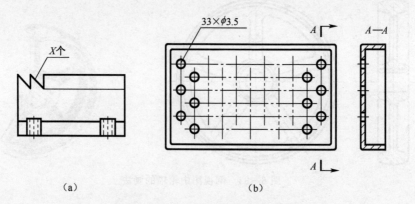

图 6-36 相同结构的简化画法

当零件上具有若干直径相同且成规律分布的孔(圆孔、沉孔等),可以仅画出一个或几个,其余只需用细点画线表示其中心位置,在图上注明孔的总数,如图 6-36(b)所示。

零件法兰盘上均匀分布在圆周上直径相同的孔,可按图 6-37 所示的方法绘制。

3. 对称图形的简化画法

在不致引起误解时,对于对称零件的视图可只画一半或四分之一,并在对称中心线的两端画出两条与其垂直的平行细实线,如图 6-38 所示。

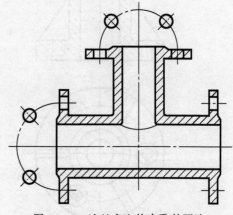

图 6-37 法兰盘上均布孔的画法

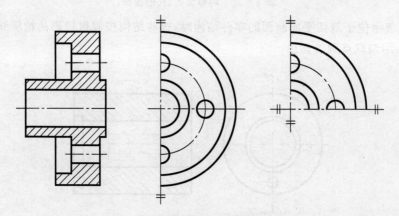

图 6-38 对称零件视图的简化画法

4. 投影的简化画法

零件上斜度不大的结构,如在一个图形中已表达清楚时,其他图形可按小端画出,如图6-39所示。

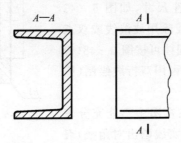

图 6-39 斜度不大结构的简化画法

与投影面倾斜角度小于或等于30°的圆或圆弧,其投影可用圆或圆弧代替,如图6-40所示。

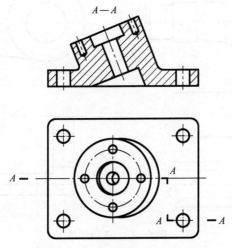

图 6-40 倾斜圆或圆弧的简化画法

机件上较小的结构所产生的交线,如果在一个视图中已经表达清楚,在其他视图中可以简化,如图6-41所示。

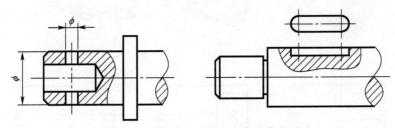

图 6-41 较小结构所产生交线的简化画法

零件图中的较小倒角、圆角允许省略不画,但应注明尺寸或在技术要求中加以说明,如图6-42所示。

5. 细长结构的画法

较长的零件,如轴、连杆等,沿长度方向形状一致或按一定规律变化时,可断开后缩短绘制,断开部分的结构应按实际长度标注尺寸,如图 6 - 43 (a)、(b)所示。断裂处的边界线除用波浪线或双点画线绘制外,对于实心和空心圆柱可按图 6 - 48(c)绘制,对于较大的零件,断裂处可用双折线绘制(图 6 - 43(d))。

当回转体零件上的平面在视图中不能充分表达清楚时,可用平面符号(用细实线画出对角线)表示,如图 6 - 44 所示。

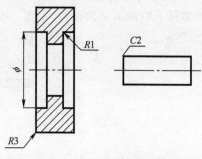

图 6 - 42　较小倒角、圆角的简化画法

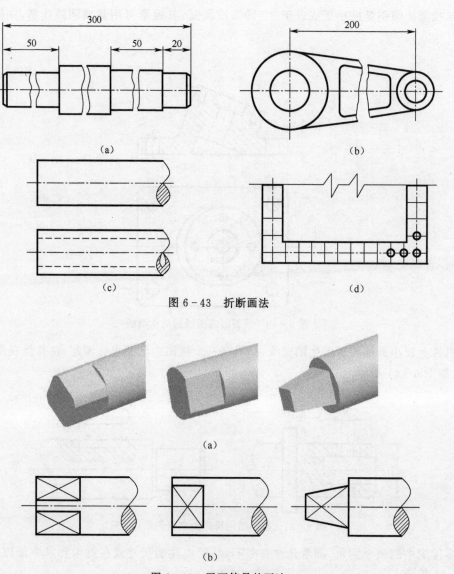

(a)　　　　　　　　　　　　(b)

(c)　　　　　　　　　　　　(d)

图 6 - 43　折断画法

(a)

(b)

图 6 - 44　平面符号的画法

6.4.2 局部放大图

机件上一些局部结构过于细小,当用正常的比例绘制机件图样时,这些结构的图形因过小而表达不清,也不便于标注尺寸,这时可采用局部放大图来表达。

将零件的部分结构,用大于原图形所采用的比例画出的图形称为局部放大图,如图6-45所示。

局部放大图可画成视图、剖视图、断面图,它与被放大部分的表达方式无关,见图6-45(a)。绘制局部放大图时,应用细实线圈出被放大的部位,并尽量配置在被放大部位的附近。

当零件上有几个被放大的部位时,必须用罗马数字依次标明被放大的部位,并在局部放大图上方标注出相应的罗马数字和所采用的比例(实际比例,不是与原图的相对比例),如图6-45(a)中Ⅰ、Ⅱ局部放大图。当零件上被局部放大的部位仅有一处,在局部放大图的上方只需标明所采用的比例,如图6-45(b)所示。同一机件上不同部位的局部放大图,当图形相同或对称时,只画一个。

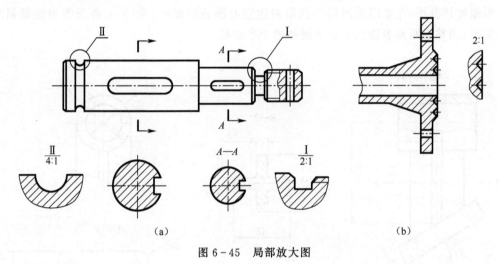

图6-45 局部放大图

6.5 表达方法举例

前面介绍了机件的各种表达方法,当表达零件时,应根据零件的具体结构形状,正确、灵活地综合运用视图、剖视、断面及各种简化画法等表达方法。确定表达方法的原则是:所绘制图形能准确、完整、清晰地表达零件的内外结构形状,同时力求作到画图简单和读图方便。下面举例说明。

【例6-1】 支架表达方案的选择,如图6-46所示。

1)分析机件的结构形状特点支架

支架是由下面的倾斜底板,上面的空心圆柱和中间的十字形肋板三部分组成,支架前后对称,倾斜板上有四个安装孔。

2)选择主视图

画图时,通常选择最能反映机件形状特征和相对位置特征的投射方向作为主视图的投射方向,同时应将零件的主要轴线或主要平面平行于基本投影面。通过分析比较,把支架的主要轴线——空心圆柱的轴线水平放置(即把支架的前后对称面放成正平面)。主视图采用局部剖,既表达了空心圆柱和倾斜板上安装孔的内部结构,又保留了肋板、空心圆柱、倾斜板的外形。

　　3)选择其他视图

　　主视图确定之后,应根据机件的特点全面考虑所需要的其他视图,选择其他视图是为了补充表达主视图上尚未表达清楚的结构,此时应注意:

　　(1)应优先选用基本视图或在基本视图上作剖视。

　　(2)所选择的每一视图都应有其表达重点,具有别的视图所不能取代的作用。这样,可以避免不必要的重复,达到制图简便的目的。

　　由于支架下部的倾斜板与水平投影面和左侧投影面都不平行。因此,若用俯、左视图来表达这个零件,倾斜底板的投影都不能反映实形,作图很不方便,也不利于标注尺寸。所以此零件不宜用俯、左等基本视图来表达。

　　根据形体分析,左视图采用局部视图表达空心圆柱的形状;采用 A 斜视图表达倾斜板部分实形;用移出断面表达尚未表达清楚的十字肋板。

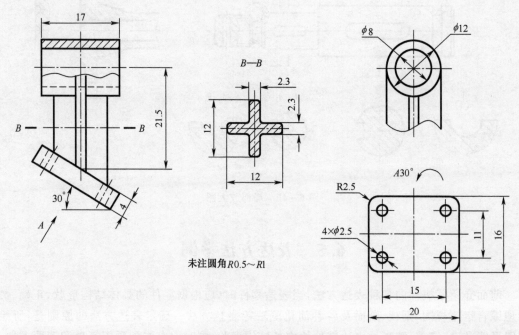

图 6-46　支架的表达

第7章 标准件与常用件

在各种设备、机器和仪器中,经常大量使用螺栓、螺柱、螺钉、螺母、键、销和滚动轴承等连接件。为了减轻设计负担,提高产品质量和生产效率,便于专业化大批量生产,对使用面广、需求量大的零件,国家标准对它们的结构、尺寸和成品质量都做了明确的规定。这些完全符合标准的零件称为标准件。

工业中常用的传动件,如齿轮、蜗轮、蜗杆等,它们的齿轮部分在结构和尺寸上都有相应的国家标准。凡重要结构符合国家标准的零件称为常用件,其符合国家标准的结构,称为标准结构要素。

国家标准还规定了标准件以及常用件中标准结构要素的画法,在制图过程中,应按规定画法绘制标准件和标准结构要素。

本章将介绍标准件和常用件的结构、规定画法和规定标记。

7.1 螺纹的规定画法和标注

7.1.1 螺纹的形成和要素

1. 螺纹的形成

在回转表面上沿螺旋线形成的、具有相同剖面的连续凸起和沟槽称为螺纹。在圆柱表面上形成的螺纹称为圆柱螺纹,在圆锥表面上形成的螺纹称为圆锥螺纹。加工在回转体外表面上的螺纹称为外螺纹,如螺栓、螺钉上的螺纹;加工在回转体内表面的螺纹,称为内螺纹,如螺母、螺孔上的螺纹。

车削加工是常见的螺纹加工方法,图7-1是车床上加工外螺纹和内螺纹的情况。将工件安装在车床主轴相连的卡盘上,加工时工件随主轴等速旋转,车刀沿径向进刀后,沿轴线方向作匀速移动,在工件外表面或内表面车削出螺纹。对于直径较小的螺孔,应先用钻头加工出光孔,如图7-2(a)所示,再用丝锥攻丝,加工出内螺纹,如图7-2(b)所示。

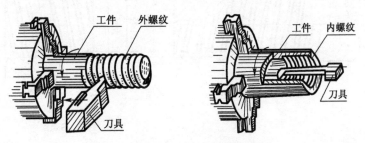

图7-1 车削加工内、外螺纹的情况

2. 螺纹的要素

形成螺纹的基本要素有以下五项。

1)牙型

经过螺纹轴线剖切时,螺纹断面的形状称为牙型。常用螺纹的牙型有三角形、梯形、锯齿形和矩形,它们的断面形状如图 7-3 所示。

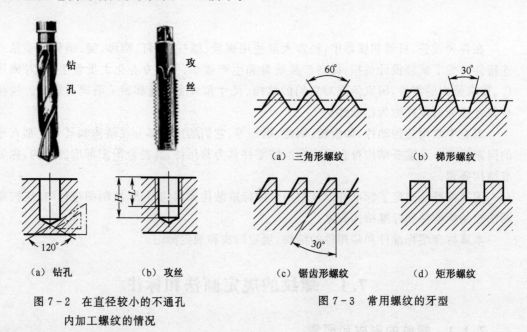

（a）钻孔　（b）攻丝

图 7-2　在直径较小的不通孔
内加工螺纹的情况

（a）三角形螺纹　（b）梯形螺纹

（c）锯齿形螺纹　（d）矩形螺纹

图 7-3　常用螺纹的牙型

2)直径

螺纹的直径包括大径(d,D),小径(d_1,D_1),中径(d_2,D_2)。外螺纹的直径用小写字母表示,内螺纹直径用大写字母表示。

螺纹的大径指与外螺纹牙顶或内螺纹牙底相重合的假想圆柱面的直径,大直径是螺纹的公称直径。螺纹的小径指与外螺纹牙底或内螺纹牙顶相重合的假想圆柱面的直径。螺纹的中径是指一个假想圆柱面的直径,该圆柱称为中径圆柱,其母线通过螺纹牙型上沟槽和凸起宽度相等的地方,中径圆柱上任意一条素线称为中径线。螺纹各项直径的意义如图 7-4 所示。

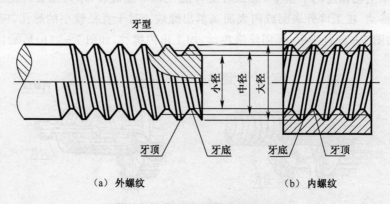

（a）外螺纹　（b）内螺纹

图 7-4　螺纹各项直径的意义

134

3）线数

沿一条螺旋线生成的螺纹称为单线螺纹；沿多条在圆柱轴向等距分布的螺旋线生成的螺纹，称为多线螺纹，见图7-5所示。

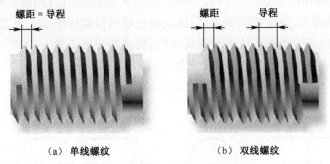

（a）单线螺纹　　　　　　（b）双线螺纹

图7-5　螺纹的线数、导程和螺距

4）螺距和导程

相邻两牙在中径线上对应两点间的轴向距离，称为螺距，用字母 P 表示。沿同一条螺旋线形成的螺纹，相邻两牙在中径线上对应两点间的轴向距离，称为导程。对于单线螺纹，导程＝螺距；对于线数为 n 的多线螺纹，导程＝n×螺距。见图7-5所示。

5）旋向

顺时针方向旋转时旋入的螺纹，称为右旋螺纹；逆时针方向旋转时旋入的螺纹，称为左旋螺纹。可用右手或左手螺旋定则，按图7-6所示的方法判断螺纹的旋向。

图7-6　螺纹的转向

内、外螺纹总是成对使用的，当上述五项基本要素完全相同时，内、外螺纹才能互相旋合，正常使用。

国家标准对螺纹的牙型、大径和螺距作了统一规定，凡该三项要素符合国家标准的螺纹，成为标准螺纹；凡牙型符合标准，而大径、螺距不符合标准的螺纹，称为特殊螺纹；凡牙型不合标准的螺纹，称为非标准螺纹。

7.1.2　螺纹的规定画法

标准螺纹是用专用工具生产出来的，无需画出螺纹的真实投影，国家标准（GB/T 4459.1—1995）规定了在机械图样中螺纹的画法。

1. 内、外螺纹的画法

螺纹的牙顶用粗实线表示,牙底用细实线表示,倒角和倒圆部分均应画出螺纹牙底线。在投影为圆的视图上,用约 3/4 圈细实线圆弧表示牙底;螺纹终止线用粗实线表示。

(1)外螺纹的具体画法如图 7-7(a)所示,螺纹大径(即牙顶)用粗实线表示;螺纹小径(即牙底)用细实线表示,画入端部倒角处;螺纹终止线用粗实线表示。左视图上用粗实线圆表示螺纹大径,用约 3/4 圈细实线表示螺纹小径,倒角圆省略不画。

(2)当需要将螺杆截断,绘制螺纹断画图时,表示方法如图 7-7(b)所示。

(3)当外螺纹加工管子的外壁,需要剖切时,表示方法如图 7-7(c)所示。

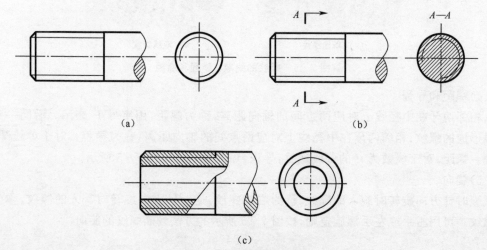

(a)　　　　　　　　　　　　(b)

(c)

图 7-7　外螺纹的画法

(4)内螺纹的具体画法如图 7-8 所示,螺纹小径(即牙顶)用粗实线表示;螺纹大径(即牙底)用细实线表示,画入端部倒角处;剖面线画至表示螺旋小径的粗实线处为止。左视图上用粗实线圆表示螺旋小径,用约 3/4 圈细实线圆弧表示螺旋大径,倒角圆省略不画。

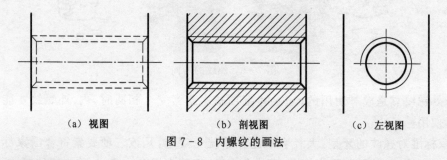

(a)　视图　　　　　　(b)　剖视图　　　　　(c)　左视图

图 7-8　内螺纹的画法

2. 螺尾的画法

加工螺纹完成时,由于退刀形成螺纹沟槽较浅的部分,称为螺尾;当需要表示螺尾时,用与轴线成 30°的细实线表示螺尾处的牙底线,如图 7-9 所示。

3. 非标准传动螺纹

绘制非标准传动螺纹时,可用局部剖视或局部放大图表示出几个牙型,如图 7-10 所示。

136

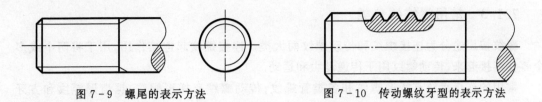

图7-9　螺尾的表示方法　　　　　图7-10　传动螺纹牙型的表示方法

4. 盲孔内的螺纹

在盲孔内加工螺纹的表示方法如图7-11所示,应将钻孔深度与螺纹深度分别画出,注意孔底按钻头锥角画出120°。

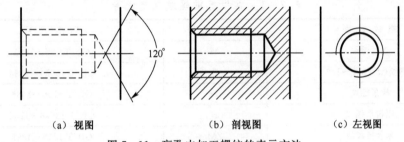

（a）视图　　　　　　　　（b）剖视图　　　　　　（c）左视图

图7-11　盲孔内加工螺纹的表示方法

5. 螺纹孔相贯

用剖视图表示螺纹孔相贯时,在两内表面相交处仍应画出相贯线,如图7-12所示。

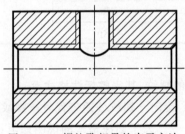

图7-12　螺纹孔相贯的表示方法

6. 内、外螺纹旋合

内、外螺纹的旋合的剖视表示方法如图7-13所示。旋合部分按外螺纹绘制,其余部分仍按各自的画法表示。

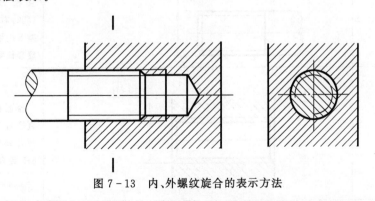

图7-13　内、外螺纹旋合的表示方法

7.1.3 常用螺纹的分类

螺纹按用途分为连接螺纹和传动螺纹两大类。连接螺纹起连接作用,用于将两个或多个零件连接起来;传动螺纹用于传递动力和运动。

常用的连接螺纹有普通螺纹和各类管螺纹;传动螺纹有梯形螺纹、锯齿形螺纹和方牙螺纹。

7.1.4 标准螺纹的规定标注

标准螺纹有规定代号,常用标准螺纹的规定代号列于表7-1中。

表7-1 常用标准螺纹规定代号

螺纹类别		规定代号	标准代号
普通螺纹		M	GB/T 197—1981
小螺纹($d=0.2\sim1.2$)		S	GB/T 15054—1994
梯形螺纹		Tr	GB/T 5796—1986
锯齿形螺纹		B	GB/T 13576—1992
米制锥螺纹		ZM	GB/T 1415—1992
60°圆锥管螺纹		NPT	GB/T 12716—1991
非螺纹密封管螺纹		G	GB/T 7307—1987
螺纹密封管螺纹	圆锥外螺纹	R	GB/T 7306—1987
	圆锥内螺纹	Rc	
	圆柱内螺纹	Rp	

1. 普通螺纹的规定标注

普通螺纹是牙型为三角形的螺纹,其完整标注格式是:

螺纹代号 公称直径×螺距 旋向—螺纹公差带代号—螺纹旋合长度代号

普通螺纹标注示例见表7-2。关于标注格式的说明如下:

表7-2 常用标准螺纹规定代号

标注示例	标注示例	标注说明
M10×1.25—5g6g—S	M10×1.25—5g6g—S	普通细牙螺纹,公称直径为10,螺距为1.25,右旋,中、顶径公差带代号分别为5g,6g,旋合长度为短等级
M10—6H	M10—6H	普通粗牙螺纹,公称直径为10,右旋,中、顶径公差带代号相同为6H,旋合长度为中等级

138

标注示例	标注示例	标注说明
M10 LH－7h	M10－LH－7h	普通粗牙螺纹，公称直径为10，左旋，中、顶径公差带代号相同为7h，旋合长度为中等级
M10－7G6G－40	M10－7G6G－40	普通粗牙螺纹，公称直径为10，右旋，中、顶径公差带代号分别为7G,6G,旋合长度为40

（1）普通细牙螺纹需注写出螺距，普通粗牙螺纹不必注写螺距；

（2）右旋螺纹不必注写旋向，左旋螺纹的旋向用 LH 字符表示；

（3）螺纹公差带代号包括螺纹中径和顶径的公差带代号，当中径和顶径的公差带代号相同时，只需注写一次；

（4）螺纹旋合长度分为长、中、短三个等级，分别用字母 L、N、S 表示，当螺纹旋合长度为中等级时，不必注写；特殊需要时，可直接注出旋合长度的数值。

2. 管螺纹的规定标注

管螺纹的规定标注包含螺纹代号和公称直径两项，必要时可加注公差等级代号。管螺纹的公称直径指管子的孔径，不是螺纹的大径。管螺纹的标注采用斜向引线标注法，斜向引线一端指向螺纹大径。管螺纹标注示例见表 7-3。

表 7-3 管螺纹标注示例

标注示例	标注示例	标注说明
G 1/2	G1/2	非螺纹密封的圆柱内管螺纹，公称直径为 1/2 in * (12.7mm)
G 3/4 A	G3/4A	非螺纹密封的圆柱外管螺纹，公称直径为 3/4 in(19.05mm)，公差等级为 A 级
$R_p 3/4$	$R_p 3/4$	螺纹密封的圆柱内管螺纹，公称直径为 3/4 in(19.05 mm)

注 *：英制单位为非法定计量单位，因螺纹标注与其有关，故此处保留。1in= 25.4mm

3. 梯形螺纹和锯齿形螺纹的规定标注

梯形螺纹和锯齿形螺纹的规定标注包含有螺纹代号、公称直径和螺距,若为多线螺纹,需注明导程;旋向标注的规则与普通螺纹相同,标注方法也与普通螺纹相同。

梯形螺纹和锯齿形螺纹标注示例见表7－4。

表7－4 梯形螺纹和锯齿形螺纹标注示例

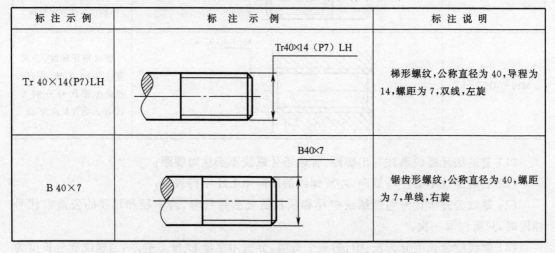

标 注 示 例	标 注 示 例	标 注 说 明
Tr 40×14(P7)LH	Tr40×14（P7）LH	梯形螺纹,公称直径为40,导程为14,螺距为7,双线,左旋
B 40×7	B40×7	锯齿形螺纹,公称直径为40,螺距为7,单线,右旋

7.2 常用螺纹紧固件的规定标注和装配画法

7.2.1 常用螺纹紧固件的规定标注

表7－5 常用螺纹紧固件及其标注方法

名称及视图	规定标注示例	标注说明
M5 25	螺钉 GB/T 67 M5×25	开槽圆柱头螺钉,螺纹规格为M5,公称长度为25
M5 30	螺钉 GB/T 68 M5×30	开槽沉头螺钉,螺纹规格为M5,公称长度为30
M16 70	螺栓 GB/T 5782 M16×70	A级六角头螺栓,螺纹规格为M16,公称长度为70

名称及视图	规定标注示例	标 注 说 明
M12 50	螺柱 GB/T 898 M12×50	双头螺柱,两端均为粗牙普通螺纹,螺纹规格为 M12,公称长度为 50
M16	螺母 GB/T 6170 M16	A 级 I 型六角螺母,螺纹规格为 M16
	垫圈 GB/T 97.1 16－A140	平垫圈,公称直径为 16,性能等级为 16－A140
	垫圈 GB/T 93 16	弹簧垫圈,公称直径为 16

常用螺纹紧固件有螺栓、双头螺柱、螺钉、螺母和垫圈等,由于这些螺纹都已经标准化,因此在应用这些螺纹紧固件时,只需在技术文件上注明其规定标记。表 7－5 列出了一些常用螺纹紧固件及其标注方法。

7.2.2　常用螺纹紧固件的比例画法

图 7－14 介绍六角螺母、六角头螺栓、双头螺柱和普通平垫圈的比例画法,这些紧固件各部分尺寸,都按与螺纹大径 d 的比例关系画出。

7.2.3　常用螺纹紧固件的装配画法

绘制螺纹紧固件装配图时应注意:

(1) 在剖视图上,相邻的两个零件的剖面线方向相反或方向相同但间隔应不等;同一个零件在不同视图上的剖面线方向和间隔必须一致。

(2) 当剖切平面通过螺杆轴线时,螺栓、螺柱、螺钉、螺母、垫圈等紧固件均按不剖绘制。

(3) 各个紧固件均可以采用简化画法。

1. 普通螺栓连接装配图的画法

螺栓用于连接两个不太厚的零件,两个被连接件上钻有通孔,孔径均为螺栓螺纹大径的 1.1 倍。

螺栓连接由螺栓、螺母、垫圈组成,螺栓连接的装配图一般可根据螺栓的公称直径 d ,按比例关系画出,也可从相应的标准中查出实际尺寸进行绘制,图 7－15 为螺栓连接的装配

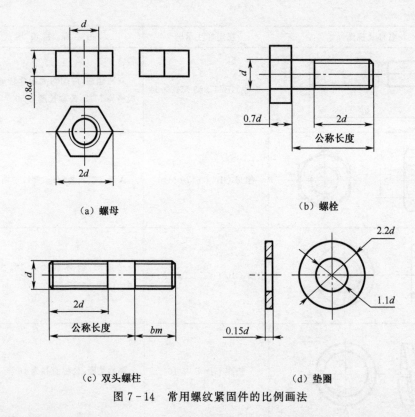

（a）螺母 　　　　　　　　　　　　　　　（b）螺栓

（c）双头螺柱 　　　　　　　　　　（d）垫圈

图 7-14　常用螺纹紧固件的比例画法

图。在画图时应注意下列几点：

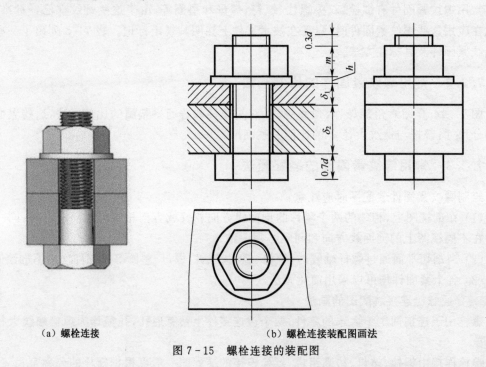

（a）螺栓连接 　　　　　　　　（b）螺栓连接装配图画法

图 7-15　螺栓连接的装配图

（1）被连接件上的通孔孔径大于螺纹直径，安装时孔内壁与螺栓杆部不接触，应分别画出各自的轮廓线。

（2）螺栓上的螺纹终止线应低于被连接件顶面轮廓，以便拧紧螺母时有足够的螺纹长度。

（3）螺栓杆部的公称长度 L 应先按下式估算：

$$L = \delta_1 + \delta_2 + h + m + 0.3d$$

式中，δ_1 和 δ_2 分别为两个被连接件的厚度；h 为垫圈厚度；m 为螺母厚度允许值的最大值；$0.3d$ 是螺栓末端伸出螺母的高度。根据估算的结果，从相应螺栓标准中查找螺栓有效长度 L 系列值，最终选取一个最接近的标准长度值。

2. 双头螺柱连接装配图的画法

一个被连接件较厚，不适于钻成通孔或不能钻成通孔时，常采用双头螺柱连接。较厚的零件上加工有螺纹孔，另一个零件上加工有光孔，孔径约为螺纹大径的 1.1 倍。

双头螺柱连接由螺柱、螺母、垫圈组成，连接时，将螺柱的旋入端拧进较厚被连接件的螺纹孔中，套入较薄被连接件，加入垫圈后，另一端用螺母拧紧。图 7-16 为按比例的简化画法绘制的双头螺柱连接的装配图。画图时应该注意下列几点：

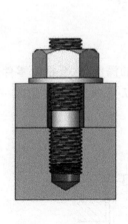
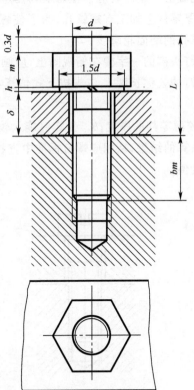

（a）双头螺柱连接　　　　　　　（b）双头螺柱连接装配图

图 7-16　双头螺柱连接的装配图

（1）双头螺柱的旋入端长度 b_m 与被连接件的材料有关，根据国家标准规定，b_m 有四种长度规格：被连接零件为钢和青铜时，$b_m = d$（GB/T 897—1988）；被连接零件为铸铁时，$b_m = 1.25d$（GB/T 898—1988）或 $b_m = 1.5d$（GB/T 899—1988）；被连接零件为铝时，$b_m = 2d$（GB/T 900—1988）。

(2) 双头螺柱旋入端应完全拧入零件的螺纹孔中,画图时,螺纹终止线与零件的边界轮廓线平齐。

(3) 伸出端螺纹终止线应低于较薄零件顶面轮廓,以便拧紧螺母时有足够的螺纹长度。

(4) 螺柱伸出端的长度,称为螺柱的有效长度;公称长度 L 应先按下式估算:

$$L = \delta + h + m + 0.3d$$

式中,δ 为较薄被连接件的厚度;h 为垫圈厚度;m 为螺母厚度允许值的最大值;$0.3d$ 是螺柱末端伸出螺母的高度。根据估算的结果,从相应双头螺柱标准中查找螺柱公称长度 L 系列值,最终选取一个最接近的标准长度值。

3. 螺钉连接装配图的画法

螺钉连接多用于受力不大,其中一个被连接件较厚的情况。螺钉连接通常不用螺母和垫圈,连接将螺钉拧入较厚零件的螺纹孔中,靠螺钉头部压紧被连接件。

根据螺钉头部的形状不同,螺钉连接由多种压紧形式,图 7-17 是几种常用螺钉连接装配图的比例画法。画图时应该注意下列几点:

(1) 较厚零件上加工有螺纹孔,为了使螺钉头部能压紧被连接件,螺钉的螺纹终止线应高于零件螺孔的端面轮廓线。

(2) 螺钉头部的一字槽在俯视图上,应画成与中心线成 $45°$。

(3) 螺钉的公称长度 L 应先按下式估算:

$$L = \delta + b_m$$

式中,δ 为较薄零件的厚度;b_m 为螺钉旋入较厚零件螺纹孔的深度,这要根据零件的材料而定。根据估算的结果,从相应螺钉标准中查找螺钉公称长度 L 系列值,最终选取一个最接近的标准长度值。

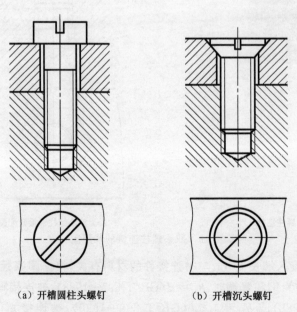

(a) 开槽圆柱头螺钉　　　　　(b) 开槽沉头螺钉

图 7-17　螺钉连接装配图

7.3　齿轮、键和销

齿轮是机械传动中广泛应用的传动零件,用于传递动力,改变转速和方向。齿轮的种类繁多,常用的有:

(1) 圆柱齿轮:用于传递两平行轴间的动力和转速。

(2) 圆锥齿轮:用于传递两相交轴间的动力和转速

(3) 蜗轮,蜗杆:用于传递两交叉轴间的动力和转速。

图 7-18 所示为上述三种齿轮的传动形式。

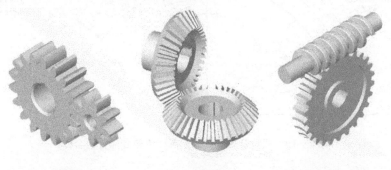

（a）直齿圆柱齿轮　　　　（b）圆锥齿轮　　　　（c）蜗轮,蜗杆

图 7-18　常用齿轮的传动形式

轮齿是齿轮的主要结构,它的结构和尺寸都有国家标准。凡轮齿符合标准规定的齿轮,称为标准齿轮;在标准的基础上,轮齿作某些改动的齿轮,称为变位齿轮。这一节只介绍标准齿轮的基本知识及其规定画法。

7.3.1　圆柱齿轮

轮齿加工在圆柱外表面上的齿轮,称为圆柱齿轮。圆柱齿轮按轮齿的方向,分为直齿、斜齿和人字齿三种。

1. 圆柱齿轮各部分的名称和代号

1) 分度圆

通过轮齿上齿厚等于齿槽宽度处的圆。分度圆是设计齿轮时计算各部分尺寸的基准圆,是加工齿轮时的分齿圆,它的直径用 d 表示。如图 7-19 所示。

当两个标准齿轮啮合传动时,两个做无滑动的纯滚动的圆称为节圆。标准齿轮的分度圆与节圆重合。

2) 齿顶圆和齿顶高

通过轮齿顶部的圆,称为齿顶圆,它的直径用 d_a 表示;齿顶圆与分度圆之间的径向距离,称为齿顶高,用 h_a 表示。如图 7-19 所示。

3) 齿根圆和齿根高

通过轮齿根部的圆,它的直径用 d_f 表示;齿根圆与分度圆之间的径向距离,称为齿根高,用 h_f 表示,如图 7-19 所示。

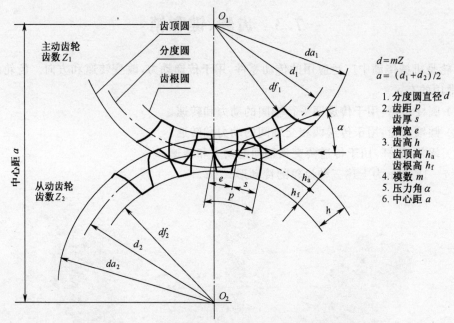

图 7-19 两啮合的标准直齿圆柱齿轮各部分的名称

4）齿距

分度圆上相邻两齿间对应点的弧长（槽宽 e ＋齿厚 s），用 p 表示。如图 7-19 所示。

5）模数

模数是设计和制造齿轮的一个重要参数，用 m 表示；以 z 表示齿轮的齿数，则分度圆周长＝$\pi d = zp$，即分度圆直径 $d = zp/\pi$。

设 $m = p/\pi$（该 m 就是齿轮的模数），最终有 $d = mz$。

由于模数与齿距 p 成正比，而齿距 p 又与齿厚 s 成正比，因此，齿轮的模数增大，齿厚也增大，齿轮的承载能力随之增强。

加工不同模数的齿轮要用不同的刀具，为了便于设计和加工，已经将模数标准化，模数的标准值见表 7-6，单位为 mm。

表 7-6 渐开线齿轮标准模数系列（摘录）（GB/T 1357—1987）

第一系列	1,1.25,1.5,2,2.5,3,4,5,6,8,10,12,16,20,25,32,40,50
第二系列	1.75,2.25,2.75,(3.25),3.5,(3.75),4.5,5.5,(6.5),7,9,(11),14,18,22,28,36,45

6）压力角

一对啮合齿轮的轮齿齿廓在接触点（即节点）处的公法线与两分度圆的公切线之间的夹角，称为压力角，用 α 表示。我国标准齿轮的压力角为 20°。

7）中心距

一对啮合的圆柱齿轮轴线之间的最短距离为中心距，用 a 表示。

只有模数和压力角都相同的齿轮，才能正确啮合。

2. 圆柱齿轮各几何要素的尺寸关系

圆柱齿轮的基本参数为模数和齿数。设计齿轮时，首先要确定模数 m 和齿数 z，其他各部分尺寸都与模数和齿数有关。标准直齿圆柱齿轮各部分的计算公式见表7-7。

表7-7 直齿圆柱齿轮各部分尺寸计算公式

各部分名称	代 号	公 式
分度圆直径	d	$d=mz$
齿顶高	h_a	$h_a=m$
齿根高	h_f	$h_f=1.25m$
齿顶圆直径	d_a	$d_a=m(z+2)$
齿根圆直径	d_f	$d_f=m(z-2.5)$
齿距	p	$p=\pi m$
中心距	a	$a=m(z_1+z_2)/2$

3. 单个圆柱齿轮的画法

单个圆柱齿轮的画法如图7-20所示。画图时应注意以下几个问题：

(1)齿轮的轮齿部分按规定画法绘制,其余部分按投影规律绘制。

(2)以齿轮轴线为侧垂线的方位作主视图,通常将主视图画成剖视图(剖切平面通过齿轮轴线);齿轮部分按不剖处理。

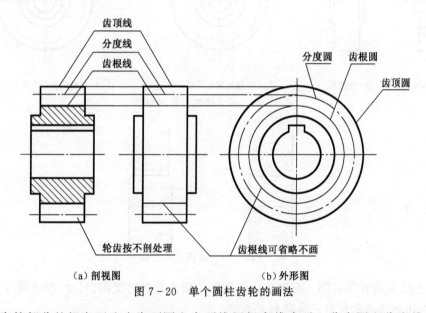

（a）剖视图　　　　　　　　　　（b）外形图

图7-20 单个圆柱齿轮的画法

（3）齿轮部分的规定画法为齿顶圆和齿顶线用粗实线表示。分度圆和分度线用细点画线表示。在剖视图中,齿根线用粗实线表示;在外形图中,齿根线和齿根圆用细实线表示或省略不画。

4. 圆柱齿轮啮合的画法

两圆柱齿轮啮合时,它们的分度圆相切。啮合圆柱齿轮的画法如图7-21所示。绘制齿轮啮合区时应注意以下几个问题：

（1）通常以齿轮轴线为侧垂线的方位作主视图。若将主视图画成全剖视图,则在啮合区,两齿轮的分度线重合,用细点画线表示,如图7-21(a)所示;将一个齿轮(通常是主动轮)的齿顶线画成粗实线,另一齿轮轮齿被遮挡部分用虚线画出,如图7-22所示,两齿轮的齿根线用粗实线画出。

147

（2）若画主视外形图，啮合区齿顶线不画，在齿顶圆接合处用粗实线画出节线，如图7-21(b)所示。

（3）通常以垂直齿轮轴线的视图作左视图。在左视图中，两齿轮的分度圆相切；齿根圆用细实线表示或省略不画；啮合区内，齿顶圆用粗实线表示，如图7-21(c)所示，也可省略不画，如图7-21(d)所示。

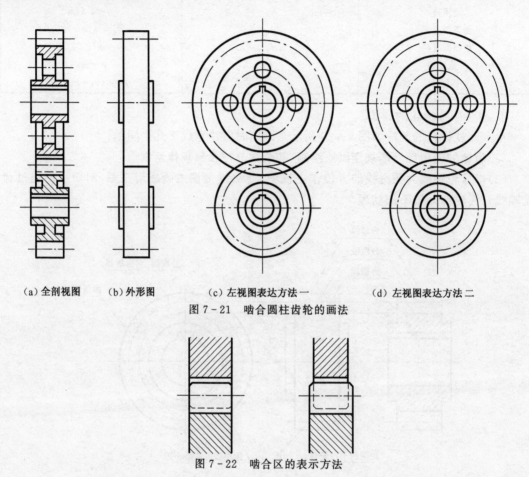

（a）全剖视图　　（b）外形图　　　（c）左视图表达方法一　　　　（d）左视图表达方法二

图7-21　啮合圆柱齿轮的画法

图7-22　啮合区的表示方法

图7-23是齿轮零件图。它除包含一般零件图所具有的视图、尺寸、技术要求和标题栏外，还要列出制造齿轮所需的参数和公差值。

7.3.2　键

键通常用来联结轴及轴上转动零件，如齿轮、皮带轮等，起传递扭矩的作用。常用的键有普通平键、半圆键和钩头楔键，如图7-24所示。

键是标准件，常用键和标注方法如表7-8所列。标注中的 b 和 d 值，需根据相应轴段的直径，查阅键的标准确定，平键和钩头楔键的长度 L 值，应根据轮长度和受力大小选取相应的系列之。在依靠键联结的轴和轮上加工有键槽，键槽的尺寸可从键的标准中查到。

普通平键和半圆键的联结原理相似，两侧面为工作表面，装配时，键的两侧面与键槽的侧面接触，工作时，靠键的侧面传递扭矩。绘制装配图时，键与键槽侧面之间无间隙，画一条

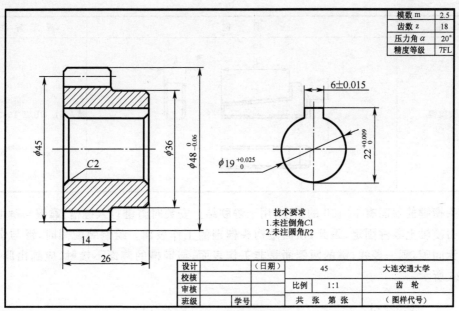

模数 m	2.5
齿数 z	18
压力角 α	20°
精度等级	7FL

技术要求
1.未注倒角C1
2.未注圆角R2

设计		（日期）	45	大连交通大学
校核				
审核			比例	1:1	齿 轮
班级		学号	共 张 第 张	（图样代号）

图 7-23 齿轮的零件图

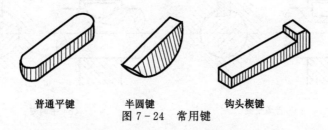

普通平键　　　　　半圆键　　　　　钩头楔键
图 7-24 常用键

线；键的顶面是非工作表面，与轮毂键槽的顶面不接触，应画出间隙，如图 7-25 所示。

表 7-8 常用键的标注方法

名 称	图 例	规 定 标 注
普通平键		键 $b \times L$ GB/T 1096—1979
半圆键		键 $b \times d$ GB/T 1099—1979

149

名　称	图　例	规 定 标 注
钩头楔键	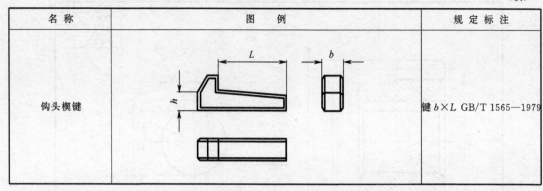	键 $b \times L$ GB/T 1565—1979

钩头楔键的顶面有 1:100 的斜度，用于静联结。安装时将键打入键槽，靠键与键槽顶面的压紧力使轴上零件固定，因此，顶面是钩头楔键的工作表面。绘制装配图时，键与键槽顶面之间无间隙，画一条线；键的两侧面是非工作表面，与键槽的侧面不接触，应画出间隙，如图 7-25 所示。

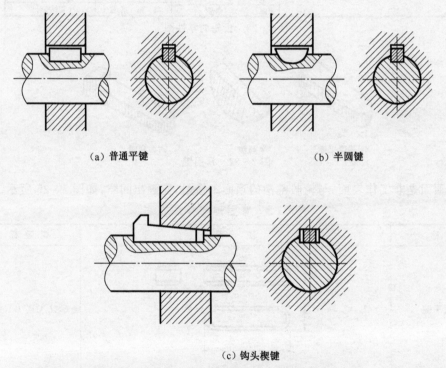

（a）普通平键　　　　　　　　　　　　（b）半圆键

（c）钩头楔键

图 7-25　普通平键、半圆键和钩头楔键连接的画法

图 7-26 是与普通平键联结的轴上键槽的两种画法和尺寸标注，图 7-27 是与普通平键联结的轮毂上键槽的画法和尺寸标注。

7.3.3　销

销用来连接和固定零件，或在装配时起定位作用。销是标准件，常用的销有圆柱销、圆锥销和开口销，如图 7-28 所示。

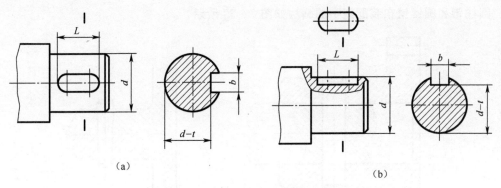

（a）　　　　　　　　　　　　　　　　　　　　　（b）

图 7－26　轴上键槽的画法和尺寸标注

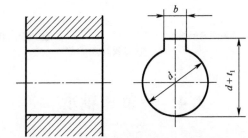

图 7－27　轮毂上键槽的画法和尺寸标注

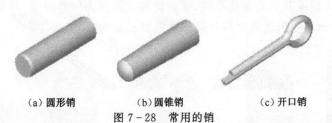

（a）圆形销　　　　　（b）圆锥销　　　　　（c）开口销

图 7－28　常用的销

销的型式和标注方法见表 7－9。

表 7－9　销的型式和标注方法

名　称	型　式	标 注 示 例	说　明
圆柱销		销 GB/T 119.1 8 m6×30	公称直径 $d=8$，公差为 m6，长度 $l=30$，材料：钢，不淬火，不表面处理
圆锥销		销 GB/T 117 A10×60	A 型，公称直径 $d=10$，长度 $l=60$，材料 35，热处理硬度 28～38HRC，表面氧化
开口销		销 GB/T 91 5×50	公称直径为 5，公称长度为 50，材料为 Q215 或 Q235，不经表面处理的开口销

圆柱销和圆锥销在装配图中的画法如图 7-29 所示。

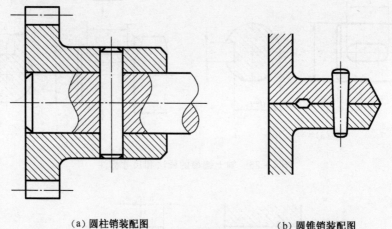

（a）圆柱销装配图　　　　　　　　（b）圆锥销装配图

图 7-29　销的装配图画法

7.4　弹簧和轴承

弹簧是一种常用件,它的作用是减振、测力、储能等。弹簧的种类很多,常见的有螺旋弹簧和涡卷弹簧等。根据其受力情况不同,螺旋弹簧又可分为压缩弹簧、拉伸弹簧和扭转弹簧等,如图 7-30 所示。本节着重介绍螺旋压缩弹簧的画法。

压缩弹簧　　　　拉伸弹簧　　　　扭转弹簧　　　圆锥螺旋弹簧　　　涡卷弹簧

图 7-30　常用弹簧的种类

7.4.1　螺旋压缩弹簧各部分名称

（1）簧丝直径 d:制造弹簧钢丝的直径,如图 7-31 所示。

（2）弹簧外径 D:弹簧的最大直径。

（3）弹簧内径 D_1:弹簧的最小直径。

$$D_1 = D - 2d$$

（4）弹簧中径 D_2:弹簧的平均直径。

$$D_2 = D - d$$

（5）支撑圈数 n_0:为了使压缩弹簧在工作时受力均匀,制造时需将两端并紧并磨平。在

152

使用时,弹簧两端并紧并磨平的部分基本上无弹性,只起支撑作用,因此称该部分为支撑圈。支撑圈有1.5圈、2圈和2.5圈三种,最常见的是2.5圈。

(6) 有效圈数 n:除了支撑圈外,保持相等螺距的圈称为有效圈数,它是计算弹簧受力的主要依据。

(7) 总圈数 n_1:有效圈数和支撑圈数之和称为总圈数。

$$n_1 = n + n_0$$

(8) 节距 t:在有效圈范围内,相邻两圈的轴向距离称为节距。

(9) 自由高度 H_0:弹簧在不受外力作用时的高度,称为自由高度。

$$H_0 = nt + (n_0 - 0.5)d$$

(10) 弹簧的展开长度 L:制造弹簧时所用的坯料的长度。

$$L = n_1 (\pi D_2)^2 + t^2$$

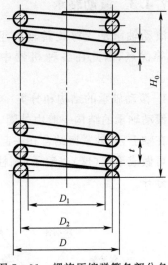

图 7-31　螺旋压缩弹簧各部分名称

7.4.2　螺旋压缩弹簧的画图步骤

已知圆柱螺旋压缩弹簧的簧丝直径 $d=4$,弹簧外径 $D=34$,节距 $t=10$,有效圈数 $n=6$,支撑圈数 $n_0=2.5$,右旋,绘制该弹簧的步骤如图 7-32 所示。

(1) 根据已知数据计算出弹簧中径 D_2 和弹簧自由高度 H_0,画出中径线和高度定位线,如图 7-32(a)所示。

(2) 根据簧丝直径 d,画出两端的支撑圈,如图 7-32(b)所示。

(3) 根据节距 t,画出中间部分的有效圈数,如图 7-32(c)所示。

(4) 按右旋的方向作各圈的公切线,填上剖面符号,完成全图,如图 7-32(d)所示。

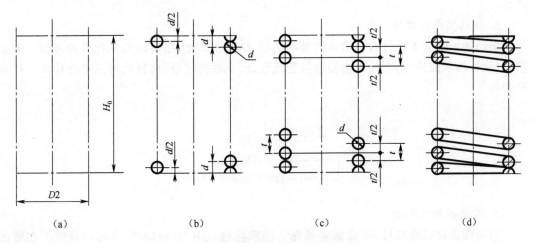

图 7-32　圆柱螺旋压力弹簧的绘图步骤

153

7.4.3 滚动轴承

滚动轴承是支撑旋转轴的组件。由于它具有结构紧凑、效率高、摩擦阻力小、维护简单等优点,因此在各种机器中广泛应用。滚动轴承是标准部件,需要时可根据型号选购。

1. 滚动轴承的结构和分类

滚动轴承的结构一般由外圈、内圈、滚动体和保持架四部分组成,如图 7-33 所示。内圈装在轴上,与轴紧密结合在一起;外圈装在轴承座孔孔内,与轴承座孔紧密结合在一起;滚动体可做成滚珠(球)或滚子(圆柱、圆锥或针状)形状,排列在内外圈之间;保持架用来把滚动体分开。

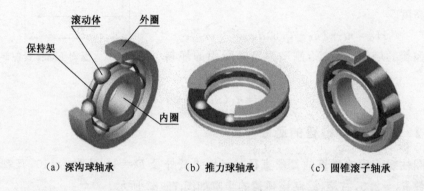

(a) 深沟球轴承　　　　(b) 推力球轴承　　　　(c) 圆锥滚子轴承

图 7-33　滚动轴承的结构及类型

滚动轴承按其受力方向可分为三类:

(1) 向心轴承——主要承受径向载荷,如深沟球轴承,如图 7-33(a)所示。

(2) 推力轴承——主要承受轴向载荷,如推力球轴承,如图 7-33(b)所示。

(3) 向心推力轴承——同时承受径向载荷和轴向载荷,如圆锥滚子轴承,如图 7-33(c)所示。

2. 滚动轴承的代号

滚动轴承的基本代号表示轴承的基本类型、结构和尺寸,是滚动轴承代号的基础。滚动轴承(滚针轴承除外)基本代号由轴承类型代号、尺寸系列代号、内径代号三部分构成。代号示例如下:

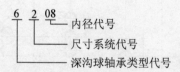

3. 滚动轴承的画法

滚动轴承是标准部件,不必画零件图。国家标准(GB/T 4459.7—1998)规定了在装配图中可采用通用画法、规定画法或特征画法画出,如图 7-34 所示。

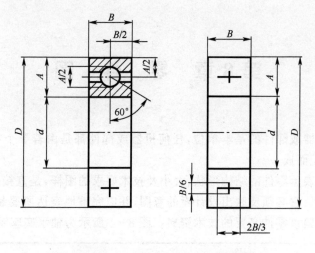

（a）规定画法 　　　（b）特征画法

图 7 - 34　滚动轴承的画法

第8章 零 件 图

　　零件是组成机器或部件的基本单位,任何机器或部件都是由若干个零件按一定的装配关系、技术要求装配而成。

　　零件图是用来表示零件的结构形状、大小及技术要求的图样,是直接指导制造和检验零件的重要技术文件。它必须反映出设计者的意图,并应完整地表达所要制造的零件的形状、尺寸以及制造和检验该零件必要的技术资料。图 8-1 所示为轴承底座零件图。

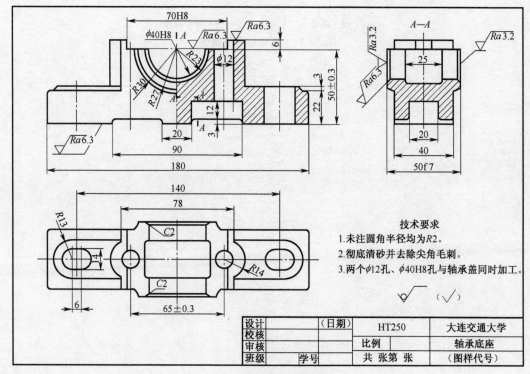

图 8-1　轴承底座零件图

　　由于零件图是直接用于生产的技术文件,任何差错都可能造成废品,因此,必须十分重视零件图的绘制。要想绘制出能用于生产的零件图,必须学习零件设计的其他许多知识,以及对零件加工制造的工艺和技术要求等知识,本章的主要内容放在培养学生的读图能力上。

8.1　零件图的内容

　　从图 8-1 中可以看出一张完整的零件图一般应包括以下 4 方面内容。

　　(1) 视图。用一组视图(其中包括 6 个基本视图、剖视图、剖面图、局部放大图和简化画

156

法等方法)正确、完整、清晰和简便地表达出零件的内外形状和结构。

（2）尺寸。正确、齐全、清晰、合理地标注出零件各部分的大小及其相对位置尺寸,即提供制造和检验零件所需的全部尺寸。

（3）技术要求。标注或说明零件在制造和检验中应达到的一些技术要求,如表面粗糙度、尺寸公差和热处理,它们用一些规定的代(符)号、数字、字母或文字准确、简明地表示出来。

（4）图框、标题栏。标题栏在图样的右下角,应按标准格式画出,在其中注写零件的名称、材料、质量、图样的代号、比例、设计、制图及审核人的签名和日期等。

8.2 常见工艺结构的表达

零件的工艺结构,多数是在生产过程中为满足加工和装配要求而设计的,因此,在设计和绘制零件图时,必须将这些工艺结构绘制或标注在零件图上,以便于加工和装配。

8.2.1 铸造工艺结构

1. 拔模斜度

在铸造时为了取模方便,在铸件的内、外壁沿着起模方向设计成约为1:20的斜度,称为拔模斜度,如图8-2所示,这种斜度在图上可以不标注,也可以不画出,但必须在技术要求中用文字加以说明。

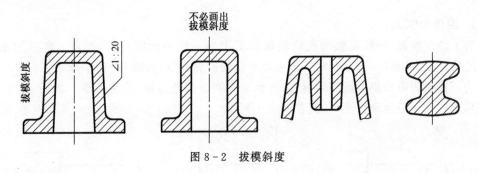

图8-2 拔模斜度

2. 铸造圆角

为避免铸件冷却后产生裂纹和缩孔,在铸件表面转折处应制有铸造圆角,如图8-3所示。但经过切削加工后,转折处则应画出尖角,因为这时的圆角已被切削掉。

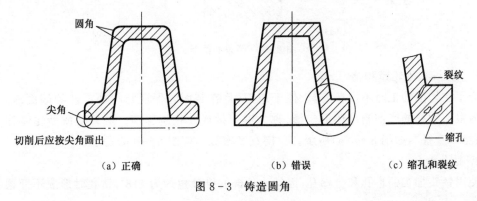

（a）正确　　　　　　　　（b）错误　　　　　　　（c）缩孔和裂纹

图8-3 铸造圆角

157

3. 壁厚均匀过渡

为防止铸件浇注时,由于金属冷却速度不同而产生缩孔和裂纹,在设计铸件时,壁厚应尽量均匀或逐渐过渡,以避免壁厚突变或局部肥大现象。

4. 过渡线的画法

铸件上由于铸造圆角的存在,使零件表面在圆角处的交线变得不太明显,但为了区别不同形体的表面,一般仍需画出这些相贯线,这种相贯线称为过渡线,如图8-4所示。

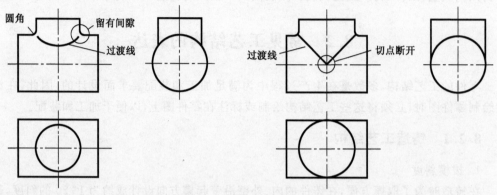

图8-4 过渡线的画法

8.2.2 切削工艺结构

1. 倒角和倒圆

为了便于装配,一般在轴和孔的端部加工出一小段圆锥面,称为倒角。常见的倒角为45°,代号为 C,如图8-5(a)所示。也可以简化绘制和标注,如图8-5(b)所示。

为了避免因应力集中而产生裂纹,在轴肩处制出圆角过渡,称为倒圆。如图8-5(a)所示。也可以简化绘制和标注,如图8-5(b)所示。

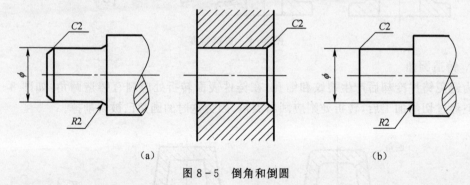

（a）   （b）

图8-5 倒角和倒圆

2. 退刀槽、砂轮越程槽

为了在切削加工时不损坏刀具、便于退刀,且在装配时保证与相邻零件的端面靠紧,常在轴的根部和孔的底部制出环形沟槽,称为退刀槽或砂轮越程槽。退刀槽或砂轮越程槽可按"槽宽×直径",如图8-6(a)所示,或"槽宽×槽深",如图8-6(b)所示。

3. 钻孔

使用钻头加工的盲孔和阶梯孔,因钻头顶部的锥顶角约为118°,钻孔时形成不穿通孔底

158

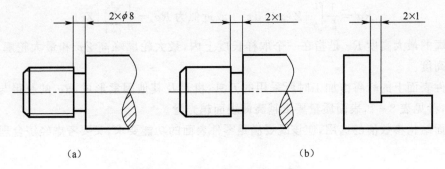

|(a)|(b)|

图8-6　退刀槽和砂轮越程槽

部的锥面,画图时钻头角可简化为120°,视图中不必标注角度。钻孔深度不包括钻头角,如图8-7所示。

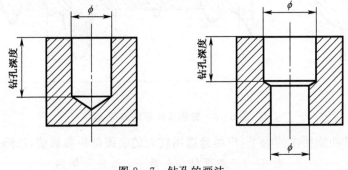

图8-7　钻孔的画法

8.3　表面粗糙度

零件加工时,由于刀具在零件表面上留下的刀痕、切屑分裂时表面金属的塑性变形以及由于机床、工件和刀具系统的振动在工件表面所形成的间距等影响,使零件表面在放大镜下看,仍然存在着高低不平的波纹,它们综合影响零件的表面轮廓。表面结构是表面粗糙度、表面波纹度、表面缺陷、表面纹理和表面几何形状的总称。

8.3.1　表面粗糙度的概念

根据国家标准GB/T 131—2006中的规定,对于零件的表面结构状况,即评定表面结构常用的参数,是由3大参数加以评定:轮廓参数(由GB/T 3505—2000定义)、图形参数(由GB/T 18618—2002定义)、支承率曲线参数(由GB/T 18778 2—2003和GB/T 187783—2006定义)。其中轮廓参数是我国机械图样中目前最常用的,轮廓算术平均偏差(Ra),轮廓最大高度(Rz)两项参数是评定零件表面粗糙度的主要参数,使用时宜优先选用轮廓算术平均偏差Ra参数。

如图8-8所示,在零件表面的一段取样长度L(用于判断表面结构特征的一段中线长度)内,轮廓偏距y是轮廓线上的点到中线的距离,中线以上y为正值,反之y为负值。Ra是轮廓偏距绝对值的算术平均值,用公式表示为

$$Ra = \frac{1}{L}\int_0^L |Z(x)|\,\mathrm{d}x \quad \text{或近似为} \quad Ra = \frac{1}{n}\sum_{i=1}^{n}|Zi|$$

轮廓的最大高度 Rz 是指在一个取样长度上内,最大轮廓峰高 Zp 和最大轮廓谷深 Zv 之和的高度。

零件表面上的峰谷由加工时所采用的刀具、机具及其他因素形成,Ra 的获得与加工方法有关,参见表 8-1,表面质量要求越高即表面越光滑。

表面结构参数值的选用,应该既要满足零件表面的功能要求,又要考虑经济合理性。

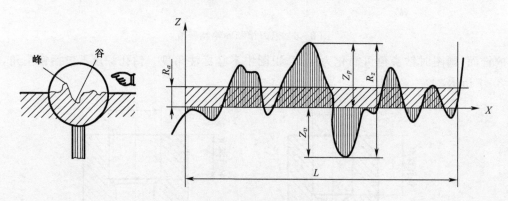

图 8-8　轮廓算数平均偏差 Ra

在满足零件功能要求前提下,应尽量选用较大的表面结构参数值,以降低加工成本。

表 8-1　表面结构参数 Ra 值应用举例

$Ra/\mu m$	表面特征	表面形状	获得表面结构的方法举例	应用举例
100	粗糙面	明显可见的刀痕	锯断、粗车、粗铣、粗刨、钻孔及用粗纹锉刀、粗砂轮等加工	粗加工表面,一般很少使用
50		可见的刀痕		
25		微见的刀痕		
12.5	半光面	可见加工痕迹	拉制(钢丝)、精车、精铣、粗铰、粗铰埋头孔、粗剥刀加工,刮研	支架、箱体、离合器、带轮螺钉孔、轴或孔的退刀槽、量板、套筒等非配合面,齿轮非工作面、主轴的非接触外表面、IT8～IT11级公差的结合面
6.3		微见加工痕迹		
3.2		看不见加工痕迹		
1.6	光面	可辨加工痕迹的方向	精磨、金刚石车刀的精车、精铰、拉制、剥刀加工	轴承的重要表面、齿轮轮齿的表面、普通车床导轨面、滚动轴承相配合的表面、机床导轨面、发动机曲轴、凸轮轴的工作面、活塞外表面等IT6～IT8级公差的结合面
0.8		微辨加工痕迹的方向		
0.4		不可辨加工痕迹的方向		
0.2	最光面	暗光泽面	研磨加工	活塞销和涨圈的表面、分气凸轮、曲柄轴的轴颈、气门及气门座的支持表面、发动机汽缸内表面
0.1		亮光泽面		
0.05		镜状光泽面		
0.025		雾状镜面		

8.3.2 表面粗糙度的图形符号和标注方法

1.表面结构图形符号

GB/T 131—2006 规定了表面结构图形符号。表面结构图形符号分为基本图形符号、扩展图形符号、完整图形符号 3 种。表面结构符号的分类及符号画法见表 8-2 所列。

表 8-2 表面结构代(符)号

符 号	意义及说明	符号画法
	基本符号,表示表面可用任何方法获得。当不加注粗糙度参数值或有关说明时,仅适用于简化代号标注	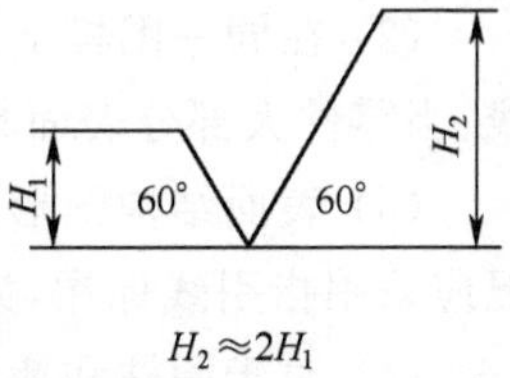
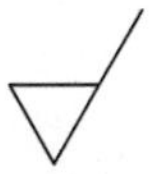	扩展图形符号,基本符号加一短划,表示表面是用去除材料的方法获得。例如:车、铣、钻、磨、剪切、抛光、腐蚀、电火花加工、气割等	
	扩展图形符号,基本符号加一小圈,表示表面是用不去除材料的方法获得。例如:铸、锻、冲压变形、热轧、冷轧、粉末冶金等,或者是用于保持原供应状况的表面(包括保持上道工序的状况)	$H_2 \approx 2H_1$
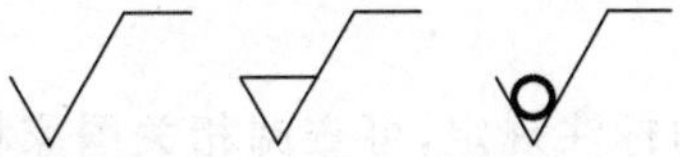	完整图形符号	
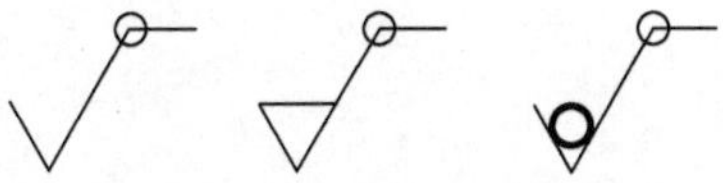	视图上封闭轮廓的各表面具有相同的表面粗糙度要求	

用法举例参看表 8-3。

表 8-3 常见表面结构(粗糙度)代号及含义

代号示例(旧标准)	代号示例(GB/T 131—2006)	含义/解释
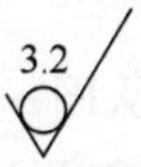 3.2	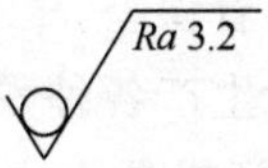 Ra 3.2	用不去除材料的方法获得的表面粗糙度,Ra 的值为 3.2μm
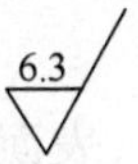 6.3	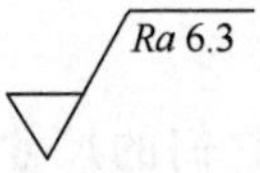 Ra 6.3	用去除材料的方法获得的表面粗糙度,Ra 的值为 6.3μm
	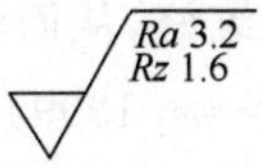 Ra 3.2 Rz 1.6	用去除材料的方法获得的表面粗糙度,Ra 的值为 3.2μm,Rz 的值为 1.6μm

2.表面结构图形符号的注法(GB/T 131—2006)

(1) 在图样上,表面结构图形符号(包括 Ra 数值)的注写和读取方向与尺寸的注写和读取方向一致,一般标注在可见轮廓线、尺寸界线、引出线或它们的延长线上,其符号应从材料外指向接触表面,如图 8-9 所示。

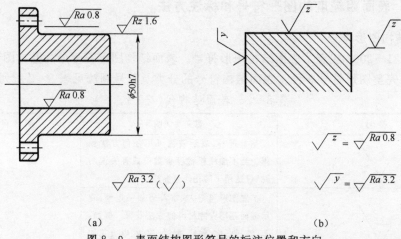

图 8-9 表面结构图形符号的标注位置和方向

（2）在同一图样上，每一个表面一般只标注一次符号、代号，并尽可能靠近有关的尺寸线，当零件大部分表面具有相同的表面结构要求时，可统一标注在图样的标题栏附近。

（3）表面结构图形符号中的 Ra 数值不应倒着标注，也不应指向右侧标注，遇到这种情况应采用指引线标注，如图 8-9(b)所示。

（4）对于圆柱和棱柱表面的表面结构要求只标注一次，如果每个棱柱表面有不同的表面要求，则应分别单独标注。

以上只介绍表面结构表示法的一般方法，关于更详细的标注规定，可查阅相关国家标准：GB/T 3505—2000，GB/T 131—1993。

8.4　极限与配合

8.4.1　极限与配合的概念

在实际生产中，由于设备、工夹具及测量误差等因素的影响，零件不可能制造得绝对准确，零件的尺寸、形状和结构的相对位置都存在着误差。

但是，现代设计为了提高生产率，要求批量生产各种零件，而在装配时，从同一批零件中任取一个，不经修配或其他加工就可顺利地装到机器上去，并满足机器的性能要求，这种能够互换通用的性质称为互换性。

为了使零件（或部件）具有互换性，就要求它们的尺寸、形状与相互位置、表面粗糙度等控制在一个适当的范围内，以便与加工、装配和维修，从而满足其技术要求，并获得好的经济效益。国家标准《极限与配合》(GB/T 1800.1～4—1999)等对尺寸极限与配合分类作了基本规定，使互换性得以实现的重要保证。

8.4.2　极限与配合的术语

为了保证零件的互换性，必须对零件的尺寸规定一个允许的变动范围，这个变动范围就是通常所讲的尺寸公差。

1.极限

极限的有关术语的含义如图 8-10 所示。

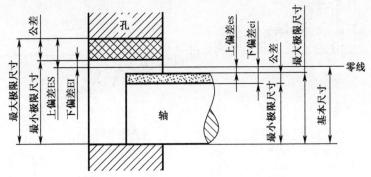

图 8-10 尺寸公差名词解释及公差带图

(1) 基本尺寸——设计确定的尺寸。

(2) 实际尺寸——尺寸,即零件加工后实际测量所得到的尺寸。

(3) 极限尺寸——变化的两个极限值。它以基本尺寸为基数来确定,较大的一个尺寸为最大极限尺寸,较小的一个为最小极限尺寸。

(4) 尺寸偏差(简称偏差)——某一尺寸减去其基本尺寸所得的代数值。尺寸偏差分为上偏差(ES,es)和下偏差(EI,ei)。上偏差为最大极限尺寸减去其基本尺寸所得的代数差,下偏差为最小极限尺寸减去其基本尺寸所得的代数差。上、下偏差可以是正值、负值或零。

(5) 尺寸公差(简称公差)——允许尺寸的变动量。即为最大极限尺寸与最小极限尺寸之代数差,也等于上偏差与下偏差之代数差,所以尺寸公差一定为正值。

(6) 零线——在公差与配合图解(简称公差带图)中,确定偏差的一条基准直线,即零偏差线。通常以零线表示基本尺寸。

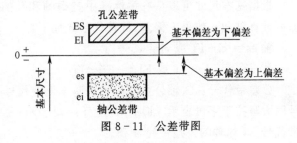

图 8-11 公差带图

(7) 尺寸公差带(简称公差带)——在公差带图中,由代表上、下偏差的两条直线所限定的一个区域,如图 8-11 所示,公差带即表示了公差的大小,又表示了上下偏差相对零线的位置。

(8) 标准公差(IT)——国家标准《极限与配合》中所规定的,用以确定公差带大小的任意一个公差,它的数值由基本尺寸和公差等级所确定。

(9) 公差等级——就是标准公差的等级,它表示尺寸的精确程度。国标规定标准公差分为 20 级。IT 表示标准公差,公差等级代号用阿拉伯数字表示,从 IT01 至 IT18 等级依次降低。

(10) 基本偏差——公差带中两个极限偏差(上偏差、下偏差)中接近零线的那个极限偏差。凡是位于零线以上的公差带,下偏差为基本偏差;而位于零线以下的公差带,上偏差为基本极限偏差。

国家标准规定基本偏差共 28 个,其代号用拉丁字母表示,大写为孔的基本偏差,小写为轴的基本偏差,如图 8-12 所示。

从图 8-12 中可以看出,孔的基本偏差从 $A \sim H$ 为下偏差,$J \sim ZC$ 为上偏差;轴的基本偏差从 $a \sim h$ 为上偏差,$j \sim zc$ 为下偏差。

163

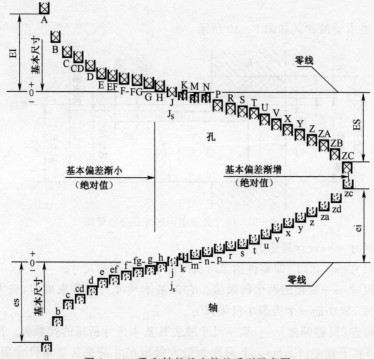

图 8-12 孔和轴的基本偏差系列示意图

孔和轴的基本偏差呈对称形状分布在零线的两侧。图 8-12 中公差带一端画成开口,表示不同公差等级的公差带宽度有变化。

根据基本尺寸可以从有关标准中查得轴和孔的基本偏差数值,再根据给定的标准公差即可计算轴和孔的另一偏差,计算代数式如下:

轴 $es = ei + IT$ 或 $ei = es - IT$

孔 $ES = EI + IT$ 或 $EI = ES - IT$

公差带代号:孔、轴公差带代号由基本偏差代号与公差等级代号组成。孔的基本偏差代号用大写拉丁字母表示,轴用小写拉丁字母表示;公差等级用阿拉伯数字表示。如孔的公差带代号 F8 和轴的公差带代号 f8。

【例 8-1】 说明 $\phi 50H8$ 的含义,计算其上下偏差,并画其公差带图。

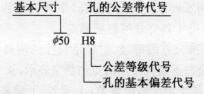

由附录可查得:IT $= 0.039$mm

偏差位置为 H,下偏差 EI $= 0$

上偏差 ES $=$ EI $+$ IT $= 0 + 0.039 = 0.039$mm

所以,$\phi 50H^{+0.039}_{0}$

公差带图如图 8-13 所示。

【例 8-2】 计算 $\phi 50f7$ 的偏差值,并画其公差带图。

164

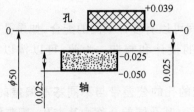

图 8-13 φ50H8/f7 的公差带图

φ50f7 表示基本尺寸为 φ50 的轴,公差等级为 7 级,基本偏差为 f

由附录可查得:IT7＝0.025mm

由附录可查得:es＝－0.025(偏差位置为 f)

所以,ei＝es－IT＝－0.025－0.025＝ － 0.050 mm

即 $\phi 50^{-0.025}_{+0.050}$

公差带图如图 8-13 所示。

2. 配合

基本尺寸相同的孔和轴装配在一起称为配合。它说明基本尺寸相同、相互结合的孔和轴公差带之间的关系。当孔的实际尺寸大于轴的实际尺寸时它们存在着间隙,当轴的实际尺寸大于孔的实际尺寸时,则为过盈,即在孔和轴装配后可得到不同的松紧程度,如图 8-14 所示。

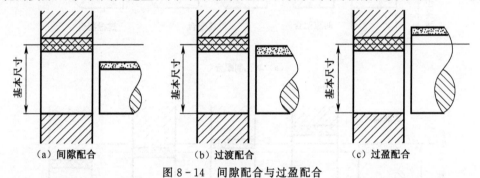

（a）间隙配合   （b）过渡配合   （c）过盈配合

图 8-14   间隙配合与过盈配合

1）配合的种类

根据设计和工艺要求,配合分为 3 类。

间隙配合:具有间隙的配合(包括最小间隙为零),其孔的公差带在轴的公差带之上。

过盈配合:具有过盈的配合(包括最小过盈为零),其孔的公差带在轴的公差带之下。

过渡配合:可能具有间隙或过盈的配合,其孔的公差带与轴的公差带相互交迭。

配合代号:用孔、轴公差代号组合表示,写成分数形式,分子为孔公差带代号,分母为轴公差带代号。如 $\dfrac{H8}{f7}$ 或 H8/f7 表示公差等级 8 级、基本偏差为 H 的基准孔与公差等级 7 级、基本偏差 f 的轴配合。

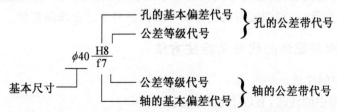

2）配合的基准制

根据设计要求孔和轴之间可以有各种不同的配合,如果孔和轴两者都可以任意变动,则情况变化极多,不便于零件的设计和制造。为此,可以按以下两种制度规定孔和轴的公差带。

基孔制:基本偏差为一定的孔的公差带与不同基本偏差的轴的公差带形成各种配合的一种制度,如图 8-15（a）所示。基孔制的孔称为基准孔,基准孔的下偏差 EI 为零,并用代号 H 表示,如 ϕ30H8/h7。

基轴制:基本偏差为一定的轴的公差带与不同基本偏差的孔的公差带形成各种配合的一种制度,如图 8-15（b）所示。基轴制的轴称为基准轴,基准轴的上偏差 es 为零,并用代号 h 表示,如 ϕF8/h7。

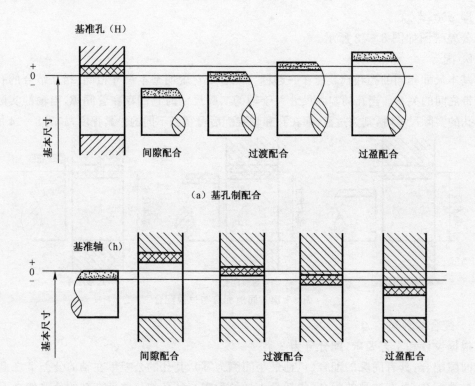

（a）基孔制配合

（b）基轴制配合

图 8-15　基孔制与基轴制

优先配合与常用配合:为了减少定值刀具、量具的规格数量,以获得最大的经济效益,不论基孔制或是基轴制都规定有优先配合和常用配合,在一般情况下应尽量选用。

一般优先采用基孔制,因加工相同精度要求的孔要比轴困难。在保证使用要求的前提下,为减少加工工作量,一般应选用孔比轴低一级的公差才是合理经济的。

8.4.3　极限与配合的代号及标注方法

1.在装配图中的注法

配合在装配图中的注法,有以下几种形式。

166

(1) 标注孔、轴的配合代号,如图8-16(a)所示,这种注法应用最多。

(2) 零件与标准件或外购件配合时,装配图中可仅标注该零件的公差带代号。如图 8-16(b)中轴颈与滚动轴承轴圈的配合,只注出轴颈 ϕ30k6;机座孔与滚动轴承座圈的配合,只注出机座孔 ϕ62J7。

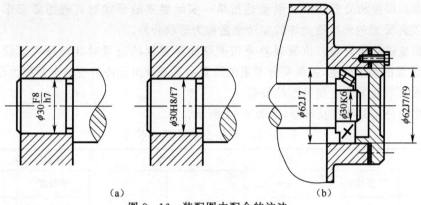

（a） （b）

图8-16 装配图中配合的注法

2.在零件图中的注法

公差在零件图中的注法,有以下3种形式:

(1) 在基本尺寸后标注偏差数值,如图8-17所示。这种注法常用于小批量或单件生产中,以便加工检验时对照。

(2) 在基本尺寸后标注偏差代号,如图8-17所示,这种注法常用于大批量生产中,由于与采用专用量具检验零件统一起来,因此不需要注出偏差值。

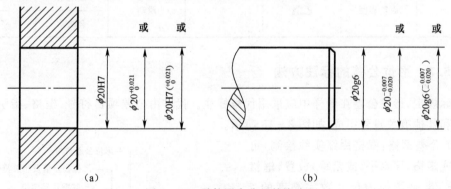

（a） （b）

图8-17 零件图中公差的注法

(3) 在基本尺寸后同时标注公差带代号和偏差数值,如图8-17所示,偏差数值应该用圆括号括起来。这种标注形式常用于产品转产较频繁的生产中。

国家标准规定,同一张零件图上其公差只能选用一种标注形式。

8.5 形位公差及其标注方法

8.5.1 形状和位置公差的概念

加工后的零件不仅尺寸存在误差,而且几何形状和相对位置也存在误差。如加工的圆柱可能不圆,轴的轴线不直,与外表面的相对位置不正确等。所以,为了满足使用要求,零件结构的几何形状和相对位置则由形状公差和位置公差来保证。GB/T 1182—1996,GB/T 1184—1996,GB/T 4249—1996 和 GB/T 16671—1996 等国家标准对形位公差的术语、定义、符号、标注和图样中的表示方法等都作了详细的规定,下面进行简要介绍。

(1) 形状误差和公差。形状误差是指单一实际要素的形状对其理想要素形状的变动量。单一实际要素的形状所允许的变动全量称为形状公差。

(2) 位置误差和公差。位置误差是指关联实际要素的位置对其理想要素位置的变动量。理想位置由基准确定,关联实际要素的位置对其基准所允许的变动全量称为位置公差。形状公差和位置公差简称形位公差。

(3) 形位公差的项目及符号,如表 8-4 所示。

表 8-4 形位公差各项目符号

分类	项目	符号	分类		项目	符号
形状公差	直线度	—	位置公差	定向	平行度	//
	平面度	▱			垂直度	⊥
	圆度	○			倾斜度	∠
	圆柱度	⌀		定位	同轴度	◎
	线轮廓度	⌒			对称度	=
					位置度	⊕
	面轮廓度	⌒		跳动	圆跳动	↗
					全跳动	↗↗

8.5.2 形位公差的标注方法

国标规定,形位公差在图样中应采用代号标注。代号由公差项目符号、框格、指引线、公差数值和其他有关符号组成,如图 8-18 所示。

(1) 公差框格:框格用细实线绘制,可画两格或多格,要水平(或铅垂)放置,框格的高(宽)度是图样中尺寸数字高度的 2倍,框格中的数字、字母和符号与图样中的数字同高,填写的内容和顺序如图 8-18所示。

(2) 指引线:指引线一端有箭头,箭头应垂直指向被测表面的轮廓线或其延长线,当被测部位为轴线或对称平面,指引线的箭头应与该要素的尺寸线对齐。

(3) 基准:基准是指确定被测部位位置所依据的零件表面或轴线。图样上用基

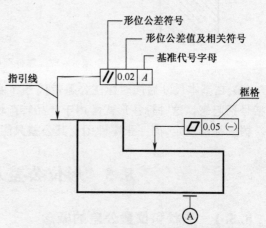

图 8-18 形位公差代号及填写内容

准符号或基准代号指明,基准符号用粗短划表示,用细实线与框格相连,基准代号有基准符号、细实线圆圈、连线和字母组成。

形位公差标注的综合举例如图 8-19(a)所示。图例中各项形位公差及其相关符号的意义如下:

基准 A 是 $\phi22$ 的圆柱孔的轴线。

$\boxed{\not\!\!\!H \mid 0.05}$ 表示 $\phi35$ 圆柱面的圆柱度误差为 0.05mm,即该被测圆柱面必须位于半径差为公差值 0.05mm 的两同轴圆柱面之间。

$\boxed{\nearrow \mid 0.015 \mid A}$ 表示 $\phi22$ 的圆柱面对基准 A 的端面圆跳动公差为 0.015mm,即被测面围绕基准线 A(基准轴线)旋转一周时,任意一个测量直径处的轴向圆跳动量不得大于公差值 0.015mm。

$\boxed{\perp \mid 0.1 \mid A}$ 表示 $\phi35$ 的圆柱左端面与基准 $A\phi22$ 轴线的垂直度公差为 0.1mm,即该被测面必须位于距离为公差值 0.1mm,且垂直与基准线 A(基准轴线)的两平行平面之间。

$\boxed{\bigoplus \mid \phi0.1 \textcircled{M} \mid A \mid B \mid C}$ 表示 $6 \times \phi12$ 孔的轴线相对于 A、B、C 3 个表面的位置度不大于 $\phi0.1$;$\textcircled{M}$ 表示最大实体状态,即实际要素在尺寸公差范围内具有材料量为最多的状态,$\boxed{30}$ 和 $\boxed{36}$ 表示理论正确位置尺寸,如图 8-19(b)所示。

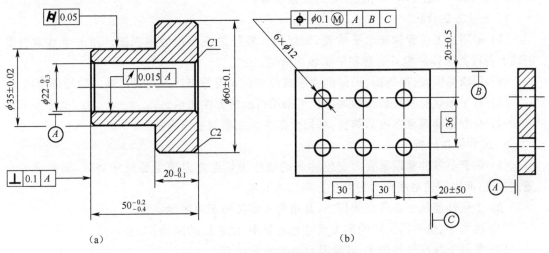

(a)   (b)

图 8-19 形位公差标注综合举例

8.6 零件图阅读举例

设计零件时,经常需要参考同类机器零件的图样,这就需要看零件图。制造零件时,也需要看懂零件图,想象出零件的结构和形状,了解各部分尺寸及技术要求等,以便加工出零件。

8.6.1 读零件图的方法和步骤

读零件图就是根据图样想象出零件的结构形状,搞清零件的大小、技术要求和零件的用途以及加工方法等。看零件图的一般方法和步骤如下。

（1）概括了解。首先从零件图的标题栏了解零件的名称、材料、绘图比例等。

（2）分析视图，读懂零件的结构和形状。分析零件图采用的表达方法，如选用的视图、剖切面位置及投射方向等，按照形体分析等方法，利用各视图的投影对应关系，想象出零件的结构和形状。弄懂零件的形状是读零件图的主要环节。

（3）分析尺寸、了解技术要求。确定各方向的尺寸基准，了解各部分结构的定形和定位尺寸；了解各配合表面的尺寸公差、有关的形位公差、各表面的粗糙度要求及其他要求达到的指标等。通过尺寸分析，可以对零件的构造、作用多方面情况进一步加深理解。

（4）综合想象。将看懂的零件结构、形状、所注尺寸及技术要求等内容综合起来，想象出零件的全貌，这样就可以说基本看懂了一张零件图。

下面对常见的零件以及加工方法分类，进行零件图读图方法步骤的举例。

8.6.2 轴套类零件

1. 结构分析

轴套类零件一般由回转体组成，如图 8-20 所示，通常是由不同直径的圆柱等构成的细长件。由于通常起支撑、传动、连接等作用，因此根据设计、安装、加工等要求，常有局部结构，如倒角、圆角、退刀槽、键槽、中心孔及锥度等。

2. 表达方案分析

（1）采用加工位置轴线水平放置，轴线细长特征的视图作为主视图。用一个基本视图把轴上各段回转体的相对位置和形状表达清楚。

（2）用断面图、局部视图、局部剖视图或局部放大图等表达方式表示轴上的局部构形。

（3）对于形状简单且较长的零件也可采用折断的方法表示。

（4）空心轴套因存在内部结构，可用全剖视图或半剖视图表示。

3. 尺寸标注分析

（1）轴套类零件常以重要的定位轴肩端面作为长度方向的主要尺寸基准，轴的端面为工艺基准，而以回转轴线作为另两个方向的主要基准。

（2）主要性能尺寸必须直接标出，其余尺寸多按加工顺序标注。

（3）注意车、铣不同工序的加工尺寸相对集中，注在轴的两边。

（4）零件上标准结构较多，注意其尺寸标注的规定。

8.6.3 盘盖类零件

1. 结构分析

盘盖类零件包括手轮、带轮、端盖及盘座等，其主体一般为回转体或其他平板形，厚度方向的尺寸比其他两个方向的尺寸小，如图 8-21 所示的端盖。盘盖类零件的毛坯通常为铸件或锻件，需经必要的切削加工才能制成。常见的局部构形有凸台、凹坑、螺孔、销孔及轮辐等。

2. 表达方案分析

（1）以回转体为主体的盘盖类零件主要在车床上加工，所以应按加工位置选择主视图，轴线水平放置。对非回转体类盘盖类零件可按工作位置来确定主视图。

(2) 该类零件一般需两个基本视图,如主、左视图或主、俯视图。

(3) 常采用单一剖切面或旋转剖、阶梯剖等剖切方法表示各部分结构。

(4) 注意均布肋板、轮辐的规定画法。

3. 尺寸标注分析

(1) 盘盖类零件通常以主要回转面的轴线、主要形体的对称线或经加工的较大的结合面作为主要基准。

(2) 盘盖类零件各部分的定形尺寸和定位尺寸比较明显。具体标注时,应注意同心圆上均布孔的标注形式和内外结构形状尺寸分开标注等。

8.6.4 叉架类零件

1. 结构分析

叉架类零件常见的有拨叉、支架、连杆等,其工作部分和安装部分之间常有倾斜结构和不同截面形状的肋板或实心杆件连接,形式多样,结构复杂,常由铸造或模锻制成毛坯,经必要的机械加工而成,具有铸锻圆角、拔模斜度、凸台、凹坑等常见结构,如图 8-22 所示的连杆。

2. 表达方案分析

(1) 主视图一般按形状特征和工作位置或自然放正位置确定。

(2) 一般除采用基本视图表达外,常用斜视图、斜剖视图、局部视图和断面图来表达局部结构。

3. 尺寸标注分析

(1) 长、宽、高 3 个方向的主要基准一般为孔的中心线、轴线、对称平面和较大的安装板底面。

(2) 定位尺寸较多,要注意保证主要部分的定位精度。一般要标注出孔中心线间的距离,或孔中心到平面的距离或平面到平面的距离。

(3) 定形尺寸一般都采用形体分析法标注,注意制模的方便性。

8.6.5 箱体类零件

1. 结构分析

箱体类零件常见的有各类箱体、阀体、泵体等。其结构复杂,主要结构是由均匀的薄壁围成,不同形状的空腔壁上有多方向的孔,起容纳和支承作用。多数是由铸造毛坯,经必要的机械加工而成,具有加强肋、凹坑、凸台、铸造圆角、拔模斜度等常见结构。如图 8-23 所示为泵体零件图。

2. 表达方案分析

(1) 主视图主要根据构形特征和工作位置确定。

(2) 一般用三个以上的基本视图。表达时应特别注意处理好内外结构表达问题。

3. 尺寸标注分析

(1) 箱体类零件的长、宽、高 3 个方向的主要基准选用较大的最先加工面,如安装面、孔的定位中心线、轴线、对称平面等。

(2) 定位尺寸多,各孔中心线间的距离一定要直接标注。

(3) 定形尺寸可采用形体分析方法标注。

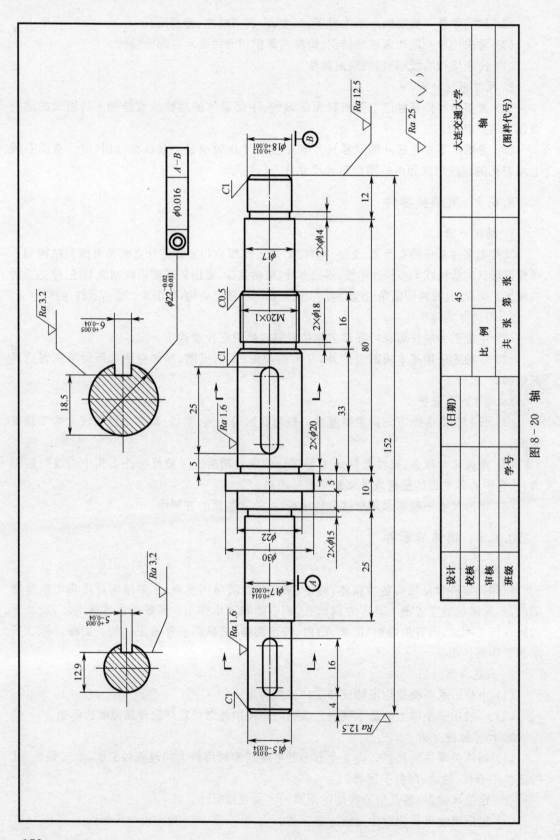

图 8-20 轴

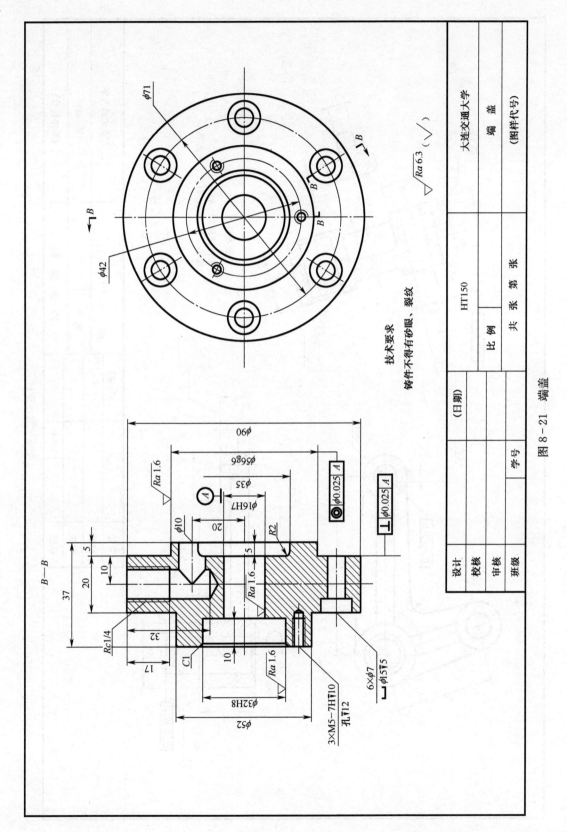

技术要求
铸件不得有砂眼、裂纹

$\sqrt{Ra\,6.3}\ (\sqrt{\ })$

大连交通大学

端　盖

（图样代号）

HT150

图 8 - 21　端盖

173

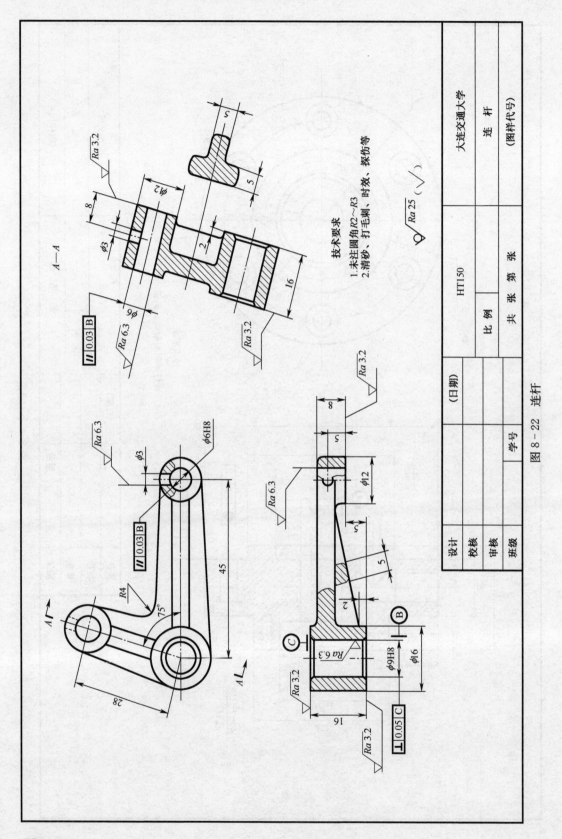

图 8 – 22 连杆

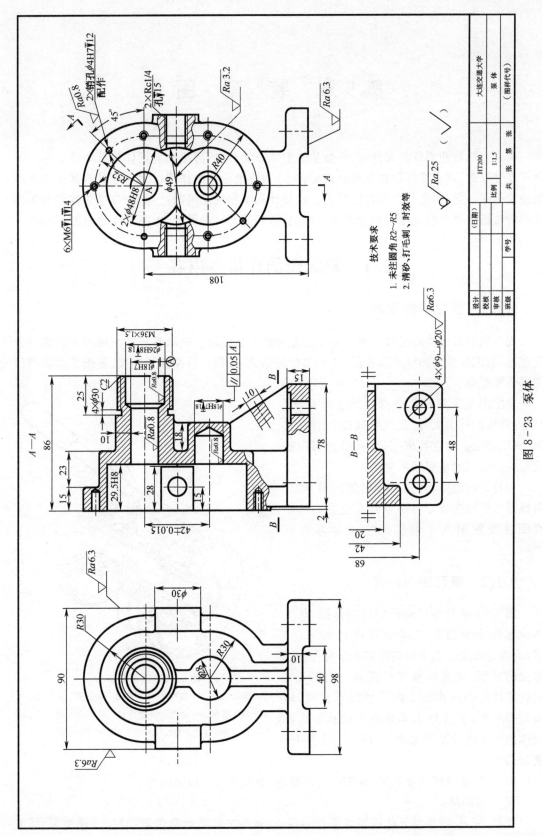

图 8-23 泵体

第9章 装 配 图

在进行机器和部件的设计时,一般从装配体开始,然后再根据装配体设计零件。零件不是孤立存在的,每个零件存在于机器或部件中,并有他独特的作用。每个零件与其他零件有机地装配在一起,实现整个部件的功用。在设计和绘制装配图的过程中,应重视零件与零件之间的装配关系和装配结构的合理性,以保证机器或部件的性能,方便零件的加工和装拆。

9.1 装配图的作用与内容

9.1.1 装配图的作用

表达机器或部件的组成及装配关系的图样称为装配图。表示整机的组成部分及各部分的连接、装配关系的图样称总装图;表示部件的组成、各零件的位置及连接、装配关系的图样称部件装配图。

装配图是了解机器或部件的工作原理、功能、结构的技术文件,是进行装配、检验、安装、调试和维修的重要依据,它是设计部门提交给生产部门的重要技术文件。

在设计过程中,首先要绘制装配图,然后再根据装配图完成零件的设计及绘图。绘制和阅读装配图是本课程的重点学习内容之一。

9.1.2 装配图的内容

图9-1所示为球阀的结构立体图,其工作原理是:转动扳手12,带动阀杆13和球心1转动,通过改变球心1和阀体接头5内孔轴线相交的角度,来控制球阀的流量。当球心1内孔轴线与阀体接头5内孔轴线垂直时,球阀完全关闭,流量为0,当球心1内孔轴线与阀体接头5内孔轴线重合时,球阀完全打开,流量最大。

图9-2是球阀的装配图,从图中可以看出,装配图包含以下内容:

1. 一组图形

正确、完整、清晰地表达机器或部件的组成、零件之间的相对位置关系、连接关系、装配

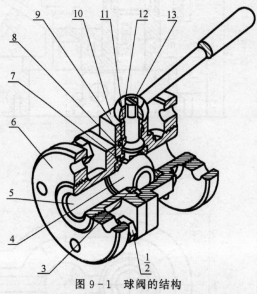

图9-1 球阀的结构

1—螺母 M12;2—螺柱 M12×25;3—密封圈;4—球心;5—阀体接头;6—法兰;7—垫片;8—垫环;9—密封环;10—阀体;11—螺纹压环;12—扳手;13—阀杆。

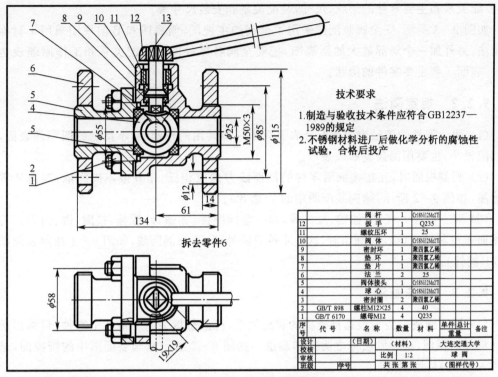

技术要求

1.制造与验收技术条件应符合GB12237—1989的规定

2.不锈钢材料进厂后做化学分析的腐蚀性试验,合格后投产

拆去零件6

序号	代号	名称	数量	材料	单件 总计 重量	备注
13		阀 杆	1	Cr18Ni12Mo2Ti		
12		扳 手	1	Q235		
11		螺纹压环	1	25		
10		阀 体	1	Cr18Ni12Mo2Ti		
9		密封环	1	聚四氟乙稀		
8		垫 环	1	聚四氟乙稀		
7		垫 片	1	聚四氟乙稀		
6		法 兰	2	25		
5		阀体接头	1	Cr18Ni12Mo2Ti		
4		球 心	1	Cr18Ni12Mo2Ti		
3		密封圈	2	聚四氟乙稀		
2	GB/T 898	螺柱M12×25	4	40		
1	GB/T 6170	螺母M12	4	Q235		

设计		(日期)	(材料)	大连交通大学	
校核					
审核		比例	1:2	球 阀	
班级	学号	共张 第张		(图样代号)	

图 9-2 球阀装配图

关系、工作原理及其主要零件的主要结构、形状的一组视图。

2．必要的尺寸

用来表示零件间的配合、零部件安装、机器或部件的性能、规格、关键零件间的相对位置以及机器的总体大小。

3．技术要求

用来说明机器或部件在装配、安装、检验、维修及使用方面的要求。

4．零件的序号、明细栏和标题栏

序号与明细栏的配合说明了零件的名称、数量、材料、规格等,在标题栏中填写部件名称、数量及生产组织和管理工作需要的内容。

9.2 装配图的表达方法

零件的各种表达方法在表达机器或部件时同样适用。但装配图以表达机器或部件的工作原理、各零件间的装配关系为主,因此,除了前面章节所介绍的各种表达方法外,还需要一些表达机器或部件的规定画法和特殊表达方法。

9.2.1 基本表达方法

零件图表达的是单个零件,装配图表达的是由多个零件组成的机器或部件,它们表达的重点不同。零件图反映零件的尺寸大小、结构形状以及对各表面粗糙度、相对位置、形位公差、尺寸公差、热处理、表面处理等方面的要求;装配图表达的重点是机器或部件的工作原

177

理、装配关系和主要零件的形状、尺寸,装配关系和安装尺寸等。

如图 9-3 所示,安全阀装配图采用了全剖的主视图,俯视图和 B 向视图采用了对称表达画法,另外加一个局部放大的剖视图,把安全阀各零件间的装配关系和工作原理表达清楚,并表明了各主要零件的形状。

9.2.2　规定画法

(1) 两个零件的接触表面或配合表面只画一条共用的轮廓线,不接触的两零件表面,即使间隙很小,也要用两条轮廓线表示。

(2) 画剖视图时,互相接触两零件的剖面线方向应相反、错开或不同间隔,对薄片零件可涂黑,如图 9-2 所示,球阀装配图中的 7(垫片)。

(3) 对一些实心杆件(如轴、拉杆等)和一些标准件(如螺母、螺栓、垫圈、键、销等),若剖切平面通过其轴线(纵向)剖切时,这些零件只画外形,不画剖面线,如图 9-2 球阀装配图中的 13(阀杆)。

9.2.3　特殊画法

(1) 拆卸画法。为了表达被遮挡的装配关系,可假想拆去一个或几个零件,只画出所要表达部分的视图,这种画法称之为拆卸画法。如图 9-2 所示球阀装配图中的俯视图,是拆去件 6(法兰)后绘制的。

(2) 沿结合面剖切画法。为了表达内部结构,可采用沿结合面剖切画法。零件的结合面不画剖面线,被剖切的零件应画出剖面线。

(3) 单独表达某个零件。在装配图中,当某个零件的形状未表达清楚而对理解装配关系有影响时,可单独画出该零件的某一视图。

(4) 夸大画法。遇到薄片零件、细丝弹簧等微小间隙时,无法按实际尺寸画出,或虽能如实画出,但不能明显表达其结构(如圆锥销、锥销孔的锥度很小时),均可采用夸大画法。即把垫片厚度、簧丝直径等微小间隙以及锥度等适当夸大画出,如图 9-2 所示的球阀装配图中件 7(垫片)就是夸大绘制的。

(5) 假想画法。在装配图中,可用细双点画线画出某些零件的外形轮廓,以表示机器或部件中,某些运动零件的极限位置或中间位置,如图 9-2 所示的俯视图中球阀手柄的运动范围。也可以表示与本部件有装配关系但又不属于本部件的其他相邻零部件的位置。

(6) 展开画法。为了表达某些重叠的装配关系,如多级传动变速箱、齿轮的传动顺序和装配关系,可假想将空间轴系按其传动顺序展开在一个平面上,画出剖视图,这种画法称为展开画法。

9.2.4　简化画法

(1) 在装配图中,零件的工艺结构,如圆角、倒角以及退刀槽等允许不画。

(2) 在装配图中,螺母和螺栓头允许采用简化画法。当遇到螺纹连接件等相同的零件组时,在不影响理解的前提下,允许只画一处,其余可用细点画线表示其中心位置。

(3) 在剖视图中,表示滚动轴承时,允许只画出对称图形的一半,另一半画出其轮廓,并用细实线画出轮廓的对角线。

9.2.5 视图选择与表达举例

1. 部件分析

分析部件的功能、组成,零件间的装配关系以及装配干线的组成,分析部件的工作状态、安装固定方式及工作原理。

安全阀的装配图如图 9-3 所示,其工作原理是当 $\phi 20$ 的进油孔腔内压力过大时,阀门 2 被顶开,油被压入出油孔,从而减缓进油腔内的压力,保证油路的安全。通过调节螺母 7 来控制弹簧 4 的压缩状态,从而调节限压值。其动作的传递过程是:旋转螺母 7,调节螺杆 9 上下移动,通过弹簧垫 10、弹簧 4 将压力传递给阀门 2。可见上述各零件与阀体组成装配干线,这是该部件工作的主要部分,包含主要的装配关系,是表达的重点。

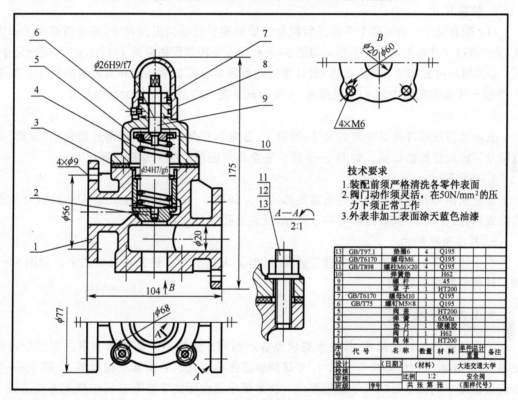

技术要求
1.装配前须严格清洗各零件表面
2.阀门动作须灵活,在50N/mm²的压力下须正常工作
3.外表非加工表面涂天蓝色油漆

13	GB/T97.1	垫圈6	4	Q195		
12	GB/T6170	螺母M6	4	Q195		
11	GB/T898	螺柱M6×20	4	Q195		
10		弹簧垫	1	H62		
9		螺杆	1	45		
8		罩子	1	HT200		
7	GB/T6170	螺母M10	1	Q195		
6	GB/T75	螺钉M5×8	1	Q195		
5		阀盖	1	HT200		
4		弹簧	1	65Mn		
3		垫片	1	硬橡胶		
2		阀门	1	H62		
1		阀体	1	HT200		
序号	代号	名称	数量	材料	单件总计 重量	备注
设计		(日期)	(材料)		大连交通大学	
校核			比例	1:2	安全阀	
审核						
班级		学号	共 张 第 张		(图样代号)	

图 9-3 安装阀装配图

2. 选择主视图

主视图应反映部件的整体结构特征,表示主要装配干线的装配关系,表明部件的工作原理,反映部件的工作状态和位置。因此,安全阀的主视图采用过装配干线的剖切平面进行剖切得到的全剖视图,同时,该全剖视图能够清晰地反映主要零件阀体的内部结构特征。

3. 其他视图的选择

采用简化画法画出的俯视图表达了阀体 1 和阀盖 5 的主体形状以及连接螺母的位置。

采用简化画法画出的向视图 B ,反映了阀体下端面的真实形状。放大的局部剖视图 $A—A$,表达了阀体 1 和阀盖 5 之间的螺柱连接关系。

由上述分析,最终得到安全阀的表达方案。

179

9.3 装配图中的尺寸标注和技术要求

9.3.1 尺寸标注

装配图和零件图的作用不同,因此,对尺寸标注的要求也不同,在装配图中,需标注以下几类尺寸:

1. 性能(规格)尺寸

表示机器或部件性能和规格的尺寸,是设计或选用部件的主要依据。图 9-2 球阀装配图中的管口直径 $\phi 25$ 以及图 9-3 安全阀装配图中的进油孔直径 $\phi 20$。

2. 装配尺寸

(1) 配合尺寸。表示两个零件之间配合性质和相对运动情况的尺寸,是分析部件工作原理、设计零件尺寸偏差的重要依据。如图 9-3 所示安全阀装配图中的 $\phi 34 H7/g6$ 为配合尺寸。

(2) 相对位置尺寸。装配机器、设计零件时都需要有保证零件间相对位置的尺寸。如图 9-2 所示球阀装配图中的 $\phi 55$ 及图 9-3 安全阀装配图中的 $\phi 34$ 均为此类尺寸。

3. 外形尺寸

表示机器或部件外形轮廓的尺寸,即总长、总宽和总高。为机器或部件的包装、运输、安装以及厂房设计提供依据。如图 9-3 所示安全阀装配图中的 175 是外形尺寸。

4. 安装尺寸

是装配体与其他物体安装时所需要的尺寸。如图 9-3 安全阀装配图中的 $\phi 56$(安装孔的位置)和图 9-2 球阀装配图中的 $\phi 85$、$\phi 12$(安装孔径尺寸)等。

5. 其他重要尺寸

在设计过程中经计算确定或选定的尺寸,但又未包括在上述四种尺寸之中。如图 9-2 所示球阀装配图中的 61。

9.3.2 技术要求

不同性能的机器或部件,其技术要求也各不相同。装配图中的技术要求主要包括装配要求、检验要求及使用要求等。图 9-2 球阀装配图中的技术要求属于检验要求,图 9-3 安全阀装配图中的技术要求属于装配要求。技术要求通常用文字注写在明细栏上方或图纸下方的空白处,也可以另写成技术文件,附于图纸前面。

9.4 装配图中的序号和明细栏

为了便于图样管理和阅读,必须对机器或部件的各组成部分(零、部件等)编注序号,填写明细栏,以便统计零件数量,进行生产准备工作。

9.4.1 序号

(1) 基本规定。每一种零件只编写一个序号,序号应按水平或铅垂方向排列整齐,同时按顺时针或逆时针排序,零件序号应与明细栏中的序号一致。

（2）序号编排方法与标注。序号编写方法有两种：一种是将一般件和标准件混合在一起编排（图9-3安全阀装配图），另一种是将一般件编号填入明细栏中，标准件直接在图样上标注规格、数量及国标号。

序号应标注在图形轮廓线的外边，并填写在指引线的横线上或圆内，横线或圆用细实线画出。指引线应从所指零件的可见轮廓内引出，并在末端画一圆点，若所指部分（很薄的零件或涂黑的剖面）不宜画圆点时，可在指引线末端画出箭头指向该部分轮廓。指引线尽可能分布均匀且不要彼此相交，也不要过长。当指引线通过有剖面线的区域时，应尽量不与剖面线平行，必要时，指引线可以画成折线，但只允许弯折一次，如图9-4所示。

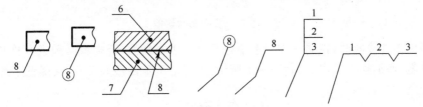

图9-4　零部件序号与指引线

9.4.2　明细栏

明细栏是全部零件的详细目录，其内容一般有序号、代号、名称、数量以及备注等。明细栏画在标题栏的上方，序号的编写应自下而上，以便增加零件，位置不够时可在标题栏左侧继续向上填写，明细栏的最上方一条线为细实线，如图9-5所示。

序号	代　号	名　称	数量	材　料	单件　总计 重量	备　注
设计		（日期）		（材　料）	（学校名称）	
校核			比　例		（图样名称）	
审核						
班级	学号		共　张　第　张		（图样代号）	

图9-5　明细栏

9.5　装配图的画法

9.5.1　装配工艺结构

为使零件装配成机器（或部件）后，能达到性能要求，并考虑拆装方便，对装配结构要求有一定的合理性。下面介绍几种常见的装配结构。

1. 倒角与切槽

孔与轴配合且两端面互相贴合时，为保证轴肩和孔端接触良好，孔端应制成倒角或轴根部切槽，如图9-6所示。

2. 单方向接触一次性

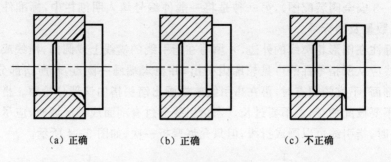

（a）正确　　　（b）正确　　　（c）不正确

图 9-6　倒角与切槽

当两个零件接触时,在同一方向上最好只有一组接触面,否则就必须大大提高接触面处的尺寸精度,增加加工成本。如图 9-7 所示,既保证了零件接触良好,又降低了加工要求。

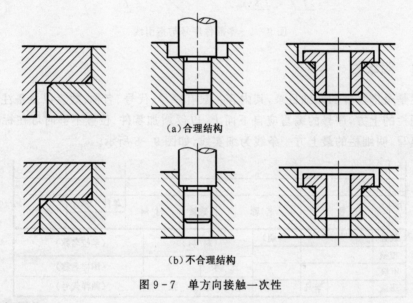

（a）合理结构

（b）不合理结构

图 9-7　单方向接触一次性

3. 方便拆装

在用螺纹连接件连接时,为保证拆装方便,必须留出扳手活动空间,如图 9-8 所示。

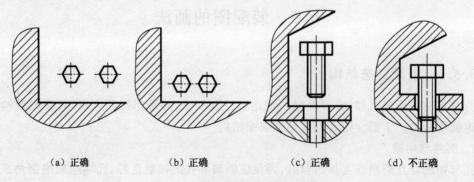

（a）正确　　　　（b）正确　　　　（c）正确　　　　（d）不正确

图 9-8　螺纹连接件的方便拆装

用圆柱销或圆锥销定位两零件时,为便于加工、拆装,应将销孔做成通孔,如图9-9所示。

安装滚动轴承时,如图9-10(a)所示,由于轴肩过高,轴承无法拆卸,图9-10(b)所示结构会很方便地将轴承顶出。

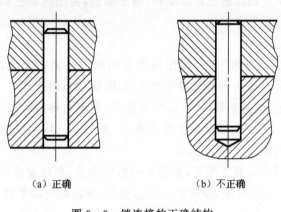

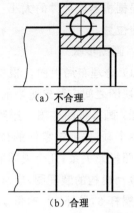

图9-9　销连接的正确结构　　　　　图9-10　轴上安装轴承的结构

9.5.2　装配图的画法

现以微动机构为例,说明画装配图的方法和步骤。

1. 确定表达方案

分析机器(或部件)的工作原理、各零件间的装配关系,参看图9-11微动机构分解立体图。微动机构的工作原理是:转动手轮1,通过紧定螺钉2带动螺杆6转动,再通过螺纹带动导杆10移动,在了解工作原理的基础上确定视图表达方案。

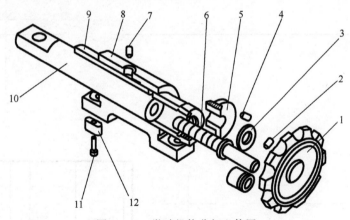

图9-11　微动机构分解立体图

1—手轮;2、4、7—紧定螺钉;3—垫圈;5—轴套;6—螺杆;8—支座;9—导套;10—导杆;11—螺钉;12—键。

(1)主视图的选择。通常按机器或部件的工作位置选择,并使主要装配干线、主要安装面处于水平或铅垂位置。微动机构的主要装配干线处于水平位置,按照机构的工作位置选择,主视图采用全剖视图,可以表达清楚从手轮1到键12所有零件的相对位置和装配关系。

(2)其他视图的选择。为进一步表达支座的结构,采用半剖的左视图,即能看到手轮1

183

的外形，又能从轴断面看清支座 8、导套 9、导杆 10、螺杆 6 之间的装配关系。B—B 移出断面表达了螺钉 11、键 12、导杆 10 和导套 9 之间的装配关系，从 B—B 图中可以看清装配尺寸 8H9/h9 。

2. 选择合适的比例及图幅

根据机器或部件的大小、视图数量，确定画图的比例及图幅，画出图框，留出标题栏和明细栏的位置。

3. 画图步骤

（1）合理布局视图。根据视图的数量及轮廓尺寸，画出确定各视图位置的基准线，同时，各视图之间应留出适当的位置，以便标注尺寸和编写零件序号，如图 9—12(a)所示。

（2）画各视图底稿。按照装配顺序，先画主要零件，后画次要零件；先画内部结构，由内向外逐个画；先确定零件的位置，后画零件的形状；先画主要轮廓，后画细节。从主视图开始，按照投影关系，几个视图联系起来一起画。

微动机构的装配图，应从主要零件开始，先画支座 8 ，如图 9—12(b)所示，再画支座内部结构，螺杆 6，导杆 10，轴套 5，垫圈 3，键 12，螺钉等，如图 9—12(c)所示，最后画外部手轮 1、B—B 断面图及标注等，如图 9—12(d)和(e)所示。

（3）完成装配图。画完底稿后，经校核加深，标注尺寸，画剖面线，写技术要求，编写零、部件序号，最后填写明细栏及标题栏，完成装配图，如图 9—12(f)所示。

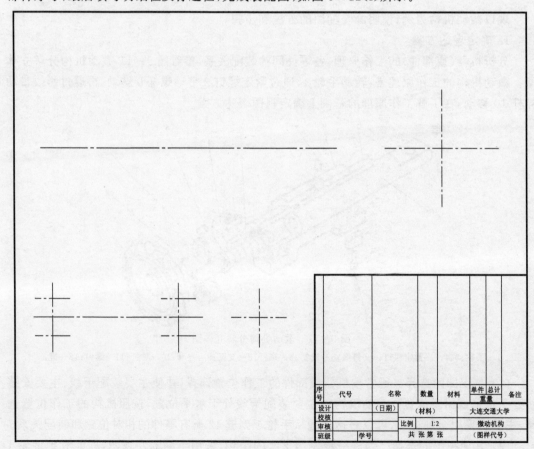

(a)

184

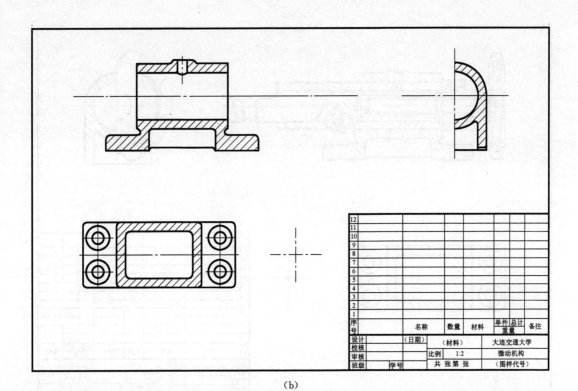

12						
11						
10						
9						
8						
7						
6						
5						
4						
3						
2						
1						
序号	名称	数量	材料	单件 总计 重量		备注

设计		（日期）	（材料）	大连交通大学	
校核					
审核			比例	1:2	微动机构
班级		学号	共 张 第 张	（图样代号）	

(b)

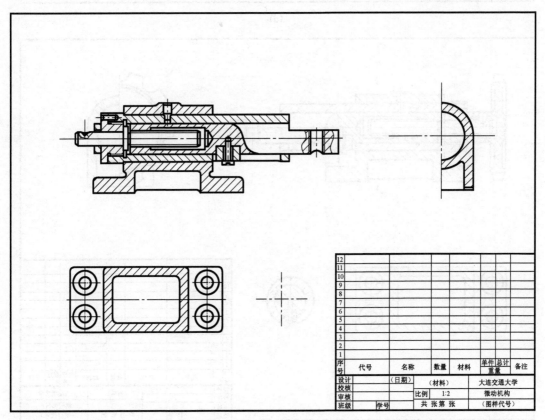

12						
11						
10						
9						
8						
7						
6						
5						
4						
3						
2						
1						
序号	代号	名称	数量	材料	单件 总计 重量	备注

设计		（日期）	（材料）	大连交通大学	
校核					
审核			比例	1:2	微动机构
班级		学号	共 张 第 张	（图样代号）	

(c)

185

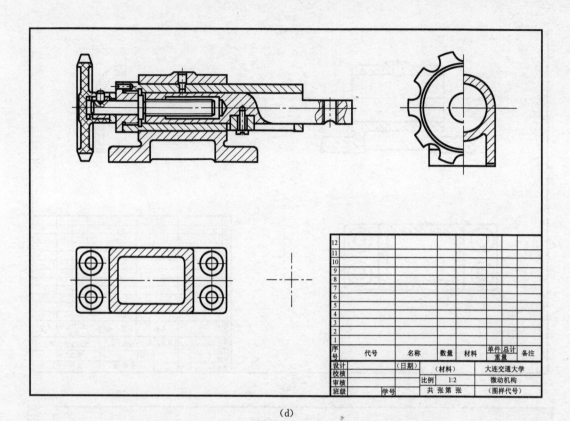

12							
11							
10							
9							
8							
7							
6							
5							
4							
3							
2							
1							
序号	代号	名称	数量	材料	单件 重量	总计	备注

设计		（日期）	（材料）	大连交通大学
校核				
审核			比例	1:2	微动机构
班级	学号		共 张第 张	（图样代号）

（d）

12							
11							
10							
9							
8							
7							
6							
5							
4							
3							
2							
1							
序号	代号	名称	数量	材料	单件 重量	总计	备注

设计		（日期）	（材料）	大连交通大学
校核				
审核			比例	1:2	微动机构
班级	学号		共 张第 张	（图样代号）

（e）

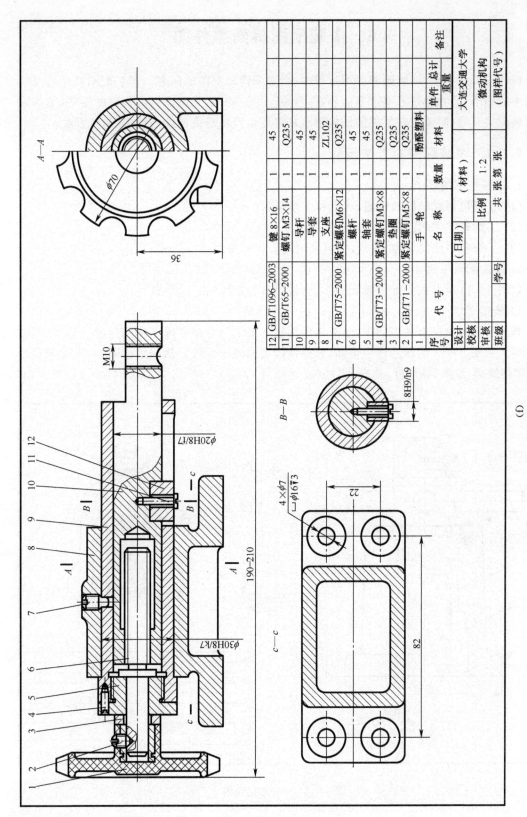

图 9 – 12　微动机构装配图的画法

12	GB/T1096—2003	键 8×16	1	45			
11	GB/T65—2000	螺钉 M3×14	1	Q235			
10		导套	1	45			
9		支座	1	ZL102			
8	GB/T75—2000	紧定螺钉M6×12	1	Q235			
7		螺杆	1	45			
6		轴套	1	45			
5	GB/T73—2000	紧定螺钉M3×8	1	Q235			
4		垫圈	1	Q235			
3	GB/T71—2000	紧定螺钉M5×8	1	Q235			
2		手 轮	1	酚醛塑料			
1							
序号	代 号	名 称	数量	材料	单件	总计	备注
					重 量		

大连交通大学

微动机构

（图样代号）

设计		学号		（材料）	比例	1：2
校核					共 张	第 张
审核		（日期）				
班级						

（f）

187

9.6 由装配图拆画零件图

机器或部件在设计、装配和使用过程中,会遇到读装配图的问题。读装配图就是通过装配图中的图形、尺寸和技术要求等内容,并参阅使用说明书,了解机器或部件的性能、工作原理和装配关系等,明确主要零件的结构形状和作用以及机器或部件的使用、调整方法。

9.6.1 读装配图的方法步骤

1. 读装配图的要求

(1) 了解机器或部件的性能、功用和工作原理;

(2) 了解各零件间的装配关系及拆装顺序;

(3) 了解各零件的名称、数量、材料及结构形状和作用;

2. 读装配图举例

以图9-13所示的千斤顶装配图为例,说明看装配图的方法步骤。

1) 概括了解

首先要通过阅读有关说明书,装配图中的技术要求及标题栏等了解部件的名称、性能和用途等。从图9-13的标题栏中可知,该部件的名称为千斤顶。从明细栏可知,千斤顶共由5个零件组成:底座、螺旋杆、螺套、绞杠和顶垫。

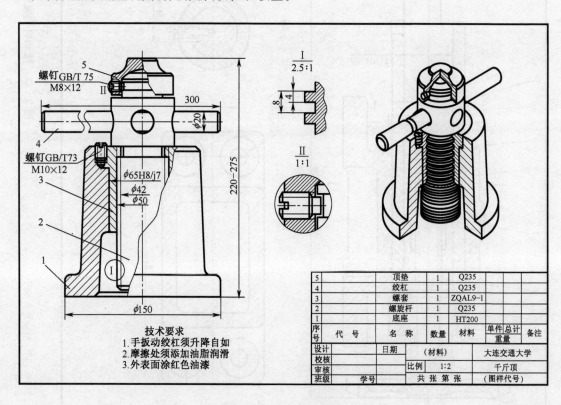

图9-13 千斤顶装配图

188

2）分析视图

阅读装配图时,应分析采用了哪些表达方法,并找出各视图间的投影关系,明确各视图所表达的内容。千斤顶装配图采用了一个主视图(局部剖视图)和二个局部放大图,它表达了各零件之间的装配关系。

3）细致分析部件的工作原理和装配关系

概括了解之后,还应仔细阅读装配图。一般方法是:从主(要)视图入手,根据装配干线,对照零件在视图中的投影关系;由各零件剖面线的不同方向和间隔,分清零件轮廓的范围;由装配图上所标注的配合代号,了解零件间的配合关系;根据规定画法和常见结构的表达方法,识别零件。根据零件序号对照明细栏,找出零件的数量、材料、规格,帮助了解零件的作用并确定零件在装配图中的位置;利用相互连接两零件的接触面应大致相同和一般零件结构有对称性的特点,帮助想象出零件的结构形状。

千斤顶的工作原理从主视图中可以看出:螺套 3 安装在底座 1 里,转动绞杠 4 带动螺旋杆 2 转动,由于螺旋杆 2 的外螺纹与螺套 3 的内螺纹旋合,从而带动螺旋杆 2 上下移动,也带动顶垫 5 上下移动,以顶起重物。

4）分析零件

弄清楚每个零件的结构形状和各零件间的装配关系。一般应首先从主要零件开始分析,确定零件的范围、结构、形状和装配关系。首先要根据零件各视图的投影轮廓确定其投影范围,同时利用剖面线的方向、间隔把要分析的零件从其他零件中分离出来。千斤顶的主要零件底座 1 从主视图中可以看出形状,还可以看出有半个 M10 的螺纹孔,与螺套 3 的配合尺寸为 ϕ65H8。

5）归纳总结

对装配关系和主要零件的结构分析之后,还要对技术要求、尺寸进行研究,进一步了解机器(或部件)的设计思想和装配工艺性,综合想象出部件的结构形状,如图 9-14 所示。

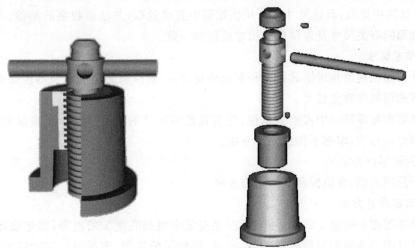

图 9-14 千斤顶轴测装配图和零件分解图

9.6.2 拆画零件图

由装配图拆画零件图是设计工作中的一个重要环节。装配图表达的是机器或部件的工作原理、零件之间的装配关系,对每个零件的具体形状和结构不一定完全表达清楚,因此,由装配图拆画零件图是设计工作的进一步,需要由装配图读懂零件的功能及主要结构,对装配图中没有表达清楚的零件的某些结构形状,在拆画零件图时,要结合零件的功能与工艺要求,完成零件的设计。下面结合实例说明拆画零件图的方法和步骤。

1. 零件分类

对标准件不需要画出零件图,只要按照标准件的规定标记列出汇总表即可。

对借用零件(即借用定型产品上的零件)可利用已有的图样,不必另行画图。

对设计时确定的重要零件,应按给出的图样和数据绘制零件图。

对一般零件,基本上是按照装配图表示的形状、大小和技术要求来画图,是拆画零件图的主要对象。

2. 对表达方案的处理

由装配图拆画零件图时,零件的表达方案是根据零件的结构形状特点确定的,不要求与装配图一致。在多数情况下,箱体类零件的主视图与装配图所选的位置一致,对于轴套类零件应按加工位置选取主视图。在装配图中,对零件上某些标准结构,如:倒角、倒圆、退刀槽等未完全表达清楚,在拆画零件图时,应考虑设计要求和工艺要求,补画出这些结构。

3. 对零件图上尺寸的处理

装配图上没有完整的尺寸,零件的结构形状和尺寸是设计人员经过设计确定的。零件的尺寸由装配图决定,通常有以下几种情况。

(1) 直接抄注:装配图上已标注的尺寸,在有关的零件图上直接抄注。

(2) 计算得出:根据装配图所给数据进行计算的尺寸,如:齿轮的分度圆、齿顶圆直径等,要经过计算,才能标注。

(3) 查找:与标准件相连接或配合的有关尺寸,要从相应的标准中查取。如:倒角、沉孔、退刀槽、越程槽等,要从有关手册中查取。

(4) 从图中量取:其他尺寸可以从装配图中直接量取,并注意数字的圆整。应注意相邻零件接触面的有关尺寸及连接件的尺寸应协调一致。

4. 技术要求

零件表面粗糙度是根据其作用和要求确定的,一般接触面与配合面的粗糙度数值较小,自由表面的粗糙度数值较大。

技术要求在零件图中占重要地位,它直接影响零件的加工质量。正确制定技术要求涉及到很多专业知识,本书不作进一步介绍。

5. 拆画零件图举例

以千斤顶为例,介绍拆画零件图的步骤。

1) 确定表达方案

根据装配图中底座 1 的剖面符号,在主视图中找到底座 1 的投影,确定底座 1 的轮廓,底座 1 零件图的主视图与装配图一致,另外,添加了俯视图,俯视图采用对称零件的简化画法,如图 9-15 所示。

根据装配图中螺套 3 的剖面符号,在主视图中找到螺套 3 的投影,确定螺套 3 的轮廓,螺套 3 零件图的主视图与装配图的表达方案不同,轴线水平,半剖主视图,并添加了左视图和局部放大视图,其中左视图采用了对称零件的简化画法,如图 9-16 所示。

190

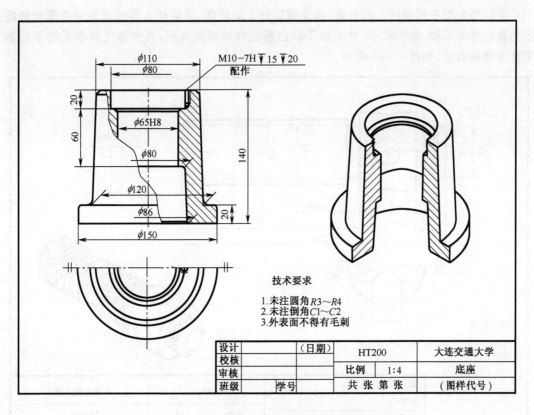

技术要求

1. 未注圆角 R3~R4
2. 未注倒角 C1~C2
3. 外表面不得有毛刺

设计		（日期）	HT200	大连交通大学
校核				
审核			比例	1:4	底座
班级		学号	共 张 第 张	（图样代号）

图 9-15 底座 1 零件图和轴测剖视图

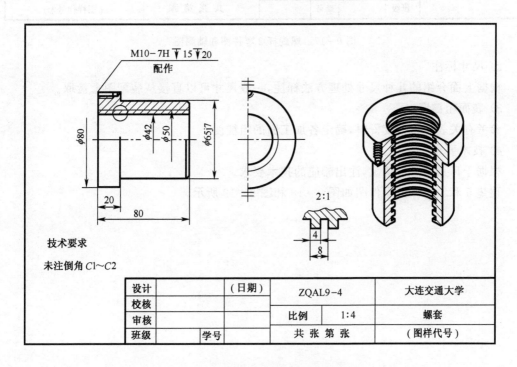

技术要求

未注倒角 C1~C2

设计		（日期）	ZQAL9-4	大连交通大学
校核				
审核			比例	1:4	螺套
班级		学号	共 张 第 张	（图样代号）

图 9-16 螺套 3 零件图和轴测剖视图

191

根据装配图中螺旋杆 2 的投影,确定螺旋杆 2 的轮廓,螺旋杆 2 零件图的主视图与装配图的表达方案不同,轴线水平,并添加了移出断面和局部放大图,其中移出断面采用了对称零件的简化画法,如图 9 - 17 所示。

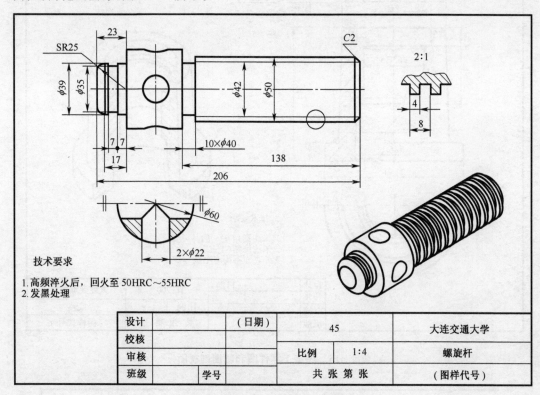

技术要求

1.高频淬火后,回火至 50HRC~55HRC
2.发黑处理

设计		(日期)		45		大连交通大学
校核						
审核				比例	1:4	螺旋杆
班级		学号		共 张 第 张		(图样代号)

图 9 - 17 螺旋杆 2 零件图和轴测图

2)尺寸标注

根据上面介绍的几种尺寸处理方法标注,一般尺寸可以直接从装配图上量取。

3)表面粗糙度

参考有关表面粗糙度资料,确定各加工面的粗糙度。

4)技术要求

根据千斤顶的工作情况,注出相应的技术要求。

顶垫 5 和绞杠 4 的零件图如图 9 - 18 和图 9 - 19 所示。

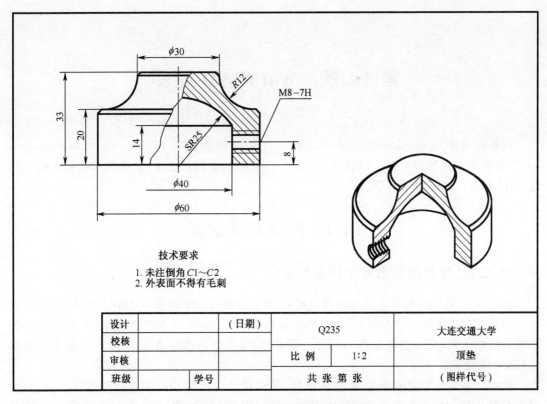

技术要求

1. 未注倒角 $C1\sim C2$
2. 外表面不得有毛刺

设计		（日期）	Q235		大连交通大学
校核					
审核			比 例	1:2	顶垫
班级	学号		共 张 第 张		（图样代号）

图 9-18　顶垫 5 零件图和轴测剖视图

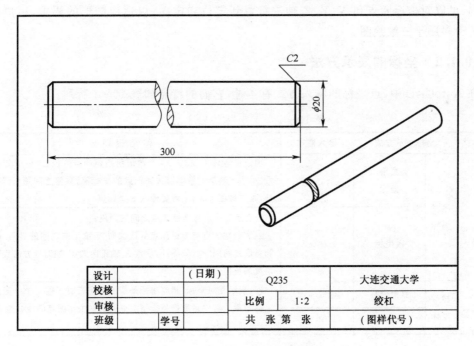

设计		（日期）	Q235		大连交通大学
校核					
审核			比 例	1:2	绞杠
班级	学号		共 张 第 张		（图样代号）

图 9-19　绞杠 4 零件图和轴测图

第10章 AutoCAD 绘图

计算机绘图(Computer Graphics,CG)、计算机辅助设计(Computer Aided Design,CAD)是近年来发展起来的一项新技术。随着计算机的发展和应用,这项技术受到人们的广泛关注,具有广阔的应用前景。

10.1 绘图基础知识

10.1.1 世界坐标系与用户坐标系

在 AutoCAD 中,坐标系分为世界坐标系(WCS)和用户坐标系(UCS)。默认情况下,当进入图形编辑状态时,当前坐标系为世界坐标系(WCS),包括 X 轴和 Y 轴,坐标原点位于图形窗口的左下角,所有的位移都是相对于原点计算的,并且沿着 X 轴正向及 Y 轴正向的位移规定为正方向。

世界坐标系是固定不变的,即任何点的 X、Y 和 Z 坐标都是以固定的原点(0,0,0)为参照进行测量的,在大多数情况下,世界坐标系(WCS)用于二维绘图。使用用户坐标系(UCS),可以对坐标原点和 X、Y、Z 轴进行重新定位和定向,以适应图形的要求,用户坐标系(UCS)多用于三维绘图。

10.1.2 坐标的表示方法

在 AutoCAD 中,点坐标的输入方式有 4 种,它们的特点如表 10-1 所列。

表 10-1 点坐标的输入方式

输入方式	坐标表示方法		输入格式	使用说明
键盘输入	绝对坐标	直角坐标	x,y,z	通过键盘输入 x,y,z 3 个数值所指定的点的位置,可以使用分数、小数或科学记数等形式表示点的坐标值,数值之间用","分隔开,画二维图形时,不需要输入 z 坐标值
		极坐标	$l<\alpha$	l:表示输入点与坐标原点之间的距离; α:表示输入点与坐标原点的连线同 X 轴正向之间的夹角,距离和角度之间用"<"分隔开,规定 X 轴正向为 0°,逆时针方向旋转为角度的正值
	相对坐标	直角坐标	$@x,y,z$	$@$:表示相对坐标,相对坐标是指当前点相对于前一个作图点的坐标增量。其中角度值是指当前点和前一个作图点的连线与 X 轴正向之间的夹角
		极坐标	$@l<\alpha$	

10.1.3 图层

一个复杂的图形中,有许多不同类型的图形对象,为了方便管理,可以创建多个图层,将

194

特性相似的图形对象绘制在同一个图层上,这样,使图形的各种信息清晰有序,而且给图形的编辑、修改和输出提供方便。

1.创建新图层

选择菜单栏中的"格式"→"图层"命令,可参看图 10-1,打开"图层特性管理器"对话框,如图 10-2 所示。单击该对话框中的"新建图层"图标按钮,在图层列表框中出现一个"图层 1"的新图层。默认情况下,新建图层与当前图层的状态、颜色、线型、线宽等设置相同。单击"新建图层"图标按钮,也可以创建一个新图层,只是该图层在所有的视口中都被冻结。

创建新图层后,默认的图层名称显示在图层列表框中,如果需要更改图层名称,可以单击该图层名称,然后,输入一个新的图层名称并按 Enter 键确认。

图 10-1 "格式"下拉菜单 图 10-2 "图层特性管理器"对话框

2. 设置图层颜色

建立图层后,需要改变图层的颜色,可以在"图层特性管理器"对话框中,单击图层"颜色"列对应的图标,打开"选择颜色"对话框,如图 10-3 所示。在该对话框中,可以使用"索引颜色"、"真彩色"和"配色系统"3 个选项卡为图层设置颜色。

3. 设置图层线宽

在"图层特性管理器"对话框的"线宽"列中,单击该图层对应的线宽"——默认",打开"线宽"对话框,有 20 多种线宽可供选择,如图 10-4 所示。也可以选择菜单栏中的"格式"→"线宽"命令,打开

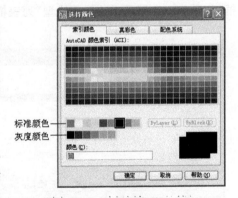

图 10-3 "选择颜色"对话框

"线宽设置"对话框,通过调整线宽比例,改变图形中的线宽,如图 10-5 所示。

在"线宽设置"对话框的"线宽"列表框中选择需要的线宽后,还可以设置其单位和显示比例等参数。

4.置为当前层

在"图层特性管理器"对话框的图层列表中,选择某一图层后,单击"置为当前"图标按钮,可参看图 10-2,即可将该图层设置为当前层。

195

图 10-4 "线宽"对话框

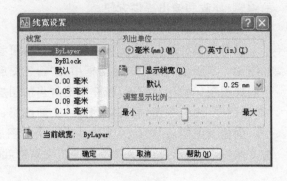

图 10-5 "线宽设置"对话框

5.使用与管理线型

在 AutoCAD 中,线型是指图形基本元素中线条的组成和显示方式,有简单线型,也有由一些特殊符号组成的复杂线型,以满足不同国家或行业标准的使用要求。

1) 设置图层线型

默认的情况下,在"图层特性管理器"对话框中,图层的线型为 Continuous ,需要改变线型时,可以在图层列表框中,单击"线型"列的 Continuous ,打开"选择线型"对话框,如图10-6所示,在"已加载的线型"列表框中选择一种线型,将其应用到图层中。

2) 加载线型

默认的情况下,在"选择线型"对话框的"已加载的线型" 列表框中只有 Continuous 一种线型,如果需要其他线型,可以单击该对话框中的"加载"按钮,打开"加载或重载线型"对话框,如图 10-7 所示,从"可用线型"列表框中选择需要加载的线型。

图 10-6 "选择线型"对话框

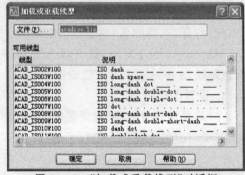

图 10-7 "加载或重载线型"对话框

10.2 绘 图 命 令

本节介绍基本的绘图命令,主要集中在菜单栏的"绘图"下拉菜单中(图 10-8)和"绘图"工具栏中(AutoCAD 经典工作空间),如图 10-9 所示。

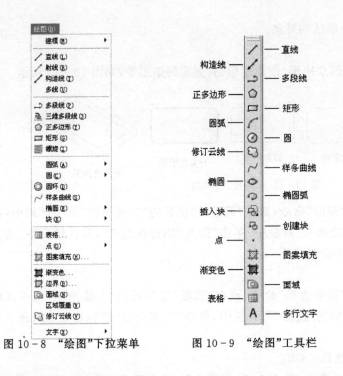

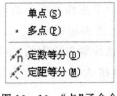

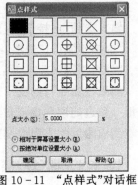

图 10-8 "绘图"下拉菜单 　　　图 10-9 "绘图"工具栏 　　　图 10-10 "点"子命令

10.2.1 点

在 AutoCAD 中,点对象可作为捕捉和偏移对象的节点或参考点,可以通过"单点"、"多点"等方法创建点对象。

选择菜单栏中的"绘图"→"点"→"单点"命令,如图 10-8 和图 10-9 所示,可以在绘图窗口中指定一个点。

选择菜单栏中的"绘图"→"点"→"多点"命令,如图 10-10 所示,可以在绘图窗口中指定多个点,直到按 Esc 键结束。

点在图形中的表示样式,共有 20 种。选择菜单栏中的"格式"→"点样式"命令,可参看图 10-1,打开"点样式"对话框,可以在该对话框中选择点的样式,设置点的大小,如图 10-11 所示。

图 10-11 "点样式"对话框

10.2.2 直线

在 AutoCAD 中,"直线"是最常用、最简单的图形对象,只要指定了起点和终点,即可绘制一条直线。可以用二维坐标(x,y)或三维坐标(x,y,z)来指定端点,也可以混合使用二维坐标和三维坐标。如果输入二维坐标,AutoCAD 将会用当前的高度作为 z 坐标值,默认值为 0。

选择菜单栏中的"绘图"→"直线"命令,可参看图 10-8,或在"面板"选项板的"二维绘图"选项区域中(或在 AutoCAD 经典工作空间的"绘图"工具栏中)单击"直线" 图标按钮,就可以绘制直线。

10.2.3 多边形

多边形命令包括矩形和正多边形命令。在 AutoCAD 中,矩形及正多边形的每一条边

197

并不是单一对象，它们构成一个单独的对象。

1.矩形

在 AutoCAD 中，可以绘制倒角矩形、圆角矩形、有宽度的矩形等，如图 10-12 所示。

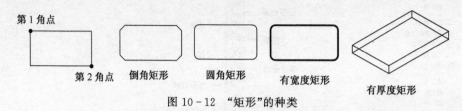

图 10-12 "矩形"的种类

选择菜单栏中的"绘图"→"矩形"命令，或在"面板"选项板的"二维绘图"选项区域中（或在 AutoCAD 经典工作空间的"绘图"工具栏中）单击"矩形"图标按钮□，默认情况下，通过指定两个点作为矩形的对角点来绘制矩形。

2.正多边形

选择菜单栏中的"绘图"→"正多边形"命令，或在"面板"选项板的"二维绘图"选项区域中（或在 AutoCAD 经典工作空间的"绘图"工具栏中）单击"正多边形"图标按钮⬠，命令行提示：

命令：_ polygon 输入边的数目<4>：

在 AutoCAD 中，可以绘制边数为 3～1024 的正多边形，输入正多边形的边数后，命令行继续提示：

指定正多边形的中心点或[边(E)]：在绘图窗口内，指定正多边形的中心点。

输入选项[内接于圆(I)/外切于圆(C)]<I>：

"内接于圆(I)"选项：绘制的正多边形内接于假想的圆。

"外切于圆(C)"选项：绘制的正多边形外切于假想的圆。

如果在命令行的提示下选择"边(E)"选项，则需要在绘图窗口内，指定两个点作为正多边形一条边的两个端点来绘制正多边形，并且，AutoCAD 总是从第一个端点到第二个端点，沿着当前角度的方向绘制正多边形。

10.2.4　圆(弧)类

圆(弧)类绘图命令，主要包括"圆"、"圆弧"、"椭圆"和"椭圆弧"等，这是 AutoCAD 中最简单的曲线命令。

1.圆

在 AutoCAD 中，可以使用 6 种方法绘制圆，如图 10-13 所示。

选择菜单栏中的"绘图"→"圆"命令中的子命令，参看图 10-8 和图 10-14 ，或在"面板"选项板的"二维绘图"选项区域中（或在 AutoCAD 经典工作空间的"绘图"工具栏中）单击"圆"图标按钮◎，命令行提示：

命令：_circle 指定圆的圆心或[三点(3P)/两点(2P)/相切、相切、半径(T)]：

默认情况下，先指定圆的圆心，然后，再指定圆的半径（或直径）。

"三点(3P)"选项：指定不在一条直线上的三点，即可绘制圆。

"两点(2P)"选项：指定圆的直径上的两个端点。

198

"相切、相切、半径(T)"选项：先指定与圆相切的两个对象，如：直线、圆或圆弧等，然后，再指定圆的半径。

2.圆弧

选择菜单栏中的"绘图"→"圆弧"命令中的子命令，参看图 10-8 和图 10-15，或在"面板"选项板的"二维绘图"选项区域中（或在 AutoCAD 经典工作空间的"绘图"工具栏中）单击"圆弧"图标按钮 ，即可绘制圆弧。

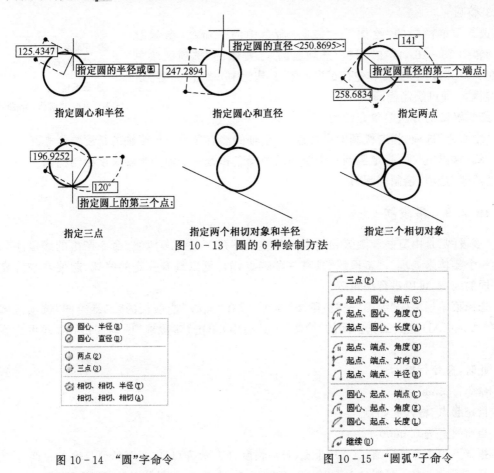

图 10-13 圆的 6 种绘制方法

图 10-14 "圆"字命令   图 10-15 "圆弧"子命令

在 AutoCAD 中，圆弧的绘制方法有 11 种，各选项简单介绍如下：

"三点"选项：给定三个点绘制一段圆弧，需要指定圆弧的起始点、通过的第二个点和端点。

"起点、圆心、端点"选项：指定圆弧的起始点、圆心和端点绘制圆弧。

"起点、圆心、角度"选项：指定圆弧的起始点、圆心和包含角度绘制圆弧。如果当前环境设置逆时针为角度正值的方向，则输入角度正值时，圆弧从起始点绕圆心逆时针方向绘制，输入角度负值时，圆弧从起始点绕圆心顺时针方向绘制。

"起点、圆心、长度"选项：指定圆弧的起始点、圆心和弦长绘制圆弧。给定的弦长不得超过起始点到圆心距离的 2 倍。

"起点、端点、角度"选项：指定圆弧的起始点、端点和包含角度绘制圆弧。

"起点、端点、方向"选项:指定圆弧的起始点、端点和圆弧在起始点处的切线方向绘制圆弧。

"起点、端点、半径"选项:指定圆弧的起始点、端点和半径绘制圆弧。

"圆心、起点、端点"选项:指定圆弧的圆心、起始点和端点绘制圆弧。

"圆心、起点、角度"选项:指定圆弧的圆心、起始点和包含角度绘制圆弧。

"圆心、起点、长度"选项:指定圆弧的圆心、起始点和弦长绘制圆弧。

3.椭圆

选择菜单栏中的"绘图"→"椭圆"命令中的子命令,参看图10-8和图10-16,或在"面板"选项板的"二维绘图"选项区域中(或在 AutoCAD 经典工作空间的"绘图"工具栏中)单击"椭圆"图标按钮 ◯,即可绘制椭圆。

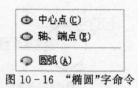

图 10-16 "椭圆"字命令

绘制椭圆的方法简单介绍如下:

"中心点"选项:指定椭圆的中心点,一个轴的端点和另一个半轴的长度绘制椭圆。

"轴、端点"选项:指定椭圆一个轴的两个端点和另一个轴的半轴长度绘制椭圆。

"圆弧"选项:绘制椭圆弧。

10.2.5 多段线

"多段线"是由直线和圆弧相连组成的线段序列,一次"多段线"命令产生的线段序列被作为一个实体来处理。"多段线"具有一些特点,如:可以具有一定的线宽,起使点与终点具有不同的线宽,可以进行编辑等。

选择菜单栏中的"绘图"→"多段线"命令,或在"面板"选项板的"二维绘图"选项区域中(或在 AutoCAD 经典工作空间的"绘图"工具栏中)单击"多段线"图标按钮 ⌐,即可绘制多段线。

此时,命令行提示:

命令:_pline

指定起点:输入起始点

当前线宽为 0.0000

指定下一个点或[圆弧(A)/半宽(H)/长度(L)/放弃(U)/宽度(W)]:输入一点

指定下一点或[圆弧(A)/闭合(C)/半宽(H)/长度(L)/放弃(U)/宽度(W)]:

默认情况下,当指定了多段线另一端点的位置后,将从起点到该点绘制出直线段。该命令提示中,其他选项的功能简单介绍如下:

"圆弧(A)"选项:从绘制直线的方式切换到绘制圆弧的方式。

"闭合(C)"选项:封闭多段线并结束命令。

"半宽(H)"选项:设置多段线的半宽度,即多段线的宽度等于输入值的 2 倍。可以分别指定对象的起点半宽和终点半宽。

"长度(L)"选项:指定所绘制直线段的长度。此时,AutoCAD 将以该长度沿着前一段直线的方向绘制直线段。

"放弃(U)"选项:取消多段线前一段直线或圆弧。

"宽度(W)"选项:设置多段线的宽度,可以分别指定对象的起点宽度和终点宽度。

在绘制多段线时,如果在"指定下一点或［圆弧(A)/闭合(C)/半宽(H)/长度(L)/放弃(U)/宽度(W)］:"提示下输入 A↓,可以切换到圆弧绘制方式,命令行显示如下提示:

指定圆弧的端点或

［角度(A)/圆心(CE)/闭合(CL)/方向(D)/半宽(H)/直线(L)/半径(R)/第二个点(S)/放弃(U)/宽度(W)］:

该命令提示中,各选项的功能简单介绍如下:

"角度(A)"选项:指定圆弧的包含角绘制圆弧段,圆弧的绘制方向与角度的正负值有关。

"圆心(CE)"选项:指定圆弧的圆心位置绘制圆弧段。

"闭合(CL)"选项:以最后一点和起始点为圆弧的两个端点绘制圆弧,封闭多段线,并结束多段线绘制命令。

"方向(D)"选项:根据起始点处的切线方向绘制圆弧。

"半宽(H)"选项:设置圆弧起始点的半宽度和终点的半宽度。

"直线(L)"选项:将多段线命令由绘制圆弧方式切换到绘制直线的方式。

"半径(R)"选项:指定半径绘制圆弧。

"第二个点(S)"选项:指定 3 点绘制圆弧。

"放弃(U)"选项:取消前一段圆弧。

"宽度(W)"选项:设置圆弧的起始点宽度和终点宽度。

10.2.6 样条曲线

样条曲线是一种通过或接近指定点的拟合曲线,适于表达具有不规则变化曲率半径的曲线。

选择菜单栏中的"绘图"→"样条曲线"命令,或在"面板"选项板的"二维绘图"选项区域中(或在 AutoCAD 经典工作空间的"绘图"工具栏中)单击"样条曲线"图标按钮 ～,即可绘制样条曲线。

10.3 文 字

文字对象是 AutoCAD 图形中很重要的元素,是机械制图和工程制图中不可缺少的组成部分。AutoCAD 提供了在图形中注写文字的功能,并提供不同的字体供用户选择。

10.3.1 文字样式

文字样式包括"字体"、"字型"、"高度"、"宽度系数"和"倾斜角"等参数。

选择菜单栏中的"格式"→"文字样式"命令,打开"文字样式"对话框,如图 10-17 所示,在该对话框中,可以修改或创建文字样式,并设置文字的当前样式。

在"文字样式"对话框中,可以显示文字样式的名称、创建新的文字样式、为已有的文字样式重命名以及删除文字样式。

"文字样式"对话框的"字体"选项区域用于设置文字样式使用的字体属性。其中"字体名"下拉列表框用于选择字体;"字体样式"下拉列表框用于选择字体格式,如斜体、粗体和常

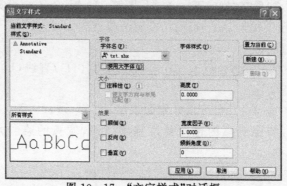

图 10-17 "文字样式"对话框

规字体等。选中"使用大字体"复选框,"字体样式"下拉列表框变成"大字体"下拉列表框,用于选择大字体文件。

"大小"选项区域用于设置文字样式使用的字高属性。"高度"文本框用于设置文字的高度。如果将文字的高度设置为 0 ,在使用 TEXT 命令标注文字时,命令行将提示"指定高度:",要求指定文字的高度。如果在"高度"文本框中输入了文字高度,AutoCAD 将按此高度标注文字,不再提示指定高度。

10.3.2　单行文字

在当前显示工具栏的任意图标上右击,在弹出的快捷菜单中选择"文字"命令,显示"文字"工具栏,如图 10-18 所示。

选择菜单栏中的"绘图"→"文字"→"单行文字"命令,参看图 10-8 和图 10-19 ,或单击"文字"工具栏中的"单行文字"图标按钮A,或在"面板"选项板的"文字"选项区域中单击"单行文字"图标按钮A,都可以在图形中创建单行文字对象。此时,命令行提示:

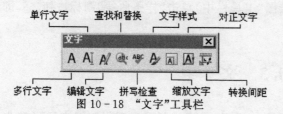

图 10-18 "文字"工具栏　　　　　　　　　　　图 10-19 "文字"子命令

当前文字样式:"Standard" 文字高度:2.50000 注释性:否

指定文字的起点或[对正(J)/样式(S)]:

1.指定文字的起点

默认情况下,通过指定单行文字行基线的起点位置创建文字。

2.设置对正方式

在"指定文字的起点或[对正(J)/样式(S)]:"提示下输入 J ,可以设置文字的排列方式,此时,命令行提示:

输入选项

[对齐(A)/调整(F)/中心(C)/中间(M)/右(R)/左上(TL)/中上(TC)/右上(TR)/左中(ML)/正中(MC)/右中(MR)/左下(BL)/中下(BC)/右下(BR)]:

在 AutoCAD 中,系统提供了多种对齐方式。

3.设置当前文字样式

在"指定文字的起点或[对正(J)/样式(S)]:"提示下输入 S,可以设置当前使用的文字样式,此时,命令行提示:

输入样式名或[?]<Standard>:

可以直接输入文字样式的名称,也可以输入? ↓,在"AutoCAD 文本窗口"中显示当前图形已有的文字样式,如图 10-20 所示。

4.使用文字控制符

在实际绘图中,经常需要标注一些特殊的字符,如:在文字上方或下方添加划线、标注度数(°)、±、Φ 等符号,这些字符不能从键盘上直接输入,AutoCAD 提供了相应的控制符,可以实现这些标注。常用的控制符如表 10-2 所列。

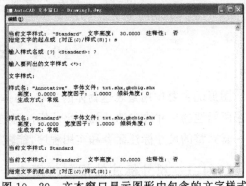

图 10-20 文本窗口显示图形中包含的文字样式

在 AutoCAD 的控制符中,％％O 和％％U 分别是上划线与下划线的开关,第一次出现该符号时,打开上划线或下划线,第二次出现该符号时,关闭上划线或下划线。

表 10-2 AutoCAD 常用的文字控制符

控 制 符	功 能
％％O	打开或关闭文字上划线
％％U	打开或关闭文字下划线
％％D	标注度数(°)符号
％％P	标注正负公差(±)符号
％％C	标注直径(Φ)符号

10.3.3 多行文字

"多行文字"是段落文字,是由两行以上的文字组成,而且每行文字是作为一个整体来处理的。

选择菜单栏中的"绘图"→"文字"→"多行文字"命令,可参看图 10-18 和图 10-19,或单击"文字"工具栏中的"多行文字"图标按钮 A,或在"面板"选项板的"文字"选项区域中单击"多行文字"图标按钮 A,或在 AutoCAD 经典工作空间的"绘图"工具栏中单击 A "多行文字"图标按钮,都可以在图形中创建多行文字对象。此时,命令行提示:

命令:_mtext 当前文字样式:"Standard" 文字高度:30 注释性:否

指定第一角点:在绘图窗口内适当位置,光标拾取一点

指定对角点或[高度(H)/对正(J)/行距(L)/旋转(R)/样式(S)/宽度(W)/栏(C)]:在绘图窗口内适当位置,光标再拾取一点,打开"文字格式"工具栏和文字输入窗口,该工具栏可以设置多行文字的样式、字体和大小等属性,如图 10-21 所示。

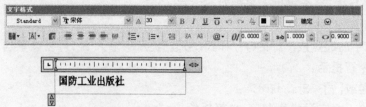

图 10 - 21　创建多行文字的"文字格式"工具栏和文字输入窗口

10.4　尺　寸　标　注

图形的主要作用是表达物体的形状,物体各部分的真实大小和它们之间的位置关系是由图中所标注的尺寸决定的,因此,尺寸标注是绘图设计工作中的一项重要内容。AutoCAD 提供了一套完整的尺寸标注命令和实用程序,能轻松地完成图纸中要求的尺寸标注。

10.4.1　尺寸标注的规则与组成

在对图形进行标注之前,应首先了解尺寸标注的规则、组成、类型和步骤等。

1.标注规则

(1) 物体的真实大小是以图样上所标注的尺寸数值为依据,与图形的大小和绘图精确度无关。

(2) 图样中的尺寸是以毫米(mm)为单位,不需要标注计量单位的代号或名称。如果采用其他单位,则必须注明相应的计量单位或名称,如度(°)、米(m)和厘米(cm)等。

(3) 图样中所标注的尺寸是物体最后的完工尺寸,否则应另加说明。

2.标注组成

在工程绘图中,一个完整的尺寸标注应由尺寸数字及符号、尺寸线、尺寸界线和尺寸线终端组成,如图 10 - 22 所示。

(1) 尺寸数字及符号:尺寸数字表示图形的实际测量尺寸,可以只标注基本尺寸,也可以带尺寸公差。一般注写在尺寸线的上方,也允许注写在尺寸线的中断处。

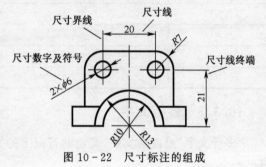

图 10 - 22　尺寸标注的组成

常用的尺寸标注符号有直径(Φ)、半径(R)、球直径(SΦ)、球半径(SR)、均布(EQS)、正方形(□)、厚度(t)和深度(⊤)等。

(2) 尺寸线:表示尺寸标注的范围,用细实线绘制,必须单独绘出,不能用其他图线代替,也不能与其他图线重合或画在其他图线的延长线上。

(3) 尺寸界线:表示标注范围的直线,用细实线绘制,从图形的轮廓线、轴线或对称中心线引出,也可以直接利用轮廓线、轴线或对称中心线作为尺寸界线。

(4) 尺寸线终端:表示测量起点和终点的位置。

3.标注类型

AutoCAD 提供了十余种标注工具,分别位于菜单栏的"标注"下拉菜单或"标注"工具栏中,如图 10-23 和图 10-24 所示,可以进行角度、直径、半径、线性、对齐、连续、圆心及基线等标注,如图 10-25 所示。

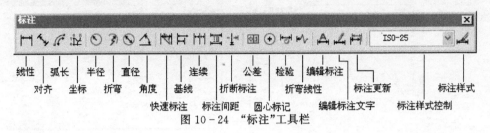

图 10-24 "标注"工具栏

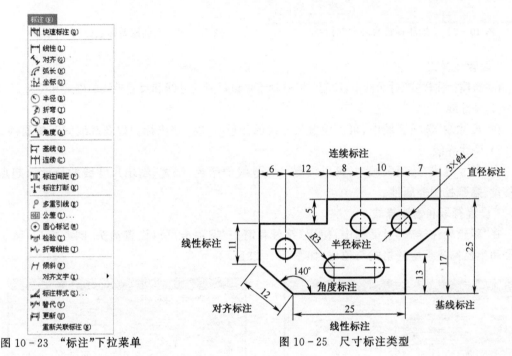

图 10-23 "标注"下拉菜单

图 10-25 尺寸标注类型

10.4.2 尺寸标注样式

在 AutoCAD 中,使用标注样式可以控制标注的格式和外观,建立绘图标准,并有利于对标注格式及用途进行修改。

1.新建标注样式

选择菜单栏中的"格式"→"标注样式"命令,打开"标注样式管理器"对话框,如图 10-26 所示,单击该对话框中的"新建"按钮,打开"创建新标注样式"对话框,如图 10-27 所示。

新建标注样式时,可以在"新样式名"文本框中输入新样式的名称。在"基础样式"下拉列表框中选择一种基础样式,新样式将在基础样式的基础上进行修改。此外,在"用于"下拉列表框中指定新建标注样式的适用范围,包括"所有标注"、"线性标注"、"角度标注"、"半径标注"、"直径标注"、"坐标标注"和"引线与公差"等选项。

设置了新样式的名称、基础样式和适用范围后,单击该对话框中的"继续"按钮,打开"新建标注样式"对话框,如图 10-28 所示。

205

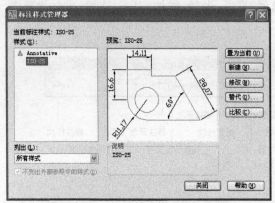

图 10-26 "标注样式管理器"对话框

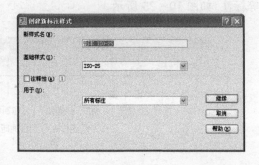

图 10-27 "创建新标注样式"对话框

2.设置线样式

在"新建标注样式"对话框中,使用"线"选项卡可以设置尺寸线和尺寸界线的格式和位置。

1)尺寸线

在"尺寸线"选项区域中,可以设置尺寸线的颜色、线宽、超出标记以及基线间距等属性。

2)尺寸界线

在"尺寸界线"选项区域中,可以设置尺寸界线的颜色、线宽、超出尺寸线的长度和起点偏移量、隐藏控制等属性。

3.设置符号和箭头样式

在"新建标注样式"对话框中,使用"符号和箭头"选项卡可以设置箭头、圆心标记、弧长符号和半径标注折弯的格式与位置,如图 10-29 所示。

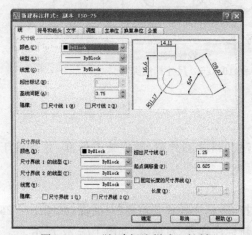

图 10-28 "新建标注样式"对话框

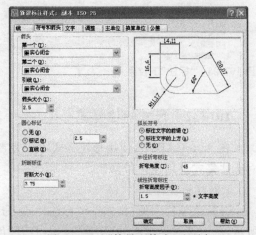

图 10-29 "符号和箭头"选项卡

1)箭头

在"箭头"选项区域中,可以设置尺寸线和引线箭头的类型及尺寸大小等,通常情况下,尺寸线的两个箭头应一致。

2)圆心标记

在"圆心标记"选项区域中,可以设置圆或圆弧的圆心标记类型,如"标记"、"直线"和"无"。

206

3）弧长符号

在"弧长符号"选项区域中，可以设置弧长符号显示的位置。

4）半径折弯标注

在"半径折弯标注"选项区域的"折弯角度"文本框中，可以设置标注圆弧半径时，标注线折弯的角度。

5）折断标注

在"折断标注"选项区域的"折断大小"文本框中，可以设置标注折断时，标注线的长度。

6）线性折弯标注

在"线性折弯标注"选项区域的"折弯高度因子"文本框中，可以设置折弯标注打断时，折弯线的高度。

4.设置文字样式

在"新建标注样式"对话框中，可以使用"文字"选项卡设置标注文字的外观、位置和对齐方式，如图 10‑30 所示。

1）文字外观

在"文字外观"选项区域中，可以设置文字的样式、颜色、高度和分数高度比例，以及控制是否绘制文字边框等。

2）文字位置

在"文字位置"选项区域中，可以设置文字的垂直、水平位置以及从尺寸线偏移的量。

"从尺寸线偏移"文本框：设置标注文字与尺寸线之间的距离。如果标注文字位于尺寸线的中间，则表示断开处尺寸线端点与尺寸文字的间距。若标注文字带有边框，则可以控制文字边框与其中文字的距离。

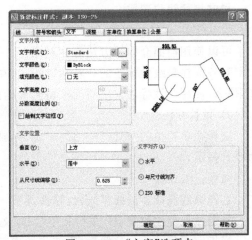

图 10‑30 "文字"选项卡

3）文字对齐

在"文字对齐"选项区域中，可以设置标注文字是保持水平还是与尺寸线平行。

10.4.3 尺寸标注类型

本节介绍如何在中文版 AutoCAD 中标注图形尺寸。

1.长度类型

长度类型尺寸标注适用于标注两点之间的长度，可以是端点、交点、圆弧弦线端点或能够识别的任意两个点。在 AutoCAD 中，长度类型尺寸标注包括多种类型，如：线性标注、对齐标注、弧长标注、基线标注和连续标注等。

1）线性标注

选择菜单栏中的"标注"→"线性"命令，或单击"标注"工具栏中的"线性"图标按钮，命令行提示：

命令：_dimlinear

指定第一条尺寸界线原点或＜选择对象＞：选择第一条尺寸界线的起始点

指定第二条尺寸界线原点:选择第二条尺寸界线的起始点

指定尺寸线位置或

[多行文字(M)/文字(T)/角度(A)/水平(H)/垂直(V)/旋转(R)]:

默认情况下,在指定了尺寸线的位置后,系统将按自动测量的两条尺寸界线起始点之间的距离标注尺寸。

2)对齐标注

选择菜单栏中的"标注"→"对齐"命令,或单击"标注"工具栏中的"对齐"图标按钮 ，命令行提示:

命令:_dimaligned

指定第一条尺寸界线原点或<选择对象>:选择第一条尺寸界线的起始点

指定第二条尺寸界线原点:选择第二条尺寸界线的起始点

指定尺寸线位置或

[多行文字(M)/文字(T)/角度(A)]:

可以使用前面介绍的方法标注对象。

对齐标注是线性标注的一种特殊形式,在对直线段进行标注时,如果直线的倾斜角度未知,那么,使用线性标注方法将无法得到准确的测量结果,这时,可以使用对齐标注方法 。

3)弧长标注

选择菜单栏中的"标注"→"弧长"命令,或单击"标注"工具栏中的"弧长"图标按钮 ，命令行提示:

命令:_dimarc

选择弧线段或多段线弧线段:选择圆弧

指定弧长标注位置或[多行文字(M)/文字(T)/角度(A)/部分(P)]:

当指定了尺寸线的位置后,系统将按实际测量值标注圆弧的长度。

4)基线标注

选择菜单栏中的"标注"→"基线"命令,或单击"标注"工具栏中的"基线"图标按钮 ，命令行提示:

命令:_dimbaseline

选择基准标注:

在进行基线标注之前,必须先创建(或选择)一个线性、坐标或角度标注作为基准标注,然后,再执行"基线"命令,此时,命令行提示:

指定第二条尺寸界线原点或[放弃(U)/选择(S)]<选择>:

直接选择第二条尺寸界线的起始点,AutoCAD 将按基线标注方式标注尺寸,直到按Enter 键结束命令 。

5)连续标注

选择菜单栏中的"标注"→"连续"命令,或单击"标注"工具栏中的"连续"图标按钮 ，命令行提示:

命令:_dimcontinue

选择连续标注:

在进行连续标注之前,必须先创建(或选择)一个线性、坐标或角度标注作为基准标注,

以确定连续标注所需要的第一条尺寸界线,然后,再执行"连续"命令,此时,命令行提示:

指定第二条尺寸界线原点或[放弃(U)/选择(S)]<选择>:

直接选择第二条尺寸界线的起始点,AutoCAD将按连续标注方式标注尺寸,即前一个标注的第二条尺寸界线作为后一个标注的第一条尺寸界线,标注完成后,按Enter键结束命令。

2.半径、直径类型

在AutoCAD中,可以使用"标注"菜单中的"半径"、"直径"和"圆心"命令,标注圆或圆弧的半径尺寸、直径尺寸及圆心位置。

1)半径标注

选择菜单栏中的"标注"→"半径"命令,或单击"标注"工具栏中的"半径"图标按钮 ⊘ ,命令行提示:

命令:_dimradius

选择圆弧或圆:在绘图窗口内,移动光标,选择圆弧或圆

标注文字 = 1

指定尺寸线位置或[多行文字(M)/文字(T)/角度(A)]:

指定了尺寸线的位置后,系统将按实际测量值标注圆弧或圆的半径。通过"多行文字"或"文字"选项重新确定尺寸文字时,需要在输入的尺寸文字前加R,否则,只有尺寸文字而没有R符号。

2)折弯标注

选择菜单栏中的"标注"→"折弯"命令,或单击"标注"工具栏中的"折弯"图标按钮 ⚡ 。

该标注方法与半径标注方法基本相同,但需要指定一个位置代替圆或圆弧的圆心。

3)直径标注

选择菜单栏中的"标注"→"直径"命令,或单击"标注"工具栏中的"直径"图标按钮 ⊘ ,命令行提示:

命令:_dimdiameter

选择圆弧或圆:在绘图窗口内,移动光标,选择圆弧或圆

标注文字 = 1

指定尺寸线位置或[多行文字(M)/文字(T)/角度(A)]:

直径的标注方法与半径的标注方法相同。选择圆或圆弧,并确定尺寸线的位置,系统将按实际测量值标注圆或圆弧的直径。通过"多行文字"或"文字"选项重新确定尺寸文字时,需要在输入的尺寸文字前加%%C,否则,只有尺寸文字而没有Φ直径符号。

4)圆心标注

选择菜单栏中的"标注"→"圆心标记"命令,或单击"标注"工具栏中的"圆心标记"图标按钮 ⊕ ,命令行提示:

命令:_dimcenter

选择圆弧或圆:在绘图窗口内,移动光标,选择圆弧或圆,即可标注圆或圆弧的圆心

圆心标记的形式可以由系统变量DIMCEN设置。

5)角度标注

选择菜单栏中的"标注"→"角度"命令,或单击"标注"工具栏中的"角度"图标按钮 △ ,命令行提示:

命令:_dimangular

选择圆弧、圆、直线或<指定顶点>:

选择需要标注的对象。

3.形位公差标注

形状与位置公差简称形位公差,是指零件的实际形状和实际位置对于设计所要求的理想形状和理想位置允许的变动量,形位公差在机械图形中非常重要。

选择菜单栏中的"标注"→"公差"命令,或单击"标注"工具栏中的"公差"图标按钮 ⊞,打开"形位公差"对话框,如图 10 - 31 所示,在该对话框中,可以设置公差的符号、公差值和基准等参数。

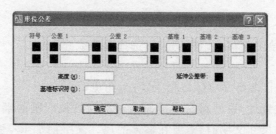

图 10 - 31 "形位公差"对话框

"符号"选项:单击该列的■框,打开"特征符号"对话框,如图 10 - 32 所示,可以在该对话框中选择几何特征符号。

"公差 1"和"公差 2"选项区域:单击该列前面的■框,插入一个直径符号,在中间的文本框中,可以输入公差值,单击该列后面的■框,打开"附加符号"对话框,如图 10 - 33 所示,可以为公差选择包容条件符号。

图 10 - 32 "特征符号"对话框

图 10 - 33 "附加符号"对话框

"基准 1"、"基准 2"和"基准 3"选项区域:设置公差基准和相应的包容条件。

"高度"文本框:设置投影公差带的值。

"延伸公差带"选项:单击该■框,可以在延伸公差带值的后面插入延伸公差带符号。

"基准标识符"文本框:创建由参照字母组成的基准标识符号。

10.5 图 案 填 充

在机械图形中,可以使用图案填充表达一个剖切的区域,也可以使用不同的图案填充表达不同的零部件或材料。AutoCAD 提供了很多填充图案供用户选择,它们被存放在标准图案文件中,用户也可以根据需要定义自己的填充图案。

10.5.1　设置图案填充

选择菜单栏中的"绘图"→"图案填充"命令,或在"面板"选项板的"二维绘图"选项区域中(或在 AutoCAD 经典工作空间的"绘图"工具栏中)单击"图案填充"  图标按钮,打开"图案填充和渐变色"对话框,如图 10-34 所示,在该对话框中,可以设置图案填充的类型、填充图案、角度和比例等特性。

图 10-34　"图案填充和渐变色"对话框

图 10-35　"填充图案选项板"对话框

1.类型和图案

在"类型和图案"选项区域中,可以设置图案填充的类型和图案,各选项的功能简单介绍如下:

"类型"下拉列表框:设置填充的图案类型,包括"预定义"、"用户定义"和"自定义"3 个选项。

"图案"下拉列表框:设置填充的图案,在"类型"下拉列表框中选择"预定义"选项时,该选项可用。在该下拉列表框中,可以根据图案名称选择填充图案,也可以单击其后的 按钮,打开"填充图案选项板"对话框,如图 10-35 所示,可以在该对话框中进行选择。

"样例"预览窗口:显示当前选中的图案样例,单击该窗口,也可以打开"填充图案选项板"对话框选择填充图案。

2.角度和比例

在"角度和比例"选项区域中,可以设置用户定义类型的图案填充的角度和比例等参数,各选项的功能简单介绍如下:

"角度"下拉列表框:设置填充图案的旋转角度,每种图案在定义时的旋转角度都为零。

"比例"下拉列表框:设置图案填充时的比例值。每种图案在定义时的初始比例为 1,可以根据需要放大或缩小。在"类型"下拉列表框中选择"用户定义"选项时,该选项不可用。

3.图案填充原点

在"图案填充原点"选项区域中,可以设置图案填充原点的位置。

4.边界

在"边界"选项区域中,包括"拾取点"、"选择对象"等按钮,各选项的功能简单介绍如下:

"拾取点"按钮:以拾取点的形式来指定填充区域的边界。单击该按钮,切换到绘图窗口,在需要填充的区域内指定一点,系统会自动计算出包围该点的封闭填充边界,同时加亮显示该边界。在拾取点之后,如果不能形成封闭的填充边界,系统将会显示错误提示信息,如图10-36所示。

"选择对象"按钮:单击该按钮,切换到绘图窗口,可以通过选择对象的方式来定义填充区域的边界。

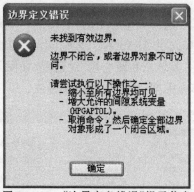

图10-36 "边界定义错误"提示信息

10.5.2 分解填充图案

填充图案是一种特殊的块,无论形状多复杂,它都是一个单独的对象。

可以选择菜单栏中的"修改"→"分解"命令,或单击工具栏中的 图标按钮,即可分解一个关联图案。填充图案被分解后,它将不是一个单一的对象,而是一组组成填充图案的线条,同时,分解后的填充图案没有与图形的关联性。

10.6 精确绘图工具

使用 AutoCAD 提供的精确绘图工具,可以有效地提高绘图效率和精确性。在AutoCAD中,可以使用系统提供的对象捕捉、对象捕捉追踪等功能,在不输入坐标的情况下,快速、精确地绘制图形。

10.6.1 捕捉、栅格和正交模式

要确定点的准确位置,必须使用坐标或捕捉功能。

"捕捉"用于设置光标移动的间距。"栅格"是一些标定位置的点,起到坐标纸的作用,可以提供直观的距离和位置参考。

1.打开或关闭"捕捉"和"栅格"功能

打开或关闭"捕捉"和"栅格"功能有以下几种方法。

(1)在 AutoCAD 程序窗口的状态栏中,单击"捕捉"和"栅格"按钮。

(2)按 F7 键打开或关闭栅格,按 F9 键打开或关闭捕捉。

(3)选择菜单栏中的"工具"→"草图设置"命令,如图10-37所示,打开"草图设置"对话框,在该对话框的"捕捉和栅格"选项卡中,选中或取消"启用捕捉"和"启用栅格"复选框,如图10-38所示。

2.正交模式

使用 ORTHO 命令,可以打开正交模式,在正交模式下,可以方便地绘制与当前 X 或 Y 轴平行的线段。打开或关闭正交模式有以下两种方法:

(1)在 AutoCAD 程序窗口的状态栏中单击"正交"按钮。

(2)按 F8 键打开或关闭。

图 10-37 "工具"下拉菜单　　　　　　　　图 10-38 "草图设置"对话框

10.6.2 对象捕捉

AutoCAD 为用户提供了对象捕捉功能,可以迅速、准确地捕捉到对象上的特殊点,如:端点、中点、圆心和两个对象的交点等,从而能够精确地绘制图形。

1.打开对象捕捉功能

在 AutoCAD 中,可以通过"对象捕捉"工具栏和"草图设置"对话框等方式来设置对象捕捉模式。

1)"对象捕捉"工具栏

显示"对象捕捉"工具栏,如图 10-39 所示。

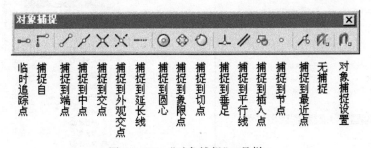

图 10-39 "对象捕捉"工具栏

在绘图过程中,当要求指定点时,单击"对象捕捉"工具栏中相应的特征点图标按钮,参看图 10-39 ,再把光标移到要捕捉对象上的特征点附近,即可捕捉到相应的对象特征点。

2)使用自动捕捉功能

选择菜单栏中的"工具"→"选项"命令,可参看图 10-37 ,打开"选项"对话框,在该对话

213

框的"草图"选项卡中,可以进行自动捕捉功能的设置,如图 10-40 所示。

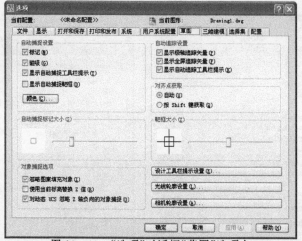

图 10-40 "选项"对话框"草图"选项卡

　　自动捕捉就是把光标放在对象上时,系统自动捕捉到对象上所有符合条件的几何特征点,并显示相应的标记和提示,这样,在选择点之前,就可以预览和确认捕捉点。

　　要打开对象捕捉模式,可以选择菜单栏中的"工具"→"草图设置"命令,在打开的"草图设置"对话框中,选择"对象捕捉"选项卡,选中"启用对象捕捉"复选框,在"对象捕捉模式"选项区域中选中相应的复选框,如图 10-41 所示。

　　右击状态栏中的"对象捕捉",在弹出的快捷菜单中,选择"设置",同样可以打开"草图设置"对话框的"对象捕捉"选项卡。

　　3) 使用快捷菜单

　　绘图过程中,当要求指定点时,可以按住 Shift 键或 Ctrl 键,右击弹出"对象捕捉"快捷菜单,如图 10-42 所示,选择需要的子命令,再把光标移到需要捕捉对象的特征点附近,即可捕捉到相应的对象特征点。

图 10-41 "对象捕捉"选项卡

图 10-42 "对象捕捉"快捷菜单

　　2.运行和覆盖捕捉模式

　　在 AutoCAD 中,对象捕捉模式又可分为运行捕捉模式和覆盖捕捉模式。

214

如图 10-41 所示,在"草图设置"对话框的"对象捕捉"选项卡中,设置的对象捕捉模式始终处于运行状态,直到关闭为止,称为运行捕捉模式。

如果在点的命令行提示下输入关键字(表 10-3),单击"对象捕捉"工具栏中的工具或在"对象捕捉"快捷菜单中选择相应的命令,只是临时打开捕捉模式,称为覆盖捕捉模式,仅对本次捕捉点有效。

要打开或关闭运行捕捉模式,可以单击状态栏上的"对象捕捉"按钮,设置覆盖捕捉模式后,系统将暂时覆盖运行捕捉模式。

表 10-3 目标捕捉方式

目标捕捉方式名	使 用 说 明
NEA(rest)	捕捉离十字光标最近的线、圆或圆弧上的点,或最近的点图素
END(point)	捕捉直线或圆弧的端点
MID(point)	捕捉直线或圆弧的中点
CEN(ter)	捕捉圆或圆弧的圆心,要拾取圆或圆弧上的可见部分
NOD(e)	捕捉点图素
QUA(drant)	捕捉最近的圆或圆弧的象限点,它们是在一个圆或圆弧上的 0°、90°、180° 和 270° 处的点
INT(ersection)	捕捉两条线或圆、圆弧的交点
INS(ert)	捕捉某个形、文字、属性、属性定义或块的插入点
PER(pendicular)	在一条直线、圆或圆弧上捕捉一点,使该点与最后输入点的连线正交
TAN(gent)	捕捉一个圆或圆弧上的一点,使它与最后一点连线时,形成该目标的一条切线
APPINT(Apparent Intersection)	捕捉两个图形对象的延伸交点
PAR(allel)	捕捉一点,使已知点与该点的连线与一条已知直线平行
EXT(ension)	捕捉一已知直线延长线上的点

注:键盘输入目标捕捉方式名的前三个字母为有效缩写

10.6.3 自动追踪

自动追踪功能分为极轴追踪和对象捕捉追踪两种,是常用的辅助绘图工具。

极轴追踪是按事先给定的角度增量来追踪特征点,而对象捕捉追踪则是按与对象的某种特定关系来追踪,这种特定的关系确定了一个未知角度,即:如果事先知道要追踪的方向(角度),则使用极轴追踪;如果事先不知道具体的追踪方向(角度),但知道与其他对象的某种关系(如相交等),则使用对象捕捉追踪。

极轴追踪和对象捕捉追踪可以同时使用。

极轴追踪功能可以在系统要求指定一个点时,按预先设置的角度增量显示一条无限延伸的辅助线(虚线),这时,可以沿着辅助线追踪到目标点。可以在"草图设置"对话框的"极轴追踪"选项卡中进行设置,如图 10-43 所示。

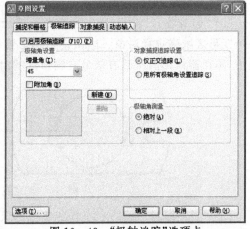

图 10-43 "极轴追踪"选项卡

对象追踪必须与对象捕捉同时工作,即:在追踪对象捕捉到特征点之前,必须先打开对象捕捉功能。

10.7 编 辑 图 形

AutoCAD具有强大的图形编辑功能,使用这些编辑命令,可以修改已有图形或通过已有图形编辑、构造新的复杂图形。

10.7.1 选择对象

在对图形进行编辑操作之前,需要选择编辑对象,AutoCAD用虚线加亮所选的对象,这些对象构成选择集。选择菜单栏中的"工具"→"选项"命令,打开"选项"对话框,选择"选择集"选项卡,如图10-44所示,可以设置选择模式、拾取框的大小及夹点功能等。

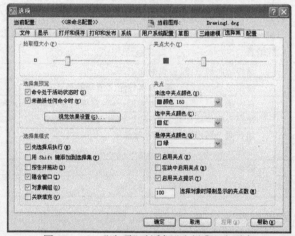

图10-44 "选项"对话框"选择集"选项卡

在AutoCAD中,选择对象的方法很多。常用的选择方法主要有以下几种:

(1) 点选择:默认情况下,可以直接选择对象,此时,光标变成一个小方框(拾取框),可以逐个拾取对象,每次只能拾取一个对象。

(2) "包容窗口"选择(W):当命令行提示"选择对象:"时,输入W回车,然后,通过绘制一个矩形区域来选择对象。当指定了矩形窗口的两个对角点时,位于矩形窗口内的对象被选中,不在窗口内的或只有部分在窗口内的对象不被选中,如图10-45所示。

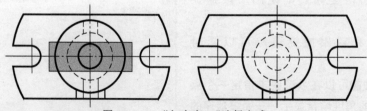

图10-45 "包容窗口"选择方式

(3) "交叉窗口"选择(C):当命令行提示"选择对象:"时,输入C回车。"交叉窗口"与"窗口"选择对象的方法类似,但位于窗口之内以及与窗口边界相交的对象都被选中,如图

10 - 46所示。

(4)最后实体选择(L):用"L"回答提示时,表示选择最后生成的图形对象。

(5)恢复前一选择集(P):系统会记住最后的选择集,输入"P"选项,可再次选中最后选择集中的实体。

(6)取消选择(U):选择"U"后,取消最近一次的选择结果。

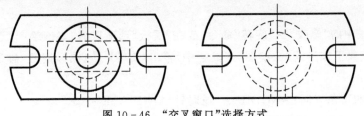

图 10 - 46 "交叉窗口"选择方式

10.7.2 编辑图形对象

在 AutoCAD 中,可以使用"修改"下拉菜单和"修改"工具栏中的相关命令来编辑图形对象,如图 10 - 47 和图 10 - 48 所示。

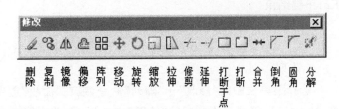

图 10 - 47 "修改"下拉菜单

图 10 - 48 "修改"工具栏

1.删除

选择菜单栏中的"修改"→"删除"命令,或在"面板"选项板的"二维绘图"选项区域中(或在 AutoCAD 经典工作空间的"绘图"工具栏中)单击"删除" 图标按钮,命令行提示:

命令:_erase

选择对象:选择需要删除的对象,按 Enter 键或空格键,结束选择对象,并删除已选择的对象。

2.移动

选择菜单栏中的"修改"→"移动"命令,或在"面板"选项板的"二维绘图"选项区域中(或

在 AutoCAD 经典工作空间的"绘图"工具栏中)单击"移动" ✥ 图标按钮,命令行提示:

命令:_move

选择对象:选择需要移动的对象↓

指定基点或[位移(D)]<位移> :指定位移的基点

指定第二个点或<使用第一个点作为位移> :指定第二个点

3.旋转

选择菜单栏中的"修改"→"旋转"命令,或在"面板"选项板的"二维绘图"选项区域中(或在 AutoCAD 经典工作空间的"绘图"工具栏中)单击"旋转" ↻ 图标按钮,命令行提示:

命令:_rotate

UCS 当前的正角方向:ANGDIR = 逆时针 ANGBASE = 0

选择对象:选择需要旋转的对象↓

指定基点:指定旋转的基点

指定旋转角度,或[复制(C)/参照(R)]<0> :

直接输入角度值,则选中的对象绕基点旋转该角度,逆时针方向旋转为角度的正值,顺时针方向旋转为角度的负值。

4.复制

选择菜单栏中的"修改"→"复制"命令,或在"面板"选项板的"二维绘图"选项区域中(或在 AutoCAD 经典工作空间的"绘图"工具栏中)单击"复制" ❝❞ 图标按钮,命令行提示:

命令:_copy

选择对象:选择需要复制的对象↓

当前设置:复制模式 = 多个

指定基点或[位移(D)/模式(O)]<位移> :光标拾取图形对象的基点

指定第二个点或<使用第一个点作为位移> :光标拾取第二个点

指定第二个点或[退出(E)/放弃(U)]<退出> :可以继续使用光标拾取点,也可以按 Enter 键结束。

"位移(D)"选项:通过指定位移,复制对象。

"模式(O)"选项:确定复制模式,单个、多个复制模式。

5.阵列

选择菜单栏中的"修改"→"阵列"命令,或在"面板"选项板的"二维绘图"选项区域中(或在 AutoCAD 经典工作空间的"绘图"工具栏中)单击"阵列" ⊞ 图标按钮(或在命令行输入 array↓),打开"阵列"对话框,可以在该对话框中设置矩形阵列、环形阵列方式。

1)矩形阵列

在"阵列"对话框中,选择"矩形阵列"单选按钮,以矩形阵列方式复制对象,如图 10-49 所示,各选项的含义简单介绍如下:

"行"文本框:设置矩形阵列的行数。

"列"文本框:设置矩形阵列的列数。

"偏移距离和方向"选项区域:在"行偏移"、"列偏移"、"阵列角度"文本框中输入矩形阵列的行距、列距和阵列角度,也可以单击文本框右边的 ⬚ 按钮,在绘图窗口中,通过指定点

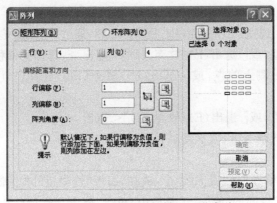

图 10-49 "阵列"对话框,矩形阵列

来确定距离和方向。

"选择对象" 按钮:单击该按钮,切换到绘图窗口,选择阵列复制的对象。

预览窗口:显示当前的阵列方式、行距、列距和阵列角度。

"预览"按钮:单击该按钮,切换到绘图窗口,可以预览阵列复制效果。

2)环形阵列

在"阵列"对话框中,选择"环形阵列"单选按钮,以环形阵列方式复制对象,此时的"阵列"对话框如图 10-50 所示,各选项的含义简单介绍如下:

"中心点"选项区域:在 X 和 Y 文本框中,输入环形阵列的中心点坐标,也可以单击右边的 按钮,切换到绘图窗口,指定一点作为环形阵列的中心点。

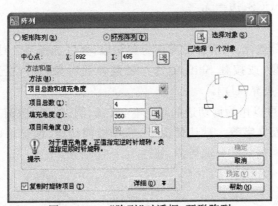

图 10-50 "阵列"对话框,环形阵列

"方法和值"选项区域:设置环形阵列复制的方法和值。包括"项目总数和填充角度"、"项目总数和项目间的角度"和"填充角度和项目间的角度"3 种,选择的方法不同,设置的值也不同,也可以单击右侧相应的按钮,在绘图窗口中指定。

"复制时旋转项目"复选框:阵列时是否旋转复制对象。

"详细"按钮:单击该按钮,对话框中将显示对象的基点信息。

6.偏移

选择菜单栏中的"修改"→"偏移"命令,或在"面板"选项板的"二维绘图"选项区域中(或在 AutoCAD 经典工作空间的"绘图"工具栏中)单击"偏移" 图标按钮,命令行提示:

219

当前设置:删除源=否图层=源 OFFSETGAPTYPE=0

指定偏移距离或[通过(T)/删除(E)/图层(L)]<通过>:指定偏移距离↓

选择要偏移的对象,或[退出(E)/放弃(U)]<退出>:选择要偏移的对象

指定要偏移的那一侧上的点,或[退出(E)/多个(M)/放弃(U)]<退出>:指定偏移方向

选择要偏移的对象,或[退出(E)/放弃(U)]<退出>:↓

以上步骤为在默认情况下,偏移复制对象。

7.镜像

选择菜单栏中的"修改"→"镜像"命令,或在"面板"选项板的"二维绘图"选项区域中(或在 AutoCAD 经典工作空间的"绘图"工具栏中)单击"镜像" ⚎图标按钮,命令行提示:

命令:_mirror

选择对象:选择需要镜像的对象↓

指定镜像线的第一点:指定镜像线上的一点

指定镜像线的第二点:再指定镜像线上的另一点

要删除源对象吗?[是(Y)/否(N)]<N>:直接按 Enter 键,则镜像复制对象,并保留源对象;如果输入 Y↓,则在镜像复制对象的同时,删除源对象。

8.修剪

选择菜单栏中的"修改"→"修剪"命令,或在"面板"选项板的"二维绘图"选项区域中(或在 AutoCAD 经典工作空间的"绘图"工具栏中)单击"修剪"图标按钮,命令行提示:

命令:_trim

当前设置:投影=UCS,边=无

选择剪切边...

选择对象或<全部选择>:选择对象作为剪切边,可以选择多个对象作为剪切边↓

选择要修剪的对象,或按住 Shift 键选择要延伸的对象,或[栏选(F)/窗交(C)/投影(P)/边(E)/删除(R)/放弃(U)]:

在 AutoCAD 中,可以作为剪切边的对象有:直线、圆、圆弧、椭圆、椭圆弧、多段线、样条曲线、构造线、射线以及文字等。默认情况下,选择被剪切边,系统将以剪切边为界,将被剪切对象上位于拾取点一侧的部分剪切掉,如图 10-51 所示。

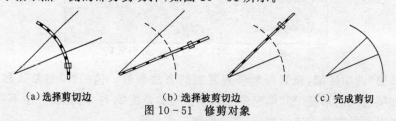

(a)选择剪切边   (b)选择被剪切边   (c)完成剪切

图 10-51　修剪对象

9.延伸

选择菜单栏中的"修改"→"延伸"命令,或在"面板"选项板的"二维绘图"选项区域中(或在 AutoCAD 经典工作空间的"绘图"工具栏中)单击"延伸"图标按钮,命令行提示:

命令:_extend

当前设置:投影=UCS,边=延伸

选择边界的边 ...

选择对象或＜全部选择＞:选择边界↓

选择要延伸的对象,或按住 Shift 键选择要修剪的对象,或[栏选(F)/窗交(C)/投影(P)/边(E)/放弃(U)]:

延伸命令的使用方法和修剪命令的使用方法相似,如图 10－52 所示。不同之处:使用延伸命令时,如果在按住 Shift 键的同时选择对象,则执行修剪命令;使用修剪命令时,如果在按住 Shift 键的同时选择对象,则执行延伸命令。

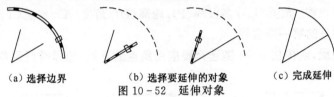

（a）选择边界　　　　（b）选择要延伸的对象　　　（c）完成延伸

图 10－52　延伸对象

10.缩放

选择菜单栏中的"修改"→"缩放"命令,或在"面板"选项板的"二维绘图"选项区域中(或在 AutoCAD 经典工作空间的"绘图"工具栏中)单击"缩放"▣ 图标按钮,命令行提示:

命令:_scale

选择对象:选择需要缩放的对象↓

指定基点:指定缩放对象的基点

指定比例因子或[复制(C)/参照(R)]＜1.0000＞:

直接输入缩放的比例因子,对象将根据该比例因子相对于基点缩放,当比例因子大于 0 小于 1 时,缩小对象;当比例因子大于 1 时,放大对象。

11.拉伸

选择菜单栏中的"修改"→"拉伸"命令,或在"面板"选项板的"二维绘图"选项区域中(或在 AutoCAD 经典工作空间的"绘图"工具栏中)单击"拉伸" ▥ 图标按钮,命令行提示:

命令:_stretch

以交叉窗口或交叉多边形选择要拉伸的对象 ...

选择对象:输入 C↓(使用"交叉窗口"或"交叉多边形"方式选择对象)

指定基点或[位移(D)]＜位移＞:指定拉伸的基点

指定第二个点或＜使用第一个点作为位移＞:指定第二个点(如图 10－53 所示)

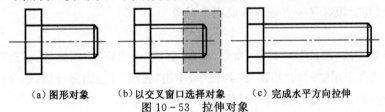

（a）图形对象　　　（b）以交叉窗口选择对象　　　（c）完成水平方向拉伸

图 10－53　拉伸对象

12.倒角

选择菜单栏中的"修改"→"倒角"命令,或在"面板"选项板的"二维绘图"选项区域中(或在 AutoCAD 经典工作空间的"绘图"工具栏中)单击"倒角"▱ 图标按钮,命令行提示:

命令:_chamfer

("修剪"模式)当前倒角距离 1＝0.0000，距离 2＝0.0000

选择第一条直线或[放弃(U)/多段线(P)/距离(D)/角度(A)/修剪(T)/方式(E)/多个(M)]:输入 D↓(设定倒角大小)

指定第一个倒角距离＜0.0000＞:输入倒角距离值(如输入 10↓)

指定第二个倒角距离＜10.0000＞:20↓

若两个倒角距离值相同,可直接回车,接受默认值。也可输入不同的倒角距离值,如本例输入两个不同的倒角距离值。

选择第一条直线或[放弃(U)/多段线(P)/距离(D)/角度(A)/修剪(T)/方式(E)/多个(M)]:选择需要倒角的第一条直线

选择第二条直线,或按住 Shift 键选择要应用角点的直线:选择需要倒角的第二条直线,如图 10-54 所示。

（a）选择第一条直线　　　（b）选择第二条直线　　　（c）完成倒角

图 10-54　倒角

倒角时,倒角距离值或倒角角度值不能太大,否则无效。当两个倒角距离值均为 0 时,不产生倒角。另外,如果两条直线平行或发散,则不能倒角。

13.圆 角

选择菜单栏中的"修改"→"圆角"命令,或在"面板"选项板的"二维绘图"选项区域中(或在 AutoCAD 经典工作空间的"绘图"工具栏中)单击"圆角" ▨ 图标按钮,命令行提示:

命令:_fillet

当前设置:模式 ＝ 修剪 ,半径 ＝ 0.0000

选择第一个对象或[放弃(U)/多段线(P)/半径(R)/修剪(T)/多个(M)]:

圆角命令的使用方法和倒角命令的使用方法相似,在命令行提示中,输入 R(半径)选项,即可设置圆角半径的大小。

在 AutoCAD 中,允许对两条平行线倒圆角,圆角半径为两条平行线距离的一半。

14.打断

在 AutoCAD 中,使用"打断"命令可以把对象分成两部分或删除部分对象,使用"打断于点"命令可以将对象在某一点处断开成两个对象。

1)打断

选择菜单栏中的"修改"→"打断"命令,或在"面板"选项板的"二维绘图"选项区域中(或在 AutoCAD 经典工作空间的"绘图"工具栏中)单击"打断" ▢ 图标按钮,命令行提示:

命令:_break 选择对象:(选择需要打断的对象)

指定第二个打断点或[第一点(F)]:

默认情况下,以选择对象时的拾取点作为第一个打断点,需要继续指定第二个打断点,如图 10-55 所示。

如果选择 F(第一点)选项,可以重新指定第一个打断点。

在指定第二个打断点时,如果在命令行输入@ ,可以使第一个和第二个打断点重合,将

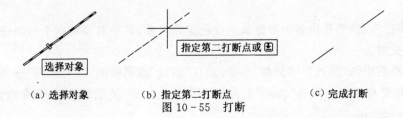

（a）选择对象　　　（b）指定第二打断点　　　（c）完成打断

图 10-55　打断

对象分成两部分。

在对圆图形使用打断命令时，AutoCAD 将沿着逆时针方向把第一个断点和第二个断点之间的圆弧删除，如图 10-56 所示，其中，A 为第一个打断点，B 为第二个打断点。

图 10-56　打断圆图形

2）打断于点

在"面板"选项板的"二维绘图"选项区域中（或在 AutoCAD 经典工作空间的"绘图"工具栏中）单击"打断" □ 图标按钮，命令行提示：

命令：_break 选择对象：（选择需要打断的对象）

指定第二个打断点或［第一点（F）］：_f

指定第一个打断点：在图形对象上指定打断点（即可从该点处打断对象）

指定第二个打断点：@（命令结束）

15.合并

如果需要连接某一连续图形上的两个部分，例如：圆弧或直线，可以选择菜单栏中的"修改"→"合并"命令，或在"面板"选项板的"二维绘图"选项区域中（或在 AutoCAD 经典工作空间的"绘图"工具栏中）单击"合并" ➡ 图标按钮，命令行提示：

命令：_join 选择源对象：拾取 A 点

选择圆弧，以合并到源或进行［闭合（L）］：拾取 B 点

选择要合并到源的圆弧：找到 1 个，按 Enter 键，完成合并，如图 10-57（a）所示。

如果选择 L（闭合）选项，可以将选择的任意一段圆弧闭合为一个整圆。

合并直线如图 10-57（b）所示。

命令：_join 选择源对象：拾取 A 点

选择要合并到源的直线：拾取 B 点

选择要合并到源的直线：按 Enter 键

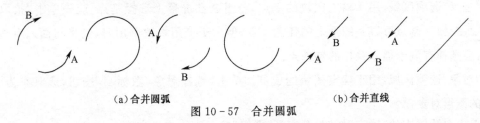

（a）合并圆弧　　　　　　　　　　　（b）合并直线

图 10-57　合并圆弧

16.分解

矩形、多边形、块等是由多个对象编组成的组合对象,如果需要对单个对象进行编辑,则需要先将其分解。

选择菜单栏中的"修改"→"分解"命令,或在"面板"选项板的"二维绘图"选项区域中(或在 AutoCAD 经典工作空间的"绘图"工具栏中)单击"分解" 图标按钮,命令行提示:

命令:_explode

选择对象:选择需要分解的对象,按 Enter 键,分解组合对象并结束命令。

10.8　图　块

在绘图过程中,经常会遇到一些重复的图形(如螺栓、螺母等),如果每次都重新绘制这些图形,造成大量的重复工作,而且,存储这些图形信息,会占据大量的磁盘空间。为此,AutoCAD 提出了图块的概念,把一组图形对象组合成图块加以保存,需要时,把图块作为一个整体以任意比例和旋转角度插入到当前图形中,不仅避免了大量的重复工作,提高绘图速度和效率,而且,可节省磁盘空间。

10.8.1　定义普通块(BLOCK)

单击"绘图"工具栏中的图标 按钮(创建块),或在命令行输入 BLOCK ,系统弹出"块定义"对话框,如图 10-58 所示。

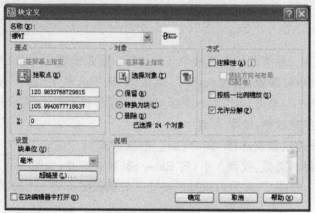

图 10-58　"块定义"对话框

该对话框的简单说明如下:

"名称"编辑框:用于输入图块的名字,例如输入"螺钉"。

"基点"选项区域:用于输入图块的基点,若需要在屏幕上选择基点,应先单击"拾取点"图标 按钮。基点可以是图形上的任意一点,但由于该图块被调用时,它将与插入点重合,因此,应选择有利于插入操作的特殊点。

"对象"选项区域:用于确定图块的成员。单击"选择对象"图标 按钮,选取作为图块成员的图形对象。

单击对话框中的"确定"按钮,名字是"螺钉"的内部块定义完毕。

10.8.2　插入普通块(INSERT)

INSERT 命令的功能是调用内部块或外部块(.DWG 类型的图形文件)。

单击"绘图"工具栏中的图标 按钮(插入块),或在命令行输入 INSERT ,系统弹出"插入"对话框,如图 10-59 所示。

图 10-59　"插义"对话框

该对话框的简单说明如下：

"名称"编辑框：用于输入要插入图块的名字，例如输入"螺钉"。

"浏览"按钮：单击该按钮，弹出"选择图形文件"对话框，选择要插入的图形文件。

"插入点"选项区域：用于确定图块的插入基点。如果在屏幕上指定，应先选中"在屏幕上指定"复选框。

"比例"选项区域：用于确定插入图块时的比例因子。如果在屏幕上指定，应先选中"在屏幕上指定"复选框。

"旋转"选项区域：用于确定插入图块时的旋转角。如果在屏幕上指定，应先选中"在屏幕上指定"复选框。

"分解"复选框：选中该复选框，插入后的图块不再是一个整体，而是被分解成为单个的图形对象。

"统一比例"复选框：选中该复选框，则 X、Y 和 Z 方向的缩放比例相同。

"块单位"文本框：显示有关块单位的信息。

10.8.3　分解块(EXPLODE)

分解插入后的图块、尺寸标注或图案填充，得到的是创建该图块时的那些图形对象。例如：尺寸标注被分解为直线、文本和作为箭头的二维填充；图案填充被分解为一组或多组直线段；插入后的图块被分解为创建该图块时的那些成员。

单击"修改"工具栏中的图标 按钮(分解),或在命令行输入 EXPLODE ,命令行提示：

选择对象：选择需要分解的图块↓，完成图块分解。

10.8.4　写块(WBLOCK)

WBLOCK 命令将内部块转化为外部块，或将本文件的图形生成外部块(.DWG 类型的图形文件),提供给其他文件共享。WBLOCK 命令的操作格式如下：

命令：WBLOCK↓

系统弹出"写块"对话框，如图10-60所示。

该对话框的简单说明如下：

"块"单选按钮：选中该选项，可以通过其右边的下拉列表确定内部块的名字，选中的图块将被转化成外部块。

"文件名和路径"编辑框：确定外部块（图形文件）的名字和路径。

"插入单位"下拉列表框：，指定图块的插入单位，默认为mm。

如果已经定义了内部块"螺钉"，将其转化为外部块的过程是：选中"块"单选按钮，通过右边的下拉列表确定内部块的名字，例如"螺钉"，在"文件名和路径"编辑框内输入它的图形文件名和路径，单击"确定"按钮即可，参看图10-60。

图10-60 "写块"对话框

226

附 录

附录Ⅰ 标 准 结 构

1. 普通螺纹（摘自 GB/T 193—2003，GB/T 196—2003）

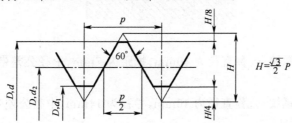

$$H=\frac{\sqrt{3}}{2}P$$

标记示例：

普通粗牙外螺纹，公称直径为 24mm，右旋，中径、顶径公差带代号 5g、6g，短的旋合长度，其标记为：M24 - 5g6g - S

普通细牙内螺纹，公称直径为 24mm，螺距为 1.5，左旋，中径、顶径公差带代号公差带代号 6H，中等旋合长度，其标记为：M24×1.5 - 6H - LH

附表 1-1 普通螺纹直径与螺距系列、基本尺寸　　　单位：mm

公称直径 D、d		螺 距 P		粗牙小径 D_1、d_1	公称直径 D、d		螺 距 P		粗牙小径 D_1、d_1
第一系列	第二系列	粗牙	细牙		第一系列	第二系列	粗牙	细牙	
3		0.5	0.35	2.459	20		2.5	2,1.5,1,(0.75),(0.5)	17.294
	3.5	(0.6)		2.850		22	2.5	2,1.5,1,(0.75),(0.5)	19.294
4		0.7	0.5	3.242	24		3	2,1.5,1,(0.75)	20.752
	4.5	(0.75)		3.688	27		3	2,1.5,1,(0.75)	23.752
5		0.8		4.134	30		3.5	(3),2,1.5,1,(0.75)	26.211
6		1	0.75,(0.5)	4.917	33		3.5	(3),2,1.5,(1),(0.75)	29.211
8		1.25	1,0.75,(0.5)	6.647	36		4	3,2,1.5,(1)	31.670
10		1.5	1.25,1,0.75,(0.5)	8.376		39	4		34.670
12		1.75	1.5,1.25,1,(0.75),(0.5)	10.106	42		4.5	(4),3,2,1.5,(1)	37.129
	14	2	1.5,(1.25),1,(0.75),(0.5)	11.835		45	4.5		40.129
16		2	1.5,1,(0.75),(0.5)	13.835	48		5		42.587
	18	2.5	2,1.5,1,(0.75),(0.5)	15.294		52	5		46.587
					56		5.5	4,3,2,1.5,(1)	50.046

注：1. 优先选用第一系列；

2. 括号内螺距尽可能不用；

3. 中径 D_2、d_2 尺寸数值未列入

227

2. 梯形螺纹(摘自 GB/T 5796.2—2005,GB/T 5796.3—2005)

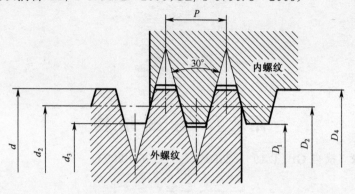

标记示例:

单线右旋梯形内螺纹,公称直径为 40mm,螺距为 7mm,中径公差带代号为 7H,其标记为:Tr 40×7-7H

双线左旋梯形外螺纹,公称直径为 40mm,导程为 14mm,中径公差带代号为 7e,其标记为:Tr 40×14(P7)LH-7e

附表 1-2 梯形螺纹直径与螺距系列　　　　单位:mm

公称直径 d		螺距 P	公称直径 d		螺距 P	公称直径 d		螺距 P
第一系列	第二系列		第一系列	第二系列		第一系列	第二系列	
8		1.5		22	(3)	32		(10)
	9	(1.5)		22	5		34	(3)
	9	2		22	(8)		34	6
10		(1.5)		24	(3)		34	(10)
10		2		24	5	36		(3)
	11	2		24	(8)	36		6
	11	(3)		26	(3)	36		(10)
12		(2)		26	5		38	(3)
12		3		26	(8)		38	7
	14	(2)		28	(3)	40		(10)
	14	3		28	5	40		(3)
16		(2)		28	(8)	40		7
16		4		30	(3)		42	(10)
	18	(2)		30	6		42	(3)
	18	4		30	(10)		42	7
20		(2)		32	(3)	44		(10)
20		4		32	6	44		7

注:1. 优先选用第一系列;

　　2. 在每个公称直径所对应的螺距中,优先选用非括号内的数值

3. 非螺纹密封管螺纹（摘自 GB/T 7307—2001）

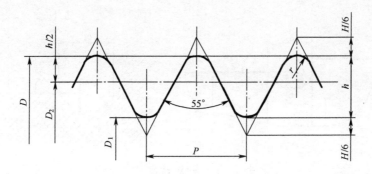

标记示例：

管子尺寸代号为 3/4 的非螺纹密封的 A 级左旋管螺纹标记为：G3/4A – LH

附表 1-3　管螺纹尺寸代号及基本尺寸

尺寸代号	每 25.4mm 中的螺纹牙数 n	螺距 P（mm）	螺纹直径		尺寸代号	每 25.4mm 中的螺纹牙数 n	螺距 P（mm）	螺纹直径	
			大径 D,d（mm）	小径 D_1,d_1（mm）				大径 D,d（mm）	小径 D_1,d_1（mm）
1/16	28	0.907	7.723	6.561	1 1/8	11	2.309	37.897	34.939
1/8	28	0.907	9.728	8.566	1 1/4	11	2.309	41.910	38.952
1/4	19	1.337	13.157	11.445	1 1/2	11	2.309	47.803	44.845
3/8	19	1.337	16.662	14.950	1 3/4	11	2.309	53.746	50.788
1/2	14	1.814	20.955	18.631	2	11	2.309	59.614	56.656
5/8	14	1.814	22.911	20.587	2 1/4	11	2.309	65.710	62.752
3/4	14	1.814	26.441	24.117	2 1/2	11	2.309	75.184	72.226
7/8	14	1.814	30.201	27.877	2 3/4	11	2.309	81.534	78.576
1	11	2.309	33.249	30.291	3	11	2.309	87.884	84.926

4. 倒角与倒圆（摘自 GB/T 6403.4—2008）

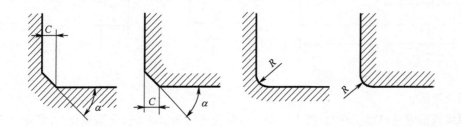

附表 1-4　与直径 O 相应零件的倒角 C 与倒圆 R 推荐值　　单位：mm

O	～3	>3～6	>6～10	>10～18	>18～30	>30～50	>50～80	>80～120	>120～180	>180～250
C 或 R	0.2	0.4	0.6	0.8	1.0	1.6	2.0	2.5	3.0	4.0

5. 砂轮越程槽（根据 GB/T 6403.5—2008）

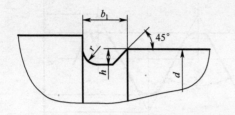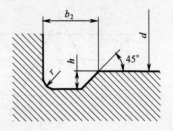

附表 1-5 砂轮越程槽尺寸 单位:mm

d	~10			>10~15		>50~100		>100	
b_1	0.6	1.0	1.6	2.0	3.0	4.0	5.0	8.0	10
b_2	2.0	3.0		4.0		5.0		8.0	10
h	0.1	0.2		0.3	0.4		0.6	0.8	1.2
r	0.2	0.5		0.8		1.0		1.6	2.0	3.0

附录 Ⅱ　标　准　件

1.螺　栓

六角头螺栓—A 和 B 级　　　　　　　　六角头螺栓—全螺纹—A 和 B 级
GB/T 5782—2000　　　　　　　　　　　GB/T 5783—2000

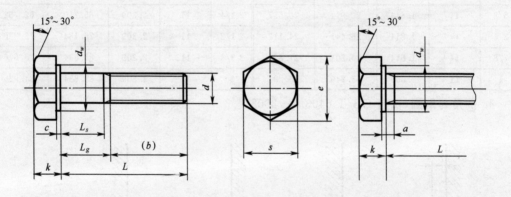

标记示例:

螺纹规格 d＝M12,公称长度 l＝80mm,性能等级为 8.8 级,表面氧化,A 级的六角头螺栓标记为:

螺栓 GB/T 5782　M12×80

若为全螺纹,则表示为:

螺栓 GB/T 5783　M12×80

附表 2-1　　六角头螺栓各部分尺寸　　　　　　　单位:mm

螺纹规格 d		M6	M8	M10	M12	M16	M20	M24	M30
e_{min}	产品等级 A	11.05	14.38	17.77	20.03	26.75	33.53	39.98	50.85
	产品等级 B	10.89	14.20	17.59	19.85	26.17	32.95	39.55	
S_{max}=公称		10	13	16	18	24	30	36	46
k 公称		4	5.3	6.4	7.5	10	12.5	15	18.7
c	max	0.5	0.6	0.6	0.6	0.8	0.8	0.8	0.8
	min	0.15	0.15	0.15	0.15	0.2	0.2	0.2	0.2
d_w min	产品等级 A	8.9	11.6	14.6	16.6	22.5	28.2	33.6	—
	产品等级 B	8.7	11.4	14.4	16.4	22	27.7	33.2	42.75
GB 5782 —2000	b 参考 $l \leqslant 125$	18	22	26	30	38	46	54	66
	$125 < l \leqslant 200$	24	28	32	36	44	52	60	72
	$l > 200$	37	41	45	49	57	65	73	85
	l 公称	30~60	40~80	45~100	50~120	65~160	80~200	90~240	110~300
GB 5783 —2000	a max	3	3.75	4.5	5.25	6	7.5	9	10.5
	l 公称	12~60	16~80	20~100	25~120	30~150	40~150	50~150	60~200

注:1. d_w 表示支撑面直径, l_g 表示最末一扣完整螺纹到支撑面的距离, l_s 表示无螺纹杆部的长度。

2. 本表仅摘录画装配图所需尺寸。

3. 在 GB 5782—86 中,螺纹规格 d＝M30 和 M36 的 A 级产品, e, d_w 无数值。

4. 螺栓 l 的长度系列为:6,8,10,12,16,20,25,30,35,40,45,50,55,60,65,70~160(10 进位),180~360(20 进位),其中 55,65 的螺栓不是优化数值。

5. 无螺纹部分的杆部直径可按螺纹大径画出。

6. 末端倒角可画成 45°,端面直径小于等于螺纹小径

2.双头螺柱

双头螺柱(b_m＝1d)GB 897—1988　　　　双头螺柱(b_m＝1.25d)GB 898—1988

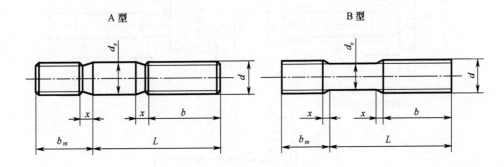

标记示例:

两端为粗牙普通螺纹, d＝10mm 　l＝50mm ,性能等级为 4.8 级 ,不经表面处理,B 型, b_m＝1d 的双头螺柱标记为:

螺柱 GB/T 897　M10×50

231

附表 2-2　双头螺柱各部分尺寸

单位:mm

螺纹规格 d	bm公称		ds		X max	b	l 公称
	GB 897—1988	GB 898—1988	max	min			
M5	5	6	5	4.7		10	16～(22)
						16	25～50
M6	6	8	6	5.7		10	20,(22)
						14	25,(28),30
						18	(32)～(75)
M8	8	10	8	7.64		12	20,(22)
						16	25,(28),30
						22	(32)～90
M10	10	12	10	9.64		14	25,(28)
						16	30～(38)
						26	40～120
						32	130
M12	12	15	12	11.57	1.5P	16	25～30
						20	(32)～40
						30	45～120
						36	130～180
M16	16	20	16	15.57		20	30～(38)
						30	40～50
						38	60～120
						44	130～200
M20	20	25	20	19.48		25	35～40
						35	45～60
						46	(65)～120
						52	130～200

注:1. P 表示螺距 。

　　2. l 的长度系列:16,(18),20,(22),25,(28),30,(32),35,(38),40,45,50,(55),60,(65),70,(75),80,(85),90,(95),100～200(10进位)。括号内的数值尽可能不用

3.螺钉

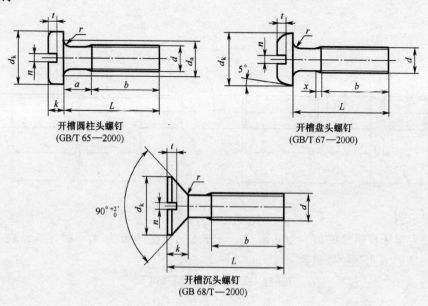

开槽圆柱头螺钉
(GB/T 65—2000)

开槽盘头螺钉
(GB/T 67—2000)

开槽沉头螺钉
(GB 68/T—2000)

标记示例：

螺纹规格 $d=$M5、公称长度 $l=$20、性能等级为 4.8 级、不经表面处理的 A 级开槽圆柱头螺钉标记为：

$$螺钉GB 65\quad M5\times20$$

附表 2-3　螺钉各部分尺寸　　　　单位:mm

规格 d		M3	M4	M5	M6	M8	M10
a_{max}		1	1.4	1.6	2	2.5	3
b_{min}		25	38	38	38	38	38
x_{max}		1.25	1.75	2	2.5	3.2	3.8
n 公称		0.8	1.2	1.2	1.6	2	2.5
$d_{a\,max}$		3.6	4.7	5.7	6.8	9.2	11.2
GB/T 65—2000	dk	5.5	7	8.5	10	13	16
	k	2	2.6	3.3	3.9	5	6
	t	0.85	1.1	1.3	1.6	2	2.4
	l	4~30	5~40	6~50	8~60	10~80	12~80
GB/T 67—2000	d_k	6.5	8	9.5	12	16	20
	k	1.8	2.4	3.00	3.6	4.8	6
	t	0.7	1	1.2	1.4	1.9	204
	l	4~30	5~40	6~50	8~60	10~80	12~80
GB/T 68—2000	d_k	5.5	8.4	9.3	11.3	15.8	18.3
	k	1.65	2.7	2.7	3.3	4.65	5
	t	0.85	1.3	1.4	1.6	2.3	2.6
	l	5~30	6~40	8~45	8~45	10~80	12~80

注:1. 标准规定螺纹规格 $d=$M1.6~M10。

2. 螺钉公称长度系列 l 为:2,3,4,5,6,8,10,12,(14),16,20,25,30,35,40,45,50,(55),60,(65),70,(75),80 ,括号内的规格尽可能不采用 。

3. GB/T 65 和 GB/T 65 的螺钉,公称长度 $l\leqslant$40mm 的,制出全螺纹。GB/T 68 的螺钉,公称长度 $l\leqslant$45mm 的,制出全螺纹

4.紧定螺钉

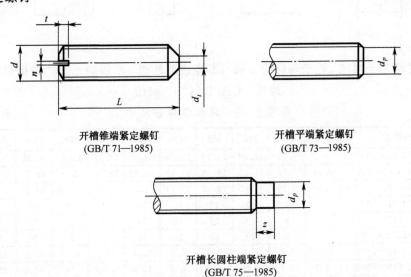

开槽锥端紧定螺钉
(GB/T 71—1985)

开槽平端紧定螺钉
(GB/T 73—1985)

开槽长圆柱端紧定螺钉
(GB/T 75—1985)

标记示例：

螺纹规格 $d=$ M5、公称长度 $l=$ 12mm、性能等级为 14H 级、表面氧化的开槽长锥端紧定螺钉标记为：

螺钉 GB/T 71　M5×12

附表 2-4　紧定螺钉各部分尺寸　　　　　　　　　　单位:mm

螺纹规格 d		M1.6	M2	M2.5	M3	M4	M5	M6	M8	M10	M12
P(螺距)		0.35	0.4	0.45	0.5	0.7	0.8	1	1.25	1.5	1.75
n		0.25	0.25	0.4	0.4	0.6	0.8	1	1.2	1.6	2
t		0.74	0.84	0.95	1.05	1.42	1.63	2	2.5	3	3.6
d_t		0.16	0.2	0.25	0.3	0.4	0.5	1.5	2	2.5	3
d_p		0.8	1	1.5	2	2.5	3.5	4	5.5	7	8.5
z		1.05	1.25	1.5	1.75	2.25	2.75	3.25	4.3	5.3	6.3
l	GB/T 71—1985	2~8	3~10	3~12	4~16	6~20	8~25	8~30	10~40	12~50	14~60
	GB/T 73—1985	2~8	2~10	2.5~12	3~16	4~20	5~25	6~30	8~40	10~50	12~60
	GB/T 75—1985	2.5~8	3~10	4~12	5~16	6~20	8~25	10~30	10~40	12~50	14~60
l 系列		2,2.5,3,4,5,6,8,10,12,(14),16,20,25,30,35,40,45,50,(55),60									
注:l 为公称长度,括号内的规格尽可能不采用											

5.螺母

1 型六角螺母　　　　　　　　　　　六角薄螺母

（GB/T 6170—2000）　　　　　　　（GB/T 6172.1—2000）

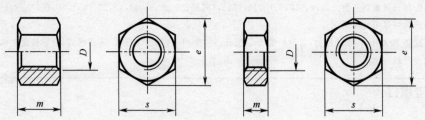

标记示例：

螺纹规格 $D=$ M12、性能等级为 8 级、不经表面处理、A 级的 1 型六角螺母标记为：

螺母　GB/T 6170　M12

附表 2-5　螺母各部分尺寸　　　　　　　　　　单位:mm

螺纹规格 D		M4	M5	M6	M8	M10	M12	M16	M20	M24	M30	M36
e min	GB/T 41—2000		8.63	10.89	14.20	17.59	19.85	26.17	32.95	39.55	50.85	60.79
	GB/T 6170—2000	7.66	8.79	11.05	14.38	17.77	20.03	26.75	32.95	39.55	50.85	60.79
	GB/T 6172.1—2000	7.66	8.79	11.05	14.38	17.77	20.03	26.75	32.95	39.55	50.85	60.79
s 公称 max	GB/T 41—2000		8	10	13	16	18	24	30	36	46	55
	GB/T 6170—2000	7	8	10	13	16	18	24	30	36	46	55
	GB/T 6172.1—2000	7	8	10	13	16	18	24	30	36	46	55
m max	GB/T 41—2000		5.6	6.1	7.9	9.5	12.2	15.9	18.7	22.3	26.4	31.5
	GB/T 6170—2000	3.2	4.7	5.2	6.8	8.4	10.8	14.8	18	21.5	25.6	31
	GB/T 6172.1—2000	2.2	2.7	3.2	4	5	6	8	10	12	15	18

6.垫圈

小垫圈—A级   平垫圈—A级   平垫圈 倒角型—A级

（GB/T 848—2002）   （GB/T 97.1—2002）   （GB/T 97.2—2002）

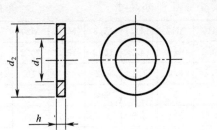 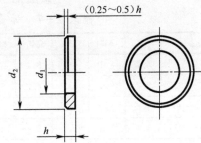

标记示例：

标准系列、公称尺寸 $d=8$mm、性能等级为 140HV 级、不经表面处理的平垫圈标记为：

垫圈 GB/T 97.18

附表 2-6   垫圈各部分尺寸（GB/T 848—2002）   单位:mm

公称规格	内径 d_1		外径 d_2		厚度 h		
（螺纹大径 d）	公称(min)	max	公称(max)	min	公称	max	min
1.6	1.7	1.84	3.5	3.2	0.3	0.35	0.25
2	2.2	2.34	4.5	4.2	0.3	0.35	0.25
2.5	2.7	2.84	5	4.7	0.5	0.55	0.45
3	3.2	3.38	6	5.7	0.5	0.55	0.45
4	4.3	4.48	8	7.64	0.5	0.55	0.45
5	5.3	5.48	9	8.64	1	1.1	0.9
6	6.4	6.62	11	10.57	1.6	1.8	1.4
8	8.4	8.62	15	14.57	1.6	1.8	1.4
10	10.5	10.77	18	17.57	1.6	1.8	1.4
12	13	13.27	20	19.48	2	2.2	1.8
16	17	17.27	28	27.48	2.5	2.7	2.3
20	21	21.33	34	33.38	3	3.3	2.7
24	25	25.33	39	38.38	4	4.3	3.7
30	31	31.39	50	49.38	4	4.3	3.7
36	37	37.62	60	58.8	5	5.6	4.4

标准型弹簧垫圈（GB/T 93—1987）   轻型弹簧垫圈（GB/T 859—1987）

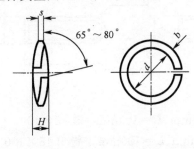 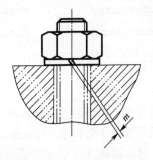

标记示例：

规格 16mm、材料为 65Mn、表面氧化的标准型弹簧垫圈标记为：

垫圈 GB/T 93 16

附表 2-7 弹簧垫圈各部分尺寸

单位：mm

螺纹规格 d		M4	M5	M6	M8	M10	M12	(M14)	M16	(M18)	M20	M24	M30
d		4.1	5.1	6.1	8.1	10.2	12.2	14.2	16.2	18.2	20.2	24.5	30.5
H	GB 93—1987	2.2	2.6	3.2	4.2	5.2	6.2	7.2	8.2	9	10	12	15
	GB 859—1987	1.6	2.2	2.6	3.2	4	5	6	6.4	7.2	8	10	12
$S(b)$	GB 93—1987	1.1	1.3	1.6	2.1	2.6	3.1	3.6	4.1	4.5	5	6	7.5
S	GB 859—1987	0.8	1.1	1.3	1.6	2	2.5	3	3.2	3.6	4	5	6
$m \leqslant$	GB 93—1987	0.55	0.65	0.8	1.05	1.3	1.55	1.8	2.05	2.25	2.5	3	3.75
	GB 859—1987	0.4	0.55	0.65	0.8	1	1.25	1.5	1.6	1.8	2	2.5	3
b	GB 859—1987	1.2	1.5	2	2.5		3.5	4	4.5	5	5.5	7	9

注：1. 括号内的规格尽可能不采用。

2. m 应大于零

7. 键

键槽的尺寸（GB/T 1095—2003）

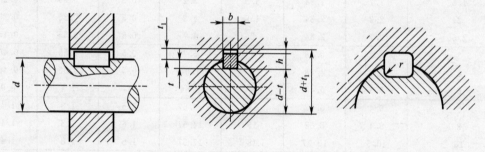

平键的尺寸（GB/T 1096—2003）

A型　　　　　　　B型　　　　　　　C型

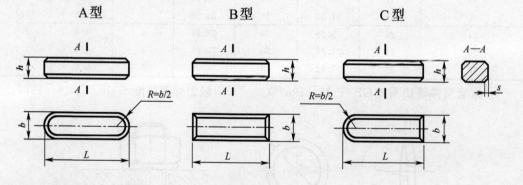

标记示例：

圆头普通平键（A 型）、$b=18$mm、$h=11$mm、$L=100$mm：键 18×100　GB/T 1096

方头普通平键（B 型）、$b=18$mm、$h=11$mm、$L=100$mm：键 B 18×100　GB/T 1096

单圆头普通平键（C 型）、$b=18$mm、$h=11$mm、$L=100$mm：键 C 18×100　GB/T1096

附表 2-8　键及键槽的尺寸　　　　　　　　　　　单位:mm

轴 公称直径 d	键 公称尺寸 b×h	键槽 公称尺寸 b	较松键连接 轴 H9	较松键连接 毂 D10	一般键连接 轴 N9	一般键连接 毂 Js9	较紧键连接 轴和毂 P9	深度 轴 t 公称	轴 t 偏差	深度 毂 t1 公称	毂 t1 偏差	半径 r 最小	半径 r 最大
自 6~8	2×2	2	+0.025 / 0	+0.060 / +0.020	−0.004 / −0.029	±0.0125	−0.006 / −0.031	1.2	+0.10 / 0	1	+0.1 / 0	0.08	0.16
>8~10	3×3	3	+0.025 / 0	+0.060 / +0.020	−0.004 / −0.029	±0.0125	−0.006 / −0.031	1.8		1.4		0.08	0.16
>10~12	4×4	4	+0.030 / 0	+0.078 / +0.030	0 / −0.030	±0.015	−0.012 / −0.042	2.5		1.8		0.16	0.25
>12~17	5×5	5	+0.030 / 0	+0.078 / +0.030	0 / −0.030	±0.015	−0.012 / −0.042	3.0		2.3		0.16	0.25
>17~22	6×6	6	+0.030 / 0	+0.078 / +0.030	0 / −0.030	±0.015	−0.012 / −0.042	3.5		2.8		0.16	0.25
>22~30	8×7	8	+0.036 / 0	+0.098 / +0.040	0 / −0.036	±0.018	−0.015 / −0.051	4.0		3.3		0.16	0.25
>30~38	10×8	10	+0.036 / 0	+0.098 / +0.040	0 / −0.036	±0.018	−0.015 / −0.051	5.0		3.3		0.16	0.25
>38~44	12×8	12	+0.043 / 0	+0.120 / +0.050	0 / −0.043	±0.0215	−0.018 / −0.061	5.0	+0.20 / 0	3.3	+0.2 / 0	0.25	0.40
>44~50	14×9	14	+0.043 / 0	+0.120 / +0.050	0 / −0.043	±0.0215	−0.018 / −0.061	5.5		3.8		0.25	0.40
>50~58	16×10	16	+0.043 / 0	+0.120 / +0.050	0 / −0.043	±0.0215	−0.018 / −0.061	6.0		4.3		0.25	0.40
>58~65	18×11	18	+0.043 / 0	+0.120 / +0.050	0 / −0.043	±0.0215	−0.018 / −0.061	7.0		4.4		0.25	0.40
>65~75	20×12	20	+0.052 / 0	+0.149 / +0.065	0 / −0.052	±0.026	−0.022 / −0.074	7.5		4.9		0.40	0.60
>75~85	22×14	22	+0.052 / 0	+0.149 / +0.065	0 / −0.052	±0.026	−0.022 / −0.074	9.0		5.4		0.40	0.60
>85~95	25×14	25	+0.052 / 0	+0.149 / +0.065	0 / −0.052	±0.026	−0.022 / −0.074	9.0		5.4		0.40	0.60
>95~110	28×16	28	+0.052 / 0	+0.149 / +0.065	0 / −0.052	±0.026	−0.022 / −0.074	10.0		6.4		0.40	0.60
L 系列	6, 8, 10, 12, 14, 16, 18, 20, 22, 25, 28, 32, 36, 40, 45, 50, 56, 63, 70, 80, 90, 100, 110, 125, 140, 160, 180, 200, 220, 250, 280												

注:1. 在工作图中轴槽深用 t 或 (d − t) 标注,轮毂槽深用 (d + t1) 标注。

　　2. 键的常用材料为 45 钢

8. 销

圆柱销	圆锥销	开口销
(GB/T 119.1—2000)	(GB/T 117—2000)	(GB/T 91—2000)

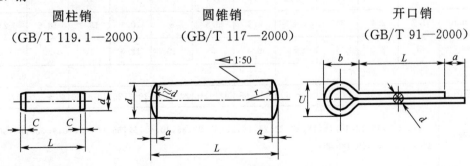

标记示例:

公称直径为 6mm、公差为 m6、长 30mm 的圆柱销标记为:

销 GB/T 119.1　6m6×30

公称直径为 10mm 、长 60mm 的圆锥销标记为：

销 GB/T 117　10×60

公称直径为 5mm 、长 50mm 的开口销标记为：

销 GB/T 91　5×50

附表 2-9　圆柱销各部分尺寸　　　　　　　　单位：mm

d	4	5	6	8	10	12	16	20	25	30	40	50
a≈	0.50	0.63	0.80	1.0	1.2	1.6	2.0	2.5	3.0	4.0	5.0	6.3
c≈	0.63	0.80	1.2	1.6	2.0	2.5	3.0	3.5	4.0	5.0	6.3	8.0
长度范围 l	8~40	10~50	12~60	14~80	18~95	22~140	26~180	35~200	50~200	60~200	80~200	95~200
l（系列）	6,8,10,12,14,16,18,20,22,24,26,28,30,32,35,40,45,50,55,60,65,70,75,80,85,90,95,100,120,140,160,180,200											

附表 2-10　圆柱销各部分尺寸　　　　　　　　单位：mm

d	4	5	6	8	10	12	16	20	25	30	40
a≈	0.5	0.63	0.8	1	1.2	1.6	2	2.5	3	4	5
长度范围 l	14~55	18~60	22~90	22~120	26~160	32~180	40~200	45~200	50~200	55~200	60~200
l（系列）	6,8,10,12,14,16,18,20,22,24,26,28,30,32,35,40,45,50,55,60,65,70,75,80,85,90,95,100,120,140,160,180,200										

附表 2-11　开口销各部分尺寸　　　　　　　　单位：mm

d（公称）		1.2	1.6	2	2.5	3.2	4	5	6.3	8	10	12
c	max	2	2.8	3.6	4.6	5.8	7.4	9.2	11.8	15	19	24.8
	min	1.7	2.4	3.2	4	5.1	6.5	8	10.3	13.1	16.6	21.7
b≈		3	3.2	4	5	6.4	8	10	12.6	16	20	26
a max		2.5				3.2	4				6.3	
长度范围 l		8~26	8~32	10~40	12~50	14~65	18~80	22~100	30~120	40~160	45~200	70~200
l（系列）		4,5,6,8,10,12,14,16,18,20,22,24,26,28,30,32,36,40,45,50,55,60,65,70,75,80,85,90,95,100,120,140,160,180,200										

注：销孔的公称直径等于 d（公称）

附录Ⅲ 公差与偏差

附表 3-1 轴的极限偏差(摘自 GB/T 1800.2—2009)　　　单位:μm

基本尺寸 /mm 大于	至	c9	c10	c11	d8	d9	d10	d11	e7	e8	e9	g5	g6	g7
10	18	−95 −138	−95 −165	−95 −205	−50 −77	−50 −93	−50 −120	−50 −160	−32 −50	−32 −59	−32 −75	−6 −14	−6 −17	−6 −24
18	30	−110 −162	−110 −194	−110 −240	−65 −98	−65 −117	−65 −149	−65 −195	−40 −61	−40 −73	−40 −92	−7 −16	−7 −20	−7 −28
30	40	−120 −182	−120 −220	−120 −280	−80 −119	−80 −142	−80 −180	−80 −240	−50 −75	−50 −89	−50 −112	−9 −20	−9 −25	−9 −34
40	50	−130 −192	−130 −230	−130 −290										
50	65	−140 −214	−140 −260	−140 −330	−100 −146	−100 −174	−100 −220	−100 −290	−60 −90	−60 −106	−60 −134	−10 −23	−10 −29	−10 −40
65	80	−150 −224	−150 −270	−150 −340										
80	100	−170 −257	−170 −310	−170 −390	−120 −174	−120 −207	−120 −260	−120 −340	−72 −107	−72 −126	−72 −159	−12 −27	−12 −34	−12 −47
100	120	−180 −267	−180 −320	−180 −400										
120	140	−200 −300	−200 −360	−200 −450	−145 −208	−145 −245	−145 −305	−145 −395	−85 −125	−85 −148	−85 −185	−14 −32	−14 −39	−14 −54
140	160	−210 −310	−210 −370	−210 −460										
160	180	−230 −330	−230 −390	−230 −480										
180	200	−240 −355	−240 −425	−240 −530	−170 −242	−170 −285	−170 −355	−170 −460	−100 −146	−100 −172	−100 −215	−15 −35	−15 −44	−15 −61

基本尺寸 /mm 大于	至	f5	f6	f7	f8	f9	h5	h6	h7	h8	h9	h10	h11	h12
10	18	−16 −24	−16 −27	−16 −34	−16 −43	−16 −59	0 −8	0 −11	0 −18	0 −27	0 −43	0 −70	0 −110	0 −180
18	30	−20 −29	−20 −33	−20 −41	−20 −53	−20 −72	0 −9	0 −13	0 −21	0 −33	0 −52	0 −84	0 −130	0 −210
30	50	−25 −36	−25 −41	−25 −50	−25 −64	−25 −87	0 −11	0 −16	0 −25	0 −39	0 −62	0 −100	0 −160	0 −250
50	80	−30 −43	−30 −49	−30 −60	−30 −76	−30 −104	0 −13	0 −19	0 −30	0 −46	0 −74	0 −120	0 −190	0 −300
80	120	−36 −51	−36 −58	−36 −71	−36 −90	−36 −123	0 −15	0 −22	0 −35	0 −54	0 −87	0 −140	0 −220	0 −350
120	180	−43 −61	−43 −68	−43 −83	−43 −106	−43 −143	0 −18	0 −25	0 −40	0 −63	0 −100	0 −160	0 −250	0 −400
180	200	−50 −70	−50 −79	−50 −96	−50 −122	−50 −165	0 −20	0 −29	0 −46	0 −72	0 −115	0 −185	0 −290	0 −460

基本尺寸 /mm		常用公差带										
		js			k			m			n		
大于	至	5	6	7	5	6	7	5	6	7	5	6	7
10	18	+4 / −4	+5.5 / −5.5	+9 / −9	+9 / +1	+12 / +1	+19 / +1	+15 / +7	+18 / +7	+25 / +7	+20 / +12	+23 / +12	+30 / +12
18	30	+4.5 / −4.5	+6.5 / −6.5	+10 / −10	+11 / +2	+15 / +2	+23 / +2	+17 / +8	+21 / +8	+29 / +8	+24 / +15	+28 / +15	+36 / +15
30	50	+5.5 / −5.5	+8 / −8	+12 / −12	+13 / +2	+18 / +2	+27 / +2	+20 / +9	+25 / +9	+34 / +9	+28 / +17	+33 / +17	+42 / +17
50	80	+6.5 / −6.5	+9.5 / −9.5	+15 / −15	+15 / +2	+21 / +2	+32 / +2	+24 / +11	+30 / +11	+41 / +11	+33 / +20	+39 / +20	+50 / +20
80	120	+7.5 / −7.5	+11 / −11	+17 / −17	+18 / +3	+25 / +3	+38 / +3	+28 / +13	+35 / +13	+48 / +13	+38 / +23	+45 / +23	+58 / +23
120	180	+9 / −9	+12.5 / −12.5	+20 / −20	+21 / +3	+28 / +3	+43 / +3	+33 / +15	+40 / +15	+55 / +15	+45 / +27	+52 / +27	+67 / +27
180	200	+10 / −10	+14.5 / −14.5	+23 / −23	+24 / +4	+33 / +4	+50 / +4	+37 / +17	+46 / +17	+63 / +17	+51 / +31	+60 / +31	+77 / +31

基本尺寸 /mm		常用公差带												
		p			r			s			t			u	
大于	至	5	6	7	5	6	7	5	6	7	5	6	7	6	7
10	18	+26 / +18	+29 / +18	+36 / +18	+31 / +23	+34 / +23	+41 / +23	+36 / +28	+39 / +28	+46 / +28	—	—	—	+44 / +33	+51 / +33
18	24	+31 / +22	+35 / +22	+43 / +22	+37 / +28	+41 / +28	+49 / +28	+44 / +35	+48 / +35	+56 / +35	—	—	—	+54 / +41	+62 / +41
24	30	+31 / +22	+35 / +22	+43 / +22	+37 / +28	+41 / +28	+49 / +28	+44 / +35	+48 / +35	+56 / +35	+50 / +41	+54 / +41	+62 / +41	+61 / +48	+69 / +48
30	40	+37 / +26	+42 / +26	+51 / +26	+45 / +34	+50 / +34	+59 / +34	+54 / +43	+59 / +43	+68 / +43	+59 / +48	+64 / +48	+73 / +48	+76 / +60	+85 / +60
40	50	+37 / +26	+42 / +26	+51 / +26	+45 / +34	+50 / +34	+59 / +34	+54 / +43	+59 / +43	+68 / +43	+65 / +54	+70 / +54	+79 / +54	+86 / +70	+95 / +70
50	65	+45 / +32	+51 / +32	+62 / +32	+54 / +41	+60 / +41	+71 / +41	+66 / +53	+72 / +53	+83 / +53	+79 / +66	+85 / +66	+96 / +66	+106 / +87	+117 / +87
65	80	+45 / +32	+51 / +32	+62 / +32	+56 / +43	+62 / +43	+73 / +43	+72 / +59	+78 / +59	+89 / +59	+88 / +75	+94 / +75	+105 / +75	+121 / +102	+132 / +102
80	100	+52 / +37	+59 / +37	+72 / +37	+66 / +51	+73 / +51	+86 / +51	+86 / +71	+93 / +71	+106 / +71	+106 / +91	+113 / +91	+126 / +91	+146 / +124	+159 / +124
100	120	+52 / +37	+59 / +37	+72 / +37	+69 / +54	+76 / +54	+89 / +54	+94 / +79	+101 / +79	+114 / +79	+110 / +104	+126 / +104	+139 / +104	+166 / +144	+179 / +144
120	140	+61 / +43	+68 / +43	+83 / +43	+81 / +63	+88 / +63	+103 / +63	+110 / +92	+117 / +92	+132 / +92	+140 / +122	+147 / +122	+162 / +122	+195 / +170	+210 / +170
140	160	+61 / +43	+68 / +43	+83 / +43	+83 / +65	+90 / +65	+105 / +65	+118 / +100	+125 / +100	+140 / +100	+152 / +134	+159 / +134	+174 / +134	+215 / +190	+230 / +190
160	180	+61 / +43	+68 / +43	+83 / +43	+86 / +68	+93 / +68	+108 / +68	+126 / +108	+133 / +108	+148 / +108	+164 / +146	+171 / +146	+186 / +146	+235 / +210	+250 / +210
180	200	+70 / +50	+79 / +50	+96 / +50	+97 / +77	+106 / +77	+123 / +77	+142 / +122	+151 / +122	+168 / +122	+186 / +166	+195 / +166	+212 / +166	+265 / +236	+282 / +236

附表 3-2 孔的极限偏差(摘自 GB/T 1800.2—2009)　　　　　单位:μm

基本尺寸/mm		常用公差带												
		C	D				E		F				G	
大于	至	11	8	9	10	11	8	9	6	7	8	9	6	7
10	18	+205 +95	+77 +50	+93 +50	+120 +50	+160 +50	+59 +32	+75 +32	+27 +16	+34 +16	+43 +16	+59 +16	+17 +6	+24 +6
18	30	+240 +110	+98 +65	+117 +65	+149 +65	+195 +65	+73 +40	+92 +40	+33 +20	+41 +20	+53 +20	+72 +20	+20 +7	+28 +7
30	40	+280 +120	+119 +80	+142 +80	+180 +80	+240 +80	+89 +50	+112 +50	+41 +25	+50 +25	+64 +25	+87 +25	+25 +9	+34 +9
40	5	+290 +130												
50	65	+330 +140	+146 +100	+170 +100	+220 +100	+290 +100	+106 +60	+134 +60	+49 +30	+60 +30	+76 +30	+104 +30	+29 +10	+40 +10
65	80	+340 +150												
80	100	+390 +170	+174 +120	+207 +120	+260 +120	+340 +120	+126 +72	+159 +72	+58 +36	+71 +36	+90 +36	+123 +36	+34 +12	+47 +12
100	120	+400 +180												
120	140	+450 +200												
140	160	+460 +210	+208 +145	+245 +145	+305 +145	+395 +145	+148 +85	+185 +85	+68 +43	+83 +43	+106 +43	+143 +43	+39 +14	+54 +14
160	180	+480 +230												
180	200	+530 +240	+242 +170	+285 +170	+355 +170	+460 +170	+172 +100	+215 +100	+79 +50	+96 +50	+122 +50	+165 +50	+44 +15	+61 +15

基本尺寸/mm		常用公差带												
		H							Js			K		
大于	至	6	7	8	9	10	11	12	6	7	8	6	7	8
10	18	+11 0	+18 0	+27 0	+43 0	+70 0	+110 0	+180 0	+5.5 -5.5	+9 -9	+13 -13	+2 -9	+6 -12	+8 -19
18	30	+13 0	+21 0	+33 0	+52 0	+84 0	+130 0	+210 0	+6.5 -6.5	+10 -10	+16 -16	+2 -11	+6 -15	+10 -23
30	50	+16 0	+25 0	+39 0	+62 0	+100 0	+160 0	+250 0	+8 -8	+12 -12	+19 -19	+3 -13	+7 -18	+12 -27
50	80	+19 0	+30 0	+46 0	+74 0	+120 0	+190 0	+300 0	+9.5 -9.5	+15 -15	+23 -23	+4 -15	+9 -21	+14 -32
80	120	+22 0	+35 0	+54 0	+87 0	+140 0	+220 0	+350 0	+11 -11	+17 -17	+27 -27	+4 -18	+10 -25	+16 -38
120	180	+25 0	+40 0	+63 0	+100 0	+160 0	+250 0	+400 0	+12.5 -12.5	+20 -20	+31 -31	+4 -21	+12 -28	+20 -43
180	200	+29 0	+46 0	+72 0	+115 0	+185 0	+290 0	+460 0	+14.5 -14.5	+23 -23	+36 -36	+5 -24	+13 -33	+22 -50

基本尺寸 /mm		常 用 公 差 带											
		M			N			P		R		S		U
大于	至	6	7	8	6	7	8	6	7	6	7	6	7	7
10	18	−4 −15	0 −18	+2 −25	−9 −20	−5 −23	−3 −30	−15 −26	−11 −29	−20 −31	−16 −34	−25 −36	−21 −39	−26 −44
18	24	−4 −17	0 −21	+4 −29	−11 −24	−7 −28	−3 −36	−18 −31	−14 −35	−24 −37	−20 −41	−31 −44	−27 −48	−33 −54
24	30													−40 −61
30	40	−4 −20	0 −25	+5 −34	−12 −28	−8 −33	−3 −42	−21 −37	−17 −42	−29 −45	−25 −50	−38 −54	−34 −59	−51 −76
40	50													−61 −86
50	65	−5 −24	0 −30	+5 −41	−14 −33	−9 −39	−4 −50	−26 −45	−21 −51	−35 −54	−30 −60	−47 −66	−42 −72	−76 −106
65	80									−37 −56	−32 −62	−53 −72	−48 −78	−91 −121
80	100	−6 −28	0 −35	+6 −48	−16 −38	−10 −45	−4 −58	−30 −52	−24 −59	−44 −66	−38 −73	−64 −86	−58 −93	−111 −146
100	120									−47 −69	−41 −76	−72 −94	−66 −101	−131 −166
120	140	−8 −33	0 −40	+8 −55	−20 −45	−12 −52	−4 −67	−36 −61	−28 −68	−56 −81	−48 −88	−85 −110	−77 −117	−155 −195
140	160									−58 −83	−50 −90	−93 −118	−85 −125	−175 −215
160	180									−61 −86	−53 −93	−101 −126	−93 −133	−195 −235
180	200	−8 −37	0 −46	+9 −63	−22 −51	−14 −60	−5 −77	−41 −70	−33 −79	−68 −97	−60 −106	−113 −142	−105 −151	−219 −265

附表 3-3 标准公差数值(摘自 GB/T 1800.2—2009)

基本尺寸 /mm		公 差 等 级												
		IT01	IT0	IT1	IT2	IT3	IT4	IT5	IT6	IT7	IT8	IT9	IT10	IT11
大于	至							单位:μm						
10	18	0.5	0.8	1.2	2	3	5	8	11	18	27	43	70	110
18	30	0.6	1	1.5	2.5	4	6	9	13	21	33	52	84	130
30	50	0.6	1	1.5	2.5	4	7	11	16	25	39	62	100	160
50	80	0.8	1.2	2	3	5	8	13	19	30	46	74	120	190
80	120	1	1.5	2.5	4	6	10	15	22	35	54	87	140	220
120	180	1.2	2	3.5	5	8	12	18	25	40	63	100	160	250
180	250	2	3	4.5	7	10	14	20	29	46	72	115	185	290
250	315	2.5	4	6	8	12	16	23	32	52	81	130	210	320

附表 3-4 轴的基本偏差数值(摘自 GB/T 1800.3—1998)　　　　　　单位:μm

基本偏差	上偏差(es)									下偏差(ei)			
	a	b	c	cd	d	e	f	g	h	j		k	
公差等级	所有等级									IT5~IT6	IT7	IT4~IT7	≤IT3 >IT7
基本尺寸/mm													
>10~18	−290	−150	−95	—	−50	−32	−16	−6	0	−3	−6	+1	0
>18~30	−300	−160	−110	—	−65	−40	−20	−7	0	−4	−8	+2	0
>30~40	−310	−170	−120	—	−80	−50	−25	−9	0	−5	−10	+2	0
>40~50	−320	−180	−130		−80	−50	−25	−9	0	−5	−10	+2	0
>50~65	−340	−190	−140	—	−100	−60	−30	−10	0	−7	−12	+2	0
>65~80	−360	−200	−150		−100	−60	−30	−10	0	−7	−12	+2	0
>80~100	−380	−220	−170	—	−120	−72	−36	−12	0	−9	−15	+3	0
>100~120	−410	−240	−180		−120	−72	−36	−12	0	−9	−15	+3	0
>120~140	−460	−260	−200	—	−145	−85	−43	−14	0	−11	−18	+3	0
>140~160	−520	−280	−210		−145	−85	−43	−14	0	−11	−18	+3	0
>160~180	−580	−310	−230		−145	−85	−43	−14	0	−11	−18	+3	0
>180~200	−660	−340	−240	—	−170	−100	−50	−15	0	−13	−21	+4	0

基本偏差	下偏差(ei)												
	m	n	p	r	s	t	u	v	x	y	z	za	zb
公差等级	所有等级												
基本尺寸/mm													
>10~14	+7	+12	+18	+23	+28	—	+33	—	+40	—	+50	+64	+90
>14~18	+7	+12	+18	+23	+28	—	+33	+39	+45	—	+60	+77	+108
>18~24	+8	+15	+22	+28	+35	—	+41	+47	+54	+63	+73	+98	+136
>24~30	+8	+15	+22	+28	+35	+41	+48	+55	+64	+75	+88	+118	+160
>30~40	+9	+17	+26	+34	+43	+48	+60	+68	+80	+94	+112	+148	+200
>40~50	+9	+17	+26	+34	+43	+54	+70	+81	+97	+114	+136	+180	+242
>50~65	+11	+20	+32	+41	+53	+66	+87	+102	+122	+144	+172	+226	+300
>65~80	+11	+20	+32	+43	+59	+75	+102	+120	+146	+174	+210	+274	+360
>80~100	+13	+23	+37	+51	+71	+91	+124	+146	+178	+214	+258	+335	+445
>100~120	+13	+23	+37	+54	+79	+104	+144	+172	+210	+254	+310	+400	+525
>120~140	+15	+27	+43	+63	+92	+122	+170	+202	+248	+300	+365	+470	+620
>140~160	+15	+27	+43	+65	+100	+134	+190	+228	+280	+340	+415	+535	+700
>160~180	+15	+27	+43	+68	+108	+146	+210	+252	+310	+380	+465	+600	+780
>180~200	+17	+31	+50	+77	+122	+166	+236	+284	+350	+425	+520	+670	+880

附表 3-5 孔的基本偏差数值(摘自 GB/T 1800.3—1998)　　单位:μm

基本偏差	下偏差 EI						上偏差 ES							
	C	D	E	F	G	H	J			K	M		N	
公差等级	所有等级						IT6	IT7	IT8	≤IT8	≤IT8	>IT8	≤IT8	>IT8
基本尺寸/mm														
>10~18	+95	+50	+32	+16	+6	0	+6	+10	+15	−1+Δ	−7+Δ	−7	−12+Δ	0
>10~18	+110	+65	+40	+20	+7	0	+8	+12	+20	−2+Δ	−8+Δ	−8	−15+Δ	0
>30~40	+120	+80	+50	+25	+9	0	+10	+14	+24	−2+Δ	−9+Δ	−9	−17+Δ	0
>40~50	+130	+80	+50	+25	+9	0	+10	+14	+24	−2+Δ	−9+Δ	−9	−17+Δ	0
>50~65	+140	+100	+60	+30	+10	0	+13	+18	+28	−2+Δ	−11+Δ	−11	−20+Δ	0
>65~80	+150	+100	+60	+30	+10	0	+13	+18	+28	−2+Δ	−11+Δ	−11	−20+Δ	0
>80~100	+170	+120	+72	+36	+12	0	+16	+22	+34	−3+Δ	−13+Δ	−13	−23+Δ	0
>100~120	+180	+120	+72	+36	+12	0	+16	+22	+34	−3+Δ	−13+Δ	−13	−23+Δ	0
>120~140	+200	+145	+85	+43	+14	0	+18	+26	+41	−3+Δ	−15+Δ	−15	−27+Δ	0
>140~160	+210	+145	+85	+43	+14	0	+18	+26	+41	−3+Δ	−15+Δ	−15	−27+Δ	0
>160~180	+230	+145	+85	+43	+14	0	+18	+26	+41	−3+Δ	−15+Δ	−15	−27+Δ	0
>180~200	+240	+170	+100	+50	+15	0	+22	+30	+47	−4+Δ	−17+Δ	−17	−31+Δ	0

基本偏差	上偏差 ES									Δ			
	P	R	S	T	U	V	X	Y	Z				
公差等级	>IT7									IT4	IT5	IT6	IT7
基本尺寸/mm													
>10~14	−8	−23	−28	—	−33	—	−40	—	−50	2	3	3	7
>14~18	−8	−23	−28	—	−33	−39	−45	—	−60	2	3	3	7
>18~24	−22	−28	−35	—	−41	−47	−54	−63	−73	2	3	4	8
>24~30	−22	−28	−35	−41	−48	−55	−64	−75	−88	2	3	4	8
>30~40	−26	−34	−43	−48	−60	−68	−80	−94	−112	3	4	5	9
>40~50	−26	−34	−43	−54	−70	−81	−97	−114	−136	3	4	5	9
>50~65	−32	−41	−53	−66	−87	−102	−122	−144	−172	3	5	6	11
>65~80	−32	−43	−59	−75	−102	−120	−146	−174	−210	3	5	6	11
>80~100	−37	−51	−71	−91	−124	−146	−178	−214	−258	4	5	7	13
>100~120	−37	−54	−79	−104	−144	−172	−210	−254	−310	4	5	7	13
>120~140	−43	−63	−92	−122	−170	−202	−248	−300	−365	4	6	7	15
>140~160	−43	−65	−100	−134	−190	−228	−280	−340	−415	4	6	7	15
>160~180	−43	−68	−108	−146	−210	−252	−310	−380	−465	4	6	7	15
>180~200	−50	−77	−122	−166	−236	−284	−350	−425	−520	4	6	9	17

附录 Ⅳ 推荐选用的配合

附表 4－1 基孔制优先、常用配合（摘自 GB/T 1801—2009）

基准孔	轴													
	c	d	f	g	h	js	k	m	n	p	r	s	t	u
	间隙配合					过渡配合			过盈配合					
H6			H6/f5	H6/g5	H6/h5	H6/js5	H6/k5	H6/m5	H6/n5	H6/p5	H6/r5	H6/s5	H6/t5	
H7			H7/f6	*H7/g6	*H7/h6	H7/js6	*H7/k6	H7/m6	*H7/n6	*H7/p6	H7/r6	*H7/s6	H7/t6	*H7/u6
H8			*H8/f7	H8/g7	*H8/h7	H8/js7	H8/k7	H8/m7	H8/n7	H8/p7	H8/r7	H8/s7	H8/t7	H8/u7
H8		H8/d8	H8/f8		H8/h8									
H9	H9/c9	*H9/d9	H9/f9		*H9/h9									
H10	H10/c10	H10/d10			H10/h10									
H11	*H11/c11	H11/d11			*H11/h11									
H12					H12/h12									

注：1. H6/n5，H7/p6 在基本尺寸小于或等于 3mm 和 H8/r7 在小于或等于 100mm 时，为过渡配合。

2. 标注 * 的配合为优先配合

附表 4－2 基轴制优先、常用配合（摘自 GB/T 1801—2009）

基准轴	孔													
	C	D	F	G	H	Js	K	M	N	P	R	S	T	U
	间隙配合					过渡配合			过盈配合					
h5			F6/h5	G6/h5	H6/h5	Js6/h5	K6/h5	M6/h5	N6/h5	P6/h5	R6/h5	S6/h5	T6/h5	
h6			F7/h6	*G7/h6	*H7/h6	Js7/h6	*K7/h6	M7/h6	N7/h6	*P7/h6	R7/h6	*S7/h6	T7/h6	*U7/h6
h7			*F8/h7		*H8/h7	Js8/h7	K8/h7	M8/h7	N8/h7					
h8		D8/h8	F8/h8		H8/h8									
h9		*D9/h9	F9/h9		*H9/h9									
h10		D10/h10			H10/h10									
h11	*C11/h11	D11/h11			*H11/h11									
h12					H12/h12									

注：标注 * 的配合为优先配合

附录Ⅴ 常用材料及热处理

附表 5-1 钢铁产品牌号表示方法(GB/T 221—2008)

名称	钢号	应用举例	说明
碳素结构钢	Q195	受轻载荷机件、铆钉、螺钉、垫片、外壳、焊件	"Q"为钢的屈服点的"屈"字汉语拼音首位字母,数字为屈服点数值(单位 N/mm²)
	Q215	受力不大的铆钉、螺钉、轴、轮轴、凸轮、焊件、渗碳件	
	Q235	螺栓、螺母、拉杆、钩、连杆、楔、轴、焊件	
	Q255	金属构造物中一般机件、拉杆、轴、焊件	
	Q275	重要的螺钉、拉杆、钩、楔、连杆、轴、销、齿轮	
优质碳素结构钢	08F	可塑性需好的零件:管子、垫片、渗碳件、氰化件	数字表示钢中平均含碳量的万分数,例如"45"表示平均含碳量为 0.45 % 序号表示抗拉强度、硬度依次增加,延伸率依次降低
	10	拉杆、卡头、垫片、焊件	
	15	渗碳件、紧固件、冲模锻件、化工贮器	
	20	杠杆、轴套、钩、螺钉、渗碳件与氰化件	
	25	轴、辊子、连接器、紧固件中的螺栓、螺母	
	30	曲轴、转轴、轴销、连杆、横梁、星轮	
	35	曲轴、摇杆、拉杆、键、销、螺栓	
	40	齿轮、齿条、链轮、凸轮、轧辊、曲柄轴	
	45	齿轮、轴、联轴器、衬套、活塞销、链轮	
	50	活塞杆、轮轴、齿轮、不重要的弹簧	
	55	齿轮、连杆、扁弹簧、轧辊、偏心轮、轮圈、轮缘	
	60	叶片、弹簧	
	30Mn	螺栓、杠杆、制动板	含锰量 0.7%～1.2%的优质碳素钢
	40Mn	用于承受疲劳载荷零件:轴、曲轴、万向联轴器	
	50Mn	用于高负荷下耐磨的热处理零件:齿轮、凸轮、摩擦片	
	60Mn	弹簧、发条	
合金结构钢	15Cr	渗碳齿轮、凸轮、活塞销、离合器	1. 合金结构钢前面两位数字表示钢中含碳量的万分数。 2. 合金元素以化学符号表示。 3. 合金元素含量小于 1.5%时仅注出元素符号
	20Cr	较重要的渗碳件	
	30Cr	重要的调质零件:轮轴、齿轮、摇杆、螺栓	
	40Cr	较重要的调质零件:齿轮、进气阀、辊子、轴	
	45Cr	强度及耐磨性高的轴、齿轮、螺栓	
	18CrMnTi	汽车上重要的渗碳件:齿轮	
	30CrMnTi	汽车、拖拉机上强度特高的渗碳齿轮	
	40CrMnTi	强度高、耐磨性高的大齿轮,主轴	
铸钢	ZG25	机座、箱体、支架	"ZG"表示铸钢,数字表示名义含碳量的万分数
	ZG45	齿轮、飞轮、机架	

附表 5-2　铸铁产品牌号表示方法(GB/T 5612—2008)

名称	牌号	特 性 及 应 用 举 例	说 明
灰铸铁	HT100 HT150	低强度铸铁:盖、手轮、支架 中强度铸铁:底座、刀架、轴承座、胶带轮端盖	"HT"表示灰铸铁,后面的数字表示抗拉强度值(N/mm²)
灰铸铁	HT200 HT250	高强度铸铁:床身、机座、齿轮、凸轮、汽缸泵体、联轴器	"HT"表示灰铸铁,后面的数字表示抗拉强度值(N/mm²)
灰铸铁	HT300 HT350	高强度耐磨铸铁:齿轮、凸轮、重载荷床身、高压泵、阀壳体、锻模、冷冲压模	"HT"表示灰铸铁,后面的数字表示抗拉强度值(N/mm²)
球墨铸铁	QT800-2 QT700-2 QT600-2	具有较高强度,但塑性低:曲轴、凸轮轴、齿轮、汽缸、缸套、轧辊、水泵轴、活塞环、摩擦片	"QT"表示球墨铸铁,其后第一组数字表示抗拉强度(N/mm²),第二组数字表示延伸率(%)
球墨铸铁	QT500-5 QT420-10 QT400-17	具有较高的塑性和适当的强度,用于承受冲击负荷的零件	"QT"表示球墨铸铁,其后第一组数字表示抗拉强度(N/mm²),第二组数字表示延伸率(%)
可锻铸铁	KTH300-06 KTH330-08* KTH350-10 KTH370-12*	黑心可锻铸铁:用于承受冲击振动的零件,如汽车、拖拉机、农机铸铁	"KT"表示可锻铸铁,"H"表示黑心,"B"表示白心,第一组数字表示抗拉强度值(N/mm²),第二组数字表示延伸率(%)
可锻铸铁	KTB350-04 KTB380-12 KTB400-05 KTB450-07	白心可锻铸铁:韧性较低,但强度高,耐磨性、加工性好。可代替低、中碳钢及低合金钢的重要零件,如曲轴、连杆、机床附件	"KT"表示可锻铸铁,"H"表示黑心,"B"表示白心,第一组数字表示抗拉强度值(N/mm²),第二组数字表示延伸率(%)

注:1. KTH300—06 适用于气密性零件。
　　2. 有 * 号者为推荐牌号

附表 5-3　有色金属及合金牌号表示方法

名 称	牌 号	应 用 举 例	说 明
普通黄铜	H62	散热器、垫圈、弹簧、螺钉等	H 表示黄铜,后面数字表示平均含铜量的百分数
铸造黄铜	ZHMn58-2-2	轴瓦、轴套及其他耐磨零件	牌号的数字表示含铜、锰、铅的平均百分数
铸造锡青铜	ZQSn5-5-5 ZQSn6-6-3	用于承受摩擦的零件,如轴承	Q 表示青铜,其后数字表示含锡、锌、铅的平均百分数
铸造铝青铜	ZQAl9-2 ZQAl9-4	强度高、减磨性、耐蚀性、铸造性良好,可用于制造蜗轮、衬套和防锈零件	字母后的数字表示含铝、铁的平均百分数
铸造铝合金	ZL201 ZL301 ZL401	载荷不大的薄壁零件,受中等载荷零件,需保持固定尺寸的零件	"L"表示铝,后面的数字表示顺序号
硬 铝	LY13	适用于中等强度的零件,焊接性能好	

附表 5-4 非金属材料牌号表示方法

材料名称	牌号	用途	材料名称	牌号	用途
耐酸碱橡胶板	2030 2040	用作冲制密封性能较好的垫圈	耐油橡胶石棉板		耐油密封衬垫材料
耐油橡胶板	3001 3002	适用冲制各种形状的垫圈	油浸石棉盘根	YS 450	适用于回转轴、往复运动或阀杆上的密封材料
耐热橡胶板	4001 4002	用作冲制各种垫圈和隔热垫板	橡胶石棉盘根	XS 450	同上
酚醛层压板	3302-1 3302-2	用作结构材料及用以制造各种机械零件	毛毡		用作密封、防漏油、防振、缓冲衬垫
布质酚醛层压板	3305-1 3305-2	用作轧钢机轴瓦	软钢板纸		用作密封连接处垫片
			聚四氟乙烯	SFL-4-13	用于腐蚀介质中的垫片
尼龙66 尼龙1010		用以制作机械零件	有机玻璃板		适用于耐腐蚀和需要透明的零件

附表 5-5 常用热处理和表面处理

名称	代号及标注举例	说明	目的
退火	Th	加热—保温—随炉冷却	用来消除铸、锻、焊零件的内应力,降低硬度,以利切削加工,细化晶粒,改善组织,增加韧性
正火	Z	加热—保温—空气冷却	用于处理低碳钢、中碳结构钢及渗碳零件,细化晶粒,增加强度与韧性,减少内应力,改善切削性能
淬火	C C48(淬火回火 HRC45~50)	加热—保温—急冷	提高机件强度及耐磨性。但淬火后引起内应力,使钢变脆,所以淬火后必须回火
调质	T T235(调质至 HB220~250)	淬火—高温回火	提高韧性及强度。重要的齿轮、轴及丝杆等零件需调质
高频淬火	G G52(高频淬火后, 回火至HRC50~55)	用高频电流将零件表面加热—急速冷却	提高机件表面的硬度及耐磨性,而心部保持一定的韧性,使零件既耐磨又能承受冲击,常用来处理齿轮
渗碳淬火	S—C S0.5—C59 (渗碳层深0.5,淬火 硬度HRC56~62)	将零件在渗碳剂中加热,使渗入钢的表面后,再淬火回火 渗碳深度0.5mm~2mm	提高机件表面的硬度、耐磨性、抗拉强度等适用于低碳、中碳(C<0.40%)结构钢的中小型零件
氮化	D D0.3—900 (氮化深度0.3, 硬度大于HV850)	将零件放入氨气内加热,使氮原子渗入钢表面。氮化层0.025mm~0.8mm,氮化时间40h~50h	提高机件的表面硬度、耐磨性、疲劳强度和抗蚀能力。适用于合金钢、碳钢、铸铁件,如机床主轴、丝杆、重要液压元件中的零件
氰化	Q Q59(氰化淬火后, 回火至HRC56~62)	钢件在碳、氮中加热,使碳、氮原子同时渗入钢表面。可得到0.2~0.5氰化层	提高表面硬度、耐磨性、疲劳强度和耐蚀性,用于要求硬度高、耐磨的中小型、薄片零件及刀具等

名称	代号及标注举例	说　明	目　的
时　效	时效处理	机件精加工前,加热到100℃～150℃后,保温 5h～20h(空气冷却),铸件可天然时效(露天放一年以上)	消除内应力,稳定机件形状和尺寸,常用于处理精密机件,如精密轴承、精密丝杆等
发蓝发黑	发蓝或发黑	将零件置于氧化剂内加热氧化,使表面形成一层氧化铁保护膜	防腐蚀、美化,如用于螺纹连接件
镀　镍		用电解方法,在钢件表面镀一层镍	防腐蚀、美化
镀　铬		用电解方法,在钢件表面镀一层铬	提高表面硬度、耐磨性和耐蚀能力,也用于修复零件上磨损了的表面
硬　度	HB(布氏硬度) HRC(洛氏硬度) HV(维氏硬度)	材料抵抗硬物压入其表面的能力依测定方法不同而有布氏、洛氏、维氏等几种	检验材料经热处理后的机械性能——硬度。HB用于退火、正火、调质的零件及铸件。HRC用于经淬火、回火及表面渗碳、渗氮等处理的零件。HV用于薄层硬化零件

参 考 文 献

[1] 沈培玉,苗青. 工程制图. 北京:国防工业出版社,2006.

[2] 孔宪庶. 画法几何与工程制图. 北京:机械工业出版社,2011.

[3] 冯开平,左宗义. 画法几何与机械制图. 广州:华南理工大学出版社,2005.

[4] 侯文君,王飞. 工程制图与计算机绘图. 北京:人民邮电出版社,2009.

[5] 谢军. 现代机械制图. 北京:机械工业出版社,2008.

[6] 谢军,王国顺. 现代工程制图. 北京:中国铁道出版社,2010.

[7] 程静. AutoCAD工程绘图及二次开发技术. 北京:国防工业出版社,2008.